講談社選書メチエ

736

快楽としての動物保護

『シートン動物記』から『ザ・コーヴ』へ

信岡朝子

MÉTIER

はじめに

二〇一七年九月、ニューヨーク在住の日本人映画監督、佐々木芽生《めぐみ》氏による作品『おクジラさま ふたつの正義の物語』が都内で上映されていると知った私は、時間をやりくりして渋谷の映画館に足を運んだ。以前から、クラウド・ファンディングを通じて映画が制作されていると知っていたので、公開の日を心待ちにしていたのである。

和歌山県太地《たいじ》町のイルカ漁を批判したドキュメンタリー映画『ザ・コーヴ』が米アカデミー賞を受賞したのは、二〇一〇年のことである。以来、「くじらの町」として四〇〇年もの歴史を持つ太地町は、イルカ漁をめぐる世界的論争に突如巻き込まれ、町民たちは欧米の活動家らによる非難や妨害工作に絶えず悩まされてきた。ドキュメンタリー映画『おクジラさま』は、そうしたイルカ漁をめぐる論争の「その後」を主なテーマとしており、欧米の活動家らに対する自治体や町民の反応、また国内外の識者によるイルカ漁をめぐる見解などをバランスよく、かつ冷静な視点でまとめている。

上映中、私はあの『ザ・コーヴ』から一〇年近くの歳月が経過してもなお、イルカ漁をめぐる論争がこれほどまでに尾を引いている状況に、驚きと同時に、感慨にも近い感覚を覚えていた。とりわけ映画の終盤近く、欧米の活動家がSNSを通じて太地のイルカ漁を「実況」する場面で、彼らが日本人漁師たちを指して「モンスターだ！」と連呼する様子には、戸惑いや憤りよりも、ある種の諦念、もしくは納得にも似た、言い知れない感情が湧きおこってきたのである。

一方で、動物の扱いをめぐる日本と欧米諸国の軋轢は『ザ・コーヴ』以前にもたびたび顕在化してきた。その背景にあるのが、一九六〇—七〇年代頃に英米を中心に西欧諸国で展開した、いわゆる「動物の権利運動」である。この「動物の権利」という考え方が日本でも意識されるきっかけとなったのが、いわゆる「壱岐イルカ事件」だとされる。一九八〇年二月、アメリカの環境保護活動家デクスター・ケイトが、長崎県壱岐《いき》の無人島で駆除のために捕獲されていた約二五〇頭のイルカを網を切って逃がし、威力業務妨害の容疑で送検される、という「事件」が起きた。その後の裁判で、ケイトは壱岐の漁民よりも先住するイルカの方にブリを捕食する「権利」があると主張し、動物の権利保護という概念を日本国内に知らしめた（『朝日新聞』一九八〇年三月二日（朝刊）、Waggoner 1980）。

その後も、IWCの商業捕鯨モラトリアム採択を契機とする捕鯨国と反捕鯨国の対立、家畜の飼育や屠畜方法の問題、また犬猫などの愛玩動物の殺処分の問題など、今日に至るまで、日本での動物の扱いをめぐっては様々な問題が浮上してきている。その中で個人的に印象に残っているのが、日本料理の「活き造り」をめぐる議論である。

一九九七年六月二五日付の『朝日新聞』紙上に、オーストラリアのニューサウスウェールズ州で、甲殻類を生きたまま調理することなどを禁止する議員立法が提出見込み、との記事が掲載された。同州のリチャード・ジョーンズ上院議員によると、州の動物虐待防止協会には「中華料理店や日本料理店で生きたイセエビの肉をつつくのは不快」との抗議が殺到しており、こうした食べ方は動物に苦痛を与え、残酷であるとの理由から、法案提出について与野党の賛同を得たと言う[1]（『朝日新聞』一九九七年六月二五日（朝刊））。数年後、ある雑誌記事を通じてこの法律の存在を知った私は、何人かの知人に意見を聞いてみた。その多くは、こうした問題にさして関心がなかったが、その一方で、活き造りを食べることにまったく抵抗がない人もいれば、日本人でも気持ち悪いのでどうしてそんなものを食べるのか理解できないと言う人、また活き造りでなくても生魚の目を見るだけでダメ、と言う人もいた。あるいは、日本の伝統的食文化に欧米人から口出しされる覚えはない、と憤る人もいた。とはいえ、この当時は、国内外での動物の扱いをめぐる議論は、異文化間でのちょっとした感覚の相違として、ある程度、個人的、かつ小規模なレベルにとどまっていたように思う。さらに近年では、日本を訪れる外国人旅行者の増加やYouTubeなどの動画サイトの普及により、非欧米的な食文化についてもより多くの情報が流通するようになったためか、以前ほどの過剰反応は減ってきている印象も受ける。

だからこそ、二〇〇〇年代を中心に環境保護団体シー・シェパードが日本の捕鯨船に過激な妨害活動を繰り返したり、また二〇〇九年の映画『ザ・コーヴ』の公開以降、マスメディアを巻き込んで世界的な論争が繰り広げられたりしたことは、ある意味で衝撃的な出来事だった。とりわけ『ザ・コーヴ』という作品を通じて、日本の小さな漁師町で行われていたイルカ漁が、単なる食文化や伝統、もしくは価値観の相違という域を越えて、全人類が忌むべき、普遍的に非人道的な行為として世界に喧伝され、太地町というコミュニティのローカルな日常が現実的に脅かされるようになったという事実は、こうした問題の深刻さ、根深さに改めて目を向けるきっかけとなったように思う。

実のところ、異文化間での動物への認識や扱いの違いという問題は、個人的にも、また学術的にも、私の長年の関心事の一つであった。思えば、かつての自然観や動物観に関する比較文化的研究とは、アニミズム的な日本の自然観とキリスト教的な西洋の自然観とを分かりやすく対比させるような論調が主流だったように思う。しかし、先の活き造りの例にもあるように、自分の身近な経験と照らし合わせても、動物の扱いについての価値観は日本人同士でも様々であり、また日本人の一人である自分の自然観や動物観が、よく言われるように「アニミズム的」感性によって本当に規定されているのか、という素朴な疑問は頭の中に常に存在していた。

動物保護の背後にあるもの

そのような疑問を抱きつつ最初に取り掛かったのが、本書の第I章でも扱った『シートン動物記』をめぐる研究である。当初は単純に、シートンの動物物語作品を通じて欧米の動物観と日本の動物観の違いを分析できる、と考えていた。しかし、研究を進めるにつれて、いわゆる「世紀転換期」の北米で人気を博したシートンの動物物語が、その後、実質的には日本でしか読まれていないという意外な事実が判明し、研究の軸足はそうした状況が生まれる歴史的・文化的背景を探ることに移っていった。

その後、文学という枠を越え、動物表象研究の一環として取り組んだのが、第II章で扱った動物写真家・星野道夫の研究である。写真家のみならず、エッセイストとしても知られる星野の文章を読み進める中で、星野の「自然保護とか、動物愛護という言葉には何も魅かれたことはなかった」という興味深い記述と出会うことになる。そこから、近代的な「自然を保護する」という考え方自体が、実は世界共通の普遍的な価値観などではなく、欧米で、ある特定の時代の政治的・イデオロギー的背景のもとに形成された「特殊」な思想であることに気づかされた。それどころか、近代的な「自然保護」の思想やそれに付随する欧米的な自然観や動物観が、他方ではむしろ、北米のネイティヴ・アメリカンをはじめとする非欧米的自然観を生きる人々の存在や世界観を排除し、抑圧するように作用している、という皮肉な現実も見えてきた。

その後、第Ⅲ章で詳しく検討する映画『ザ・コーヴ』をきっかけに、研究上の関心は捕鯨やイルカ漁の問題に広がっていくのだが、実のところ、この『ザ・コーヴ』という作品に興味を持ち始めたのは、作品を評価するにあたってしばしば争点となるその内容の真偽や過剰な演出よりも、このような映画が一体誰のために、何の目的で作られたのか、という点からであった。言い換えれば、欧米の活動家らによる主張の中身よりも、むしろ、彼らの一見過剰にも見える「必死さ」が何を意味しているのかという点に、私の関心は向かっていたように思う。

膨大な労力と資金を費やして日本の小さな漁師町に何週間、もしくは何ヵ月間も滞在し、現地の住民と衝突を繰り返しながら粘り強く取材や撮影を重ねて制作した映画を世界に向けて公開しようとする、この並々ならぬ熱意の源とは、いったい何なのか。確かに、映画『ザ・コーヴ』が作られた動機には、当時言われていたように、日本人や日本文化に対する欧米諸国の差別的な意識が含まれていたかも知れない。あるいは、メディアを通じた資金集めを必要とする現代の動物保護活動のビジネス・モデルが影響している、との指摘もある。しかし、それ以上に、動物を保護するという欧米発の活動の背後には、しばしば、日本人には容易に理解し難いある種の切実さ、もしくは欧米人自身にも制御し切れないような言い知れない衝動のようなものがあると感じられたのである。

思えば、近代的な「自然保護」の歴史とは、俯瞰的に見れば、西洋化や近代化の大きな流れの中で、欧米起源の思想体系、あるいは社会システムとしての近代的自然・動物保護の思想が、他の非欧米的な自然観・動物観を凌駕し、飲み込むような形で世界標準化する過程でもあった。その意味で、『ザ・コーヴ』という作品は、そうした欧米的価値観が普遍化する過程が大衆文化的な文脈でより過激な形で表面化した一例とも言える。

そうしたマクロな視点に立つと、シートンの動物物語、星野の動物写真、そして映画『ザ・コーヴ』という三つの事例は、互いに関連性がないように見えて、実は二〇世紀という大きな区切りの中で、一つの壮大なプロセスとして根底で深くつながっているように思えてきた。そうした実感をどうにか形にしようと苦心した結果が、本書である。

こうした前提に立つと、非欧米的な文化圏の一つである日本は、欧米的な自然保護の思想が普遍化・世界標準化する流れの中で、その影響を強く受けつつ、時代ごとに翻弄されてきた地域の一つでもある。それゆえ本書では、動物をめぐる多様な考え方の間に生ずる葛藤、軋轢、相互作用のメカニズムを、日本とアメリカという対比的な図式を残しつつ、時代の流れやそれぞれの文化圏における価値観の多様性、可変性なども意識して、様々な角度から検証することを試みた。とりわけ、異なる価値観の対立や軋轢が生み出される現場には、しばしば「異端」と呼ばれる人々の存在がある。こうした異端者たちは、その世界観の独自性や影響力の強さゆえに、同時代の人々の注目を集めると同時に、時に批判の的となり、不遇とも言える状況に陥りやすい存在でもある。

「異端」とされる者が生み出される背景には、その周囲に、ある種のメイン・ストリームとも言える思潮が形成されていたということである。そうした「メイン・ストリーム」となる思想は、しかし単に必然として主流になったのではなく、多くの場合、同時代の政治的・思想的力学の複雑な影響下において、思想間でのある種の「生存競争」が発生し、その中で半ば偶発的に選ばれ、特権的地位を獲得したに過ぎないものでもある。そうした、いわば透明化されたメイン・ストリームの存在を、異端者たちの存在は逆照射し、浮き彫りにする側面もある。

本書の構成

本書第Ⅰ章の主役となる「異端」は、動物物語作家のアーネスト・T・シートンである。この章では、一九世紀末に北米で流行したシートンの動物物語を軸とする、日米の動物観の対比が描かれる。特に世紀転換期のアメリカにおいて、一時期ベストセラー作家としてその名を知られたシートンは、しかしメイン・ストリームとなる同時代的思潮に抑圧される形で、いつしか非科学的な博物学者との烙印を押され、「忘れられた」作家に転落してしまう。そのシートンが書いた動物物語は、しかしどういうわけか、その後、昭和一〇年代の日本において、欧米の書物であるにもかかわらず、日本の児童が読むべき「良書」としての地位を獲得していくのである。

続く第Ⅱ章では、動物写真家・星野道夫の写真とエッセイを取り上げる。写真家でもありエッセイストでもある星野は、とりわけ、アラスカの過酷な自然を生きる狩猟先住民の自然観や動物観に強く魅了された。その星野の狩猟先住民に対する共感は、しばしば、日本人と北米の先住民を同じ「非西洋」として一括りにするような、東西二元論的な前提から解釈される傾向にある。しかし、星野は、アラスカでの生活を通じて、現代日本人が理解しきれないほどに「異質」な自然観・動物観がこの世に存在することを学び、そうした発見を写真やエッセイを通して日本の読者に伝えようとした人物でもある。その意味で、星野は日本人という括りの中にも安易に位置づけることができない「異端」の存在であった。その「異端者」としての星野は、エスキモーをはじめとするアラスカの狩猟先住民らの自然観・動物観を、いわゆる非西洋的自然観の一つとしてではなく、現代人の多くが知らず知らずのうちに内在させている「都市」の感性に対峙するものとして、新たな視点から位置づけていく。

最後に第Ⅲ章で取り上げるのは、ジョン・カニンガム・リリィという、一九六〇年代の北米で活躍した、やはり「異端」の科学者である。当初、脳科学者として人間の脳を研究していたリリィは、人間とほぼ同じ大きさの脳を持つイルカに注目し、やがてイルカを動物の中でも飛びぬけて高い知能を持つ特別な生物として神格化していく。そのリリィが科学者としての知識や言語を駆使して創造した現代のイルカ・イメージに、北米を中心とする多くの人々が熱狂していくのである。さらに、リリィの研究を発端として広く欧米諸国に広まったイルカに対する熱狂は、時を経てドキュメンタリー映画『ザ・コーヴ』をめぐる異文化衝突へと発展していく。実のところ、この『ザ・コーヴ』という作品の位置づけは、単なる西洋の文化帝国主義の表出、もしくは食文化や動物観をめぐる異文化衝突の顕在化ということに留まらない。むしろ、その内容や演出法には、一九世紀イギリスを中心に発展した近代動物保護思想が内包する進歩主義的世界観や、その背後にある西洋的な人種階層のイデオロギーが、色濃く反映されているのである。

快楽としての動物保護◉目次

序論——東西二元論を越えて

北米を中心とする欧米諸国で「動物の権利（アニマル・ライツ）」という考え方が普及し始めたのは、一九七〇年代前後のことである。この時期、人種差別や性差別に反対する公民権運動の展開をきっかけに、環境の汚染と破壊への憂慮、また個々の動物への道徳的扱いに対する関心が高まった。そうした関心の高まりを決定づけたのが、動物学者ドナルド・R・グリフィンが動物の「心の状態」を仮定する意図で著した『動物の意識の諸問題（*The Question of Animal Awareness: Evolutionary Continuity of Mental Experience*）』（一九七六年）（邦訳『動物に心があるか——心的体験の進化的連続性』桑原万寿太郎訳、岩波書店（岩波現代選書）、一九七九年）や、倫理学者ピーター・シンガーが刊行した『動物の解放（*Animal Liberation: A New Ethics for Our Treatment of Animals*）』（一九七五年）（邦訳『動物の解放』（改訂版）、戸田清訳、人文書院、二〇一一年）だと言われる。これらの書籍の刊行後、動物の道徳的地位を哲学的に考察する著作物の数が飛躍的に増加し、加えて、一九七一年の環境団体グリーンピースの設立や、一九八〇年の「動物の倫理的な扱いを求める人々の会」（ＰＥＴＡ）の創設なども、この運動を後押しした（ドゥグラツィア 二〇〇三、一〇—一一頁）。

その後、「動物の権利」の概念は、一九八〇年頃から日本にも流入してきた。以来、海外からのみならず日本国内においても、日本での動物の扱いを非難する声がたびたびあがる。例えば、動物学者でありエルザ自然保護の会会長である藤原英司は、あの壱岐イルカ事件を受けて、イルカやクジラ殺しについての日本の認識は「国際常識からかけ離れた後進性の典型」（藤原 一九八〇、二八一頁）である、と批判した。あるいは、日本人とペットの関係を論じた著書の中で、宇都宮直子は、動物の権利を認める欧米人の姿勢を「後進国の日本が見習うべき」（宇都宮 一九九九、一八九頁）だと主張した。これらの例から窺えるように、日本人の動物の扱いについては、西欧諸国と比べて「後進国」の遅れたものという評価がしばしばなされる傾向にある。

その一方で、欧米諸国では伝統的に、日本人を「自然を愛する人々」として評価する傾向も存在している。そもそも、自然に対して搾取的扱いをするとされる西洋文明との対比から、日本を含む東洋の自然観を称揚する論調を生み出すきっかけとなったのは、北米の科学史家リン・ホワイト・ジュニアが一九六七年に発表した小論「今日の生態学的危機の歴史的根源（The Historical Roots of Our Ecologic Crisis）」だと言われる。『サイエンス』誌上に掲載されたこの短い論考の中で、リン・ホワイトは、西洋のユダヤ＝キリスト教的伝統に基づく自然観こそが、近代以降人間が自然に対して行ってきた搾取や破壊の元凶である、と指摘した。その上で、西洋的自然観の対極にあるものとして日本の禅仏教などをあげ、人と自然が調和的な関係を形成する東洋の自然観こそが、西洋のキリスト教的な自然観に取って代わるべきだと主張したのである（White 1967）。その後、このリン・ホワイト説を支持するような論考を日本人が英語で発表するなどしたため（Watanabe 1974 など）、この解釈は日本人自身の言葉によっても裏付けられた形となり、以来、欧米と日本の双方で、長きにわたり影響力を保つことになるのである。

しかし、その後、西洋側が抱いてきた期待や理想とは裏腹に、歴史学や社会学、文化人類学などの分野において、公害問題など、「自然を愛する日本人」のイメージとは矛盾するような事例が次々と掘り起こされていく。そうした流れを受けて、日本人は真に自然を愛する国民なのかを問い直すような研究が、欧米を中心に一九九〇年代以降さかんになった。その一つが、パメラ・J・アスキスとアルネ・カランによる『日本の自然観――様々な文化的展望』である。この著書の序論において、アスキスとカランは「日本人が自然に対して特別な愛着を持っている」という観念は単なる「神話（the myth）」である、と断言している（Asquith and Kalland, eds. 1997, pp. 1-7）。一方、環境学者スティーヴン・R・ケラートは、一九九一年に発表した論文で、日本人とアメリカ人の野生動物保護に対する認識の違いを、アンケート調査をもとに分析した。ケラート曰く、日本人はアメリカ人ほど野生動物についての生物学的・科学的知識を有しておらず、また生態学的・倫理的な志向や自然保護への責任感も欠けているため、自然に対して「特別な愛着や畏敬の念」を持っているとは言い難い、と結論づけた（Kellert 1991）。

一方、こうした研究への反論とも言える主張が日本側からなされた例もある。例えば、西洋史家の池上俊一は、ヨーロッパ人の動物に対する態度は「この上なく熱心な動物保護の主張があるとおもえば、突然掌を返したような冷酷な仕打ちがある」とし、そうした二面性は日本人の目から見ても「不思議」だと述べている（池上 一九九七、一二三頁）。また、民俗学者の中村禎里は「私のカルチャーから見れば、「動物の権利」のような表現は、ほとんどたわごとにすぎません」（小松ほか 一九九七、一七一頁）と述べ、欧米起源の「動物の権利」という考え方を一蹴しているのである。

このように、一般社会のみならず学術の分野でも、日本人の自然や動物の扱いについての解釈には、ある種の矛盾や混乱があることが読み取れる。では、これらの矛盾はどういった理由で、いかなる経緯から生まれたのであろうか。あるいは、そもそも伝統的に言われるように、自然に対して搾取的とされる西洋とは違い、日本人は本当に自然と調和的に生きる人々なのであろうか。もしくは、西洋の「進んだ」動物観と比べて、日本の動物観は「遅れて」いるのだろうか。あなたにはどちらが正しいと思えるだろうか。

「動物の扱い」の歴史と変遷

こうした問いかけを契機として、本書は、主に一九世紀末から二〇世紀全般を通じて、日米間の動物観が遭遇・交錯する様相に着目し、いわゆるリン・ホワイト的な東西二元論とは異なる、新たな観点からの比較研究を試みる。瀬戸口明久も指摘するように、自然観・動物観に関する従来の研究の多くは、時代を越えて不変的かつ一枚岩的な「日本的（東洋的）」もしくは「西洋的」価値観を摘出し得るという前提のもとに成り立ってきた面がある（瀬戸口 二〇一三、一四七―一五一頁）。しかし、前述のアスキスとカランも指摘するように、日本の自然観とは本来、単純な東西二元論に回収しきれないほど「複雑（complex）」なものであり、地理的条件や職業などによっても自然や動物に対する態度や考え方は異なり、また時代によっても変化し得るものなのである（Asquith and Kalland, eds. 1997, p. 29）。

確かに、日本での動物の扱いに関する歴史を大まかに振り返ってみても、それは自然に対して搾取的な西洋と調和的な東洋という二項対立で説明できるほど単純なものではないことが分かる。まず狩猟採集時代を経て、縄文・弥生・古墳時代に犬や牛、馬の家畜化が始まる。六七五年に天武天皇が肉食禁止令を出し、以来、殺生禁断と放生がたびたび命じられるようになった。ただし、天武の殺生禁断令は、禁止期間を四月一日から九月三〇日までの半年間に限ったもので、それ以外の期間、あるいは牛、馬、犬、猿、鶏以外の動物の肉食については禁止しないという但し書きがついていたことは、あまり広くは知られていないようである（鵜澤 二〇〇八、一六六頁）。

また、九世紀以前の殺生禁断や肉食禁断は、仏教思想の影響というより、禁欲によって厄災を除去することを目的としたある種の呪術である、という説が近年は有力視されている（中澤 二〇〇九、三頁）。とはいえ、以来約一二〇〇年にわたって日本では、仏教思想の浸透に伴い、主に貴族などの特権階級層の間で肉食忌避は慣習化していった。ただし、中世以降の貴族や僧侶は牛や馬などの飼育動物や鹿や猪などの獣肉の食用は嫌悪していたものの、野生の魚鳥の食用の習慣は残り続けた。庶民の間でも兎や鹿、猪などの獣肉を食す習慣は継続され、鎌倉時代には、東西で地域差はあるものの、犬食が行われた形跡もある（鵜澤 二〇〇八、一六九頁）。また、江戸時代後期には、いわゆる欧米諸国への「開港」前から豚肉食が広まりつつあった（渡部 二〇〇九、一六一―一六二頁）。

ところで、江戸時代の徳川綱吉による「生類憐みの令」[1]は、近代以前の日本における本格的な動物保護の試みとして知られる。生類憐みの令と言えば、いわゆる「お犬さま」を愛好するというイメージが強いが、実際にはこの一連の法令は、犬に加え、牛馬や魚介類、鷹狩用の鷹やその捕獲対象となる鳥類・小動物、さらには虫に至るまで、実に多様な生物を対象としていた（岡崎 二〇〇九）。もともと「悪法」のイメージが強い生類憐みの令だが、これらの法令の展開により、日本の庶民の間に生類の殺傷・虐待・遺棄を禁忌する意識が植え付けられたという点が、近年の研究では肯定的に評価されつつある。ただし、法令の非現実性や目標の過剰さ、また幕府内や民衆の間での嫌悪感の高まりなどによって、生類に対する保護諸令の多くは、綱吉の死後、ただちに撤廃された（山本・山内 二〇一

四、五四頁、岡崎 二〇〇九、八八頁)。

そして、明治時代に入り、軍人の体格向上を目的に肉食が公に奨励されるようになると、日本でも欧米諸国にならって、畜産業の振興が国を挙げて進められるようになる。さらに、この時代は愛玩動物の売買が活発化した時期でもあった。日本における愛玩動物(ペット)の歴史は、古くは平安時代まで遡る。当時、主に特権階級の女性が飼うペットとして「唐猫」が繋ぎ飼いされていたが、犬は人の死骸を食べることなどを理由に、宮中では疎《うと》まれる存在だった。その犬が愛玩動物としての地位を得たのは、洋犬を飼うことが武士のステータスとなった安土・桃山時代以降である(石田 二〇〇九、二九二―二九四頁)。江戸時代後期には、狆《ちん》など特定の犬種は愛玩の対象となったが、当時犬はほとんどが野良で、食用や毛皮の採取、あるいは刀の試し切りや鷹の餌などに利用された(宇都宮 一九九九、一〇九頁)。

そして、明治・大正期、第二次世界大戦後、一九七〇年代以降という、主に三つの時代に分けて、英米を起源とする近代的動物保護の理念や制度が、日本にも段階的に導入されていく。[2] 明治三五(一九〇二)年には、イギリスの動物虐待防止思想を直輸入する形で「動物虐待防止会」が設立され(近森 二〇〇〇、八五頁)、大正四(一九一五)年には、日本における動物愛護団体の先駆けとなる「日本人道会」が組織された。昭和二三(一九四八)年に設立された「日本動物虐待防止協会」(JSPCA。一九五五年から日本動物愛護協会)は、会長に当時の英国大使夫人を、総裁に米占領軍総司令官夫人をいただき、欧米型の保護思想を広めることに貢献した(石田 二〇〇九、二九五―二九八頁)。

第二次世界大戦後の日本では、動物虐待罪規定は軽犯罪法上に置かれてはいたものの、一九七三年に「動物愛護管理法」が成立するまでは、動物保護に関する法律は実質的に存在していなかった。この法律が一九七三年に制定されたのは、当時、英国内で日本の愛玩用動物虐待を批判するキャンペーンが行われていたというある種の「外圧」の影響があったと言われる（青木 二〇一六、五八頁）。そして、一九八〇年に起こったいわゆる「壱岐イルカ事件」を契機として、欧米発の「動物の権利」の考え方が日本国内にも流入し、動物に対する考え方や態度はますます多様化することとなった。

一方、主に明治期以降、日本の動物観に多大な影響を与えてきた英米の動物観についても、その歴史を振り返ると、動物についての価値観は時代とともに大きく変遷していることが分かる。

例えば、一七世紀以前のイギリスでは、あらゆる動物は神の似姿として創られた人間に役立つために存在するという考え方が優勢だったために、動物自身の利益のために保護するという考え方は一般にあまり共有されていなかった。しかし、一八世紀後半頃から、主に中産・上流階級に属するアングロ・サクソン系白人の間で、犬や馬などの身近な家畜に対する搾取的扱いが嫌悪されるようになる。一八二四年には、民間団体「動物虐待防止協会（Society for the Prevention of Cruelty to Animals）」（SPCA）が設立され、一九世紀半ば頃からは「動物虐待防止法」などの法制度が整備されていった。また、英国での動きに合わせて同様の法律を求める運動がアメリカでも活性化し、一八六六年にはニューヨークで「アメリカ動物虐待防止協会」が設立され、ペンシルヴァニアやマサチューセッツにも同様の団体が組織された（井野瀬 二〇〇九、松田 二〇〇九）。

家畜やペットではなく、野生動物の保護という観点から近代的な諸制度が確立されたのは、主に一九世紀の北米においてである（羽澄 二〇〇九、二四八―二四九頁）。当時、アメリカという国家は、人の手が入らない「原生自然（wilderness）」を有しているため、欧州とは異なる独自のアイデンティティを持つと信じられていた。その結果、一八九〇年にフロンティアの消滅が宣言されると、野生動物を含む原生自然の保護が米国内でさかんに叫ばれるようになる。二〇世紀初頭までに国立公園法をはじめとする主要な自然保護関連法が整備され、一九三〇―四〇年代にはアルド・レオポルドが提唱する「土地倫理」(人も動物も等しく生物共同体の一構成員であるとする思想)の理念が普及した。一九七〇年代には、レオポルドの土地倫理の理念を基盤とする環境倫理学の分野が発展し、一九六〇年代の公民権運動と連動する形で、動物実験規制法を制定する動きも加速して、いわゆる「動物の権利」運動が本格化する流れとなる。

動物表象と保護思想

このように、日本でも英米でも、動物観、中でも動物を「保護する」という考え方を取り巻く思想体系は時代毎に大きく変化し、場合によっては一つの時代に互いに矛盾するような思想が併存することもあった。とりわけ日本の場合、伝統的に培《つちか》われた土着の動物観の上に、英米起源の動物保護の思想や制度が明治期以降、段階的に輸入されたことが事態を複雑にしている。この時、英米起源の動物保護の理念が日本に導入されたことは、近代化の過程の中で、単純に日本的な価値観が西洋的な価値観に置き換わったことを意味しない。

例えば、中村隆文によると、英米における近代的動物保護運動は、キリスト教の価値観を基盤としつつ人間による「動物への虐待」を防止するという意味づけを強く有していたが、日本国内に取り入れられる過程で、仏教的な観点のもと動物を可愛がるという意味合いの強い「動物愛護」の実践として読み替えられていった(中村 二〇〇五、五五―七六頁)。このように、英米起源の制度や理念も、日本という文脈に新たに位置づけられた時点で日本流に消化・吸収され、西洋とは異なる機能や意味づけを獲得していくのである。

　こうした流れを踏まえた上で、本書は、二〇世紀の日米間において、主に大衆的な動物表象を介して多様な動物観が遭遇・交錯する様を、多角的な観点から描出することを目指す。とはいえ、本書の考察対象は、いわゆる日米間の交流だけにとどまらない。例えば、今日ある近代的動物保護法の起源は、一九世紀ヨーロッパ、とりわけイギリスに求めることができる（青木 二〇一六、七頁）。イギリスで整備された動物保護制度は、その後、フランスからヨーロッパ全土、さらにアメリカに持ち込まれた。一方、アメリカで二〇世紀初頭から構築された野生動物保護管理（Wildlife Management）の発想は、二〇世紀後半までに、アジアやアフリカを含む多くの国の自然・動物保護にまつわる諸制度に反映されている。

　特に第二次世界大戦以降は「国際捕鯨委員会（International Whaling Commission）」（ＩＷＣ）をはじめとする国際機関や、一九七二年のストックホルム宣言を契機とする国際環境法の整備等を通じて、欧米起源の動物保護制度は、国を越えて、まさしく地球規模のグローバルな影響力を発揮している。こうした展開を想定した場合、日米間の交流について考えるには、その背後にある、より広い国際的ネットワークを想定しないわけにはいかない。

　その意味で、欧米発の自然保護や動物保護は、先述のように、二〇世紀全体を通じて非欧米圏を巻き込む形で世界標準化していったが、そうした広がりの原動力の一つと考えられるのが、いわゆる大衆文化表象のグローバルな流通なのである。例えば、本書で分析する動物の扱いをめぐる欧米的な価値観は、大衆向けの文学や写真、映像作品などを通じて日本を含む非欧米圏の日常にまで深く入り込み、土着の動物観との間で軋轢や衝突を引き起こしたり、時には調和的に受容されたりもしてきた。

このように、本書が大衆的な動物表象に注目するのは、いわゆる一般の人々が抱く自然や動物に関する大衆的イメージの側が社会動向に少なからぬ影響を及ぼす場合が往々にしてあるためである。文化史家アレクサンダー・ウィルソンが言うように、自然とは多くの現代人にとって、ある面ではもはや「文化」であり、映画や写真、読物、もしくは誰かの語りという形でしか存在しない（Wilson 1991, p. 12）。また、環境史家フィニス・ダナウェイは、二〇世紀の北米環境保護の歴史は自然についての「イメージによる物語（the story of images）」によって形作られた面が大きいと指摘する。にもかかわらず、従来の環境史研究では、こうした大衆的イメージや表象の影響力については、あまり注目されてこなかった（Dunaway 2005, pp. xvi-xviii）。

これらの先行研究の動向を継承するという意図に加えて、本書が大衆的な動物表象に注目する、もう一つの理由がある。例えば、前述のアスキスとカランによると、自然観、動物観に関して言えば、新たな概念や解釈は古いものと置き換わるのではなく、むしろその上に新たに積み重なっていく（Asquith and Kalland, eds. 1997, p. 7）。その端的な例の一つと言えるのが、いわゆる進化論に対する認識であろう。

そもそも『種の起源』（一八五九年）を著したチャールズ・ダーウィンは、同時代の目的論的な進化のビジョンを乗り越えることを目指して、自らの進化理論を構築した面がある（内井 二〇〇九）。にもかかわらず、進化論をめぐっては、今日でも「自然淘汰が、適応を生みだすように「目的をもって」働いている」などという明らかな「誤解」が存在し続けている（長谷川 一九九九、五九頁）。このように、その分野の専門家らによってすでに乗り越えられた「古い」思想が、しばしば大衆的な表象やイメージの領域で生き残り、人々の認識や行動様式に思わぬ影響を与えることがある。表象の世界に残存した「古い」思想は、その思想が形成された本来の歴史的文脈からは切り離されているため、時代を経るにつれて、人々がいつ、なぜ、どのような目的でそのような世界観を構築したのかという背景が見えなくなり、その結果、ある種の自明の真実として「自然化」されるような傾向も見られる。

そうした前提を踏まえた上で、本書では、一九世紀末から二〇世紀全般を通じての動物保護にまつわる近代的諸制度や思想の変遷を、大きく三つの段階に分けて考察したい。

第一段階は、一九世紀末から一九三〇年代頃までである。この時期、近代的自然保護の理念や諸制度が、主にアメリカのアイデンティティである「原生自然」を保護するという観点から確立された。続く第二段階は、一九三〇年代から七〇年代頃までである。この時期は、資材や食料など、自然や動物の資源的価値よりも、科学的知識や視覚的・美的対象としての価値がより強調されていった。そして、今日にもつながる第三段階は、一九六〇年代に活性化したカウンターカルチャーの影響のもと、いわゆる「環境の時代」が到来したとされる一九七〇年代以降である。

これら三つの段階は、各時代の主要メディアによって、それぞれ、文学の時代、写真の時代、映像の時代、などとまとめることもできる。こうした表象メディアの移り変わりの中で、本書は、動物に関する日本的価値観と欧米的価値観が、文学、写真、映像等の表象を通じて、直接的に遭遇するような事例を選ぶことに留意した。とりわけ本書は、動物の表象をめぐって何らかの論争や対立が起こった場面にしばしば着目する。というのは、こうした論争や対立に注目することで、動物の扱いをめぐって多様な価値観が衝突する背景やメカニズム、あるいは、その中で特定の思想が何らかの理由で優越していく過程が、より鮮明に見えてくると考えるからである。

第Ⅰ章

忘れられた作家シートン

アーネスト・トンプソン・シートン

一　『動物記』とアメリカ

1　セトン登場

『シートン動物記』の作者として知られるアーネスト・トンプソン・シートン[1]（一八六〇―一九四六年）の動物物語が日本で初めて紹介されたのは、雑誌『動物文学』第七輯（一九三五年七月）においてである。今日「オオカミ王ロボ（Lobo; the King of Currumpaw）」（Seton 1894）のタイトルで知られる作品が、「ロボー物語」として全三回にわたり連載された。訳者である内山賢次は、連載初回にシートンについて次のような紹介文を寄せている。

この原書は一八九八年一月に初版が出て、一九二〇年五月には三十九版が出ております。五百部乃至二百部一版の銘をうつ日本とは聊か事情を異にする国柄及び時代を考へると、この本の歓迎された凄じい勢ひが想像されます。私のもつてゐるのはこの最後の版ですが、この本の面白さに鑑ると、その後莫大な版を重ねておるに相違ありますまい。（内山 一九三五、五四頁）

とはいえ、連載開始当初は、内山でさえシートンについて「詳しいことは知りません」（同頁）と述べているように、当時の日本においてシートンに対する関心はそれほど高いものではなかった。しかし、それから約一年間にわたり『動物文学』誌上にシートンの作品が次々と訳出されると、シートンの名は徐々に浸透していく。そして、昭和一二（一九三七）年六月、連載を単行本としてまとめた『動物記』初版（全六巻）の第一巻が白揚社から刊行されると、内山が「シートンのどこにそれほどの価値があるのか、私には分からなかった」（内山 一九四二、四頁）と言うほどの大反響を呼ぶのである。

この内山訳は、一九五一―五三年に『シートン全集』（全一八巻＋別巻）として評論社から、また一九五六―五七年には新潮社から全八巻として新たに出版され[2]、さらに一九六五―六六年には講談社から阿部知二訳が、一九七一―七四年には集英社から藤原英司訳が出版されるなど、戦中・戦後を通じて『動物記』は大手出版社からたびたび翻訳・出版が重ねられる。

シートン作品の邦訳は、一九九〇年代後半に再び活気づいた。例えば、シートン晩年の大著『狩猟動物の生活（*Lives of Game Animals*）』（初版一九二五―二八年）が一九九七年から今泉吉晴氏の監訳で『シートン動物誌』（全一二巻）として刊行され[3]、同じく一九九七年にはシートンの処女作である動物解剖学についての著書の訳書（シートン 一九九七）も刊行されている。こうした比較的専門性の高い文献が次々と翻訳されている状況に鑑みても、日本でシートンという作家がいかに根強い人気を保ってきたかが窺える。

しかし、シートンが作家活動を始めたアメリカでは、その存在は少なくとも一九八〇年代頃まではほとんど認識されていなかったのが実情のようである。例えば、一九八二年に刊行されたシートンの伝記への書評には「シートンとは何者なのか。年齢を問わず、自然や自然界に対する多くの個人の態度を形作った、この素晴らしい人物について何らかの知識を持つ者は、おそらくごくわずかだろう」

(Allen 1982, p. 363）という記述がみられる。ここからも読み取れるように、戦後の北米では、シートンの著書の大半は絶版になっていた。

こうした状況を踏まえて、シートンは時に「アメリカの忘れられた芸術家であり博物学者(America's forgotten artist-naturalist)」(Anderson 1985, p. 43）と称されることもある。また、「シートンの場合、日本の動物文学者の作品全部を合わせた数よりも、さらに多くの部数が各出版社から出ていることだ。しかし、本国のアメリカではほとんどが絶版で、原書の入手は古本屋を介するよりほかない。〔…〕シートン、ファーブルは母国よりもこの日本において生き続けているわけだ」(小林 一九八三、三二四頁）というように、少なくとも一九三〇年代以降、シートンの動物物語が最も読まれてきたのは日本であると言っても過言ではない。

そこで本章では、日米間に見られるシートン人気の温度差が、どのような歴史的経緯を経て生まれたのかを考察する。「世紀転換期」といわれる時代のアメリカで作家として活躍したシートンは、単に時代の移り変わりの中で忘れ去られたのではなく、シートン個人が抱いていたある独特な思想のために、アメリカ社会からむしろ積極的に排除された面があると考えられる。中でも、シートンが動物物語作家、あるいは博物学者（ナチュラリスト）としての名声を失う要因になったのが、今日「ネイチャーフェイカーズ論争（the Nature Fakers controversy）」などと呼ばれる事件と「ネイチャースタディー（nature study）」という新しい教育理念の流行だった。

2 「自然の捏造」をめぐる議論

一八六〇年、イギリスのダラム州サウス・シールズに生まれたシートンは、父親の事業の失敗で、六歳の時に一家でカナダのトロントに移り住んだ。幼い頃から自然や野生動物に強い関心を持っていたシートンは、将来、博物学者になることを夢見ていたが、父親の反対もあり、画家として修業を積むことになる。地元のオンタリオ美術学校を卒業後、一九歳でロンドンの王立アカデミーに入学するものの、日々の画家修業に嫌気がさし、修業の傍《かたわ》ら、夜は大英博物館の図書館で博物学の本を読みあさる生活を続けた。しかし、家からの仕送りが滞《とどこお》りがちだったこともあり、困窮と過労でノイローゼ気味になったシートンは、絵の勉強を諦《あきら》め、二一歳の時、カナダのマニトバに住む兄の農場に身を寄せる。そこで養鶏を営みつつ、周辺に生息する野生の鳥類の観察に精を出した。

二三歳になったシートンは、ほぼ無一文でニューヨークに渡り、翌々年には『センチュリー大辞典（*The Century Dictionary*）』の挿絵一〇〇〇枚を担当するなど、動物挿絵画家として地位を固めていく。シートンは、画家としての技能を向上させるため、一八九〇年にフランスに渡り、その後もアメリカとパリの間を往復する生活を送った。しかし、一八九二年、挿絵の仕事で目を痛めたシートンは画業を休止し、アメリカのニューメキシコ州で、牧場主らが展開していた狼退治の事業に協力する。この時の経験をもとにまとめたのが、シートンの代表作と言われる「コランポーの王——ある狼の物語」（Seton 1894）である。『スクリブナーズ・マガジン』に掲載されたこの物語は、シートン初の単行本『私の知っている野生動物（*Wild Animals I Have Known*）』にも収録され、一八九八年に刊行されたこの単行本は、発売から約二ヵ月で四刷を重ねるベストセラーとなった。

この成功で勢いづいたシートンは、一八九〇年代末から一九〇〇年代にかけて、動物物語を次々と発表する。しかし、作家シートンの人気がまさに絶頂を迎えた頃、彼の名声に致命的な打撃を与える出来事が持ち上がった。のちに「ネイチャーフェイカーズ論争」とも呼ばれるこの事件は、多くの自然科学者や博物学者、ネイチャーライターらを巻き込んで、雑誌や新聞紙上で繰り広げられた大論争として記憶されている（ネイチャーフェイカーズ論争に関して最もまとまった研究成果の一つが、Lutts 1990である）。

ネイチャーフェイカーズ論争

発端は、シートンが作家として頭角を現すより前から、すでにアメリカの著名なナチュラリストとして活躍していたジョン・バローズ（一八三七―一九二一年）が『アトランティック・マンスリー』誌一九〇三年三月号に「本物の、そして偽の博物学（Real and Sham Natural History）」と題したエッセイを寄稿したことだった。記事の中で、バローズは、当時人気作家だったシートンの『私の知っている野生動物』を、他のいくつかの作品と共に、博物学的には価値がないと評した。中でもバローズは、シートンに加え、同じ時代に活躍した新鋭作家のウィリアム・J・ロング（一八六六―一九五二年）を集中的に攻撃する。「これらのうち最後の二人の作家は、扇情的であり得ない事柄に大衆が向ける愛によって利益を得ようとしていると見えるが、この点でロング氏はトンプソン・シートン氏のかなり上を行っている」（Burroughs 1903, p. 298）。

このように、バローズは、シートンとロングの動物物語を時に皮肉を込めて酷評した。特にシートンについては、ベストセラーである『私の知っている野生動物』を「私だけが知っている野生動物（Wild Animals I *Alone* Have Known）」（ibid. 以下、断りのないかぎり、強調は原文）などと揶揄し、さらにその動物物語の数々は「作り話（romance）としては真実」だが「博物学としては明らかに真実ではない」と断言している（ibid., p. 300）。こうしたバローズの記事に当時シートンは直接的に反論することはなかったが、晩年にまとめた自伝の中で「その記事はあまりにも手厳しく、あまりに不当で真実とはかけ離れたものだったので、面白く思えてくるほどだった」（Seton 1940, p. 367）と記しているように、シートンにとっても容易に看過できる出来事ではなかったようである。

一方、ラルフ・H・ルッツが「バローズの最初の攻撃から、ウィリアム・J・ロングの猛烈な反発、そしてローズベルトのとどめの一撃へ」（Lutts 1990, p. 127）とこの論争を要約したように、シートンと一緒に「標的」として吊るし上げられたロングは、沈黙を守ったシートンとは対照的に、バローズをはじめとする伝統的ナチュラリストたちに果敢に反論を試みた。ロングがバローズに対して最初の反撃を行ったのは、一九〇三年五月のことである。

『アトランティック・マンスリー』誌の最近の号に掲載された、バローズ氏の仰天するような批判の中身を評するのはたやすい。根拠のない個人攻撃と思われる部分はさておき〔…〕、その記事は以下の二つの明らかな誤りを含んでおり、それがバローズ氏の批判の説得力を損なわせている。(1)〔バローズの批評は〕動物の個性と自然の適応力を全く見過ごしている。(2)森羅万象を、彼が所有する農場や納屋の前庭に対するのと同じ基準ではかろうとしてしまっている。（Long 1903a, p. 693）

このロングの反論記事が掲載された翌年、バローズは『センチュリー・マガジン』誌や『アトランティック・マンスリー』誌に、さらなる反論文を立て続けに寄稿した（Burroughs 1904a; 1904b;

1904c)。この二人の応酬を軸に多くの識者が議論に加わり、論争は次第に大規模で複雑なものへと変化していった。

そうした論者の一人であるW・M・ウィーラーは、バローズの指摘をむしろ「穏やか過ぎる」(Wheeler 1904, p. 348) として、ロングの物語の信憑性について、やはり否定的な見解を示している。これに続いたのが、F・M・チャップマンとW・F・ギャノンである。とりわけ彼らの間で争点となったのが、ロングが一九〇三年に『アウトルック』誌上に発表した「動物の外科手術 (Animal Surgery)」(Long 1903b) と題された、野鳥の生態に関する「実話」だった。記事の中で、ロングは、折れた脚に泥を塗って乾かし、まるでギプスのようにして脚を治療するヤマシギの習性を取り上げた。これについて、ギャノンは「我々は皆、動物をロマンスのヒーローとして利用するのはまったく正当であることには同意するが、仮にそうした作品が正確な博物学誌であるように装うのであれば、それらは不当に読者を騙している」(Ganong 1904, p. 623) として、ロングやシートンを含む多くのネイチャーライターらによる動物描写はまったくの虚偽である、と主張する。これに対して、ロングは再び猛然と反発し、持論を裏付けるような読者からの手紙を複数列挙した上で、ヤマシギは実際にこのようにして脚を治療するばかりか、「私が考えていた以上にこの習性は一般的なもので、また広く普及している」(Long 1904, p. 762) との見解を示した。

バローズの最初の記事から四年が過ぎようとしていた頃、長引く応酬についに痺《しび》れを切らしたのが、ハンターとして、またナチュラリストとして当時名声を博していた、セオドア・ローズベルト大統領(一八五八—一九一九年)である。ローズベルトは、一九〇七年六月の『エブリボディーズ・マガジン』誌に掲載されたエドワード・B・クラークによるインタヴューの中で「ロング氏は、彼が今まで見たことがあるものを思い浮かべているわけではまったくなく、むしろ内臓を負傷した動物に関して、聞いたり読んだりした事柄と、自分の記憶とを混同している」とし、ロングを「ネイチャーライティングによって害悪をもたらす人々の中でも、おそらく最悪の存在」（Clark 1907a, p. 772）と非難した。このインタヴューでローズベルトが主に攻撃したのはロングだったが、同時代の作家であるシートンについても「トンプソン・シートン氏は事実についての興味深い観察を行っており、かつ彼のフィクションの多くは本物の価値を持っている。しかし、彼はそれがあくまでフィクションであって事実ではないことを、明確にすべきだ」（ibid., p. 773）と述べており、否定的な評価を下している。

大統領からのこの手厳しい批評にもロングは激しく反発したため（Long 1907）、ローズベルトはついに最終手段に出ることを決意する。一九〇七年九月、同じく『エブリボディーズ・マガジン』誌上において、ローズベルトは、その名も「ネイチャーフェイカーズ（"Nature Fakers"）」と題した記事を自身の名前で公表することに踏み切った。

> これらの「ネイチャーフェイカーズ」の中でも、最も向こう見ずで無責任なのはロング氏である。〔…〕彼らが書いたもっとも印象的な物語の数々は、単に事実の歪曲であるのみならず、むしろ純粋な作り事である。その上、単なる作り事であるという範疇を超えて、それは自分たちが書く対象についてごくわずかな知識しか持ち合わせない人々の作り事であり、その彼らは無知であるのに加えて、さらに、現実に可能であるものの、野生の世界では起こり得ない事柄と、力学的にあり得ない事を区別することもできないような、まったくいい加減な人々なのである。
> (Roosevelt 1907, p. 428)

この『エブリボディーズ・マガジン』誌には、大統領の記事の前に、各分野の識者から寄せられた動物行動の描写についてのシンポジウム記事も同時掲載されていた。「真のナチュラリストたちが自然の捏造について語る（Real Naturalists on Nature Faking）」と題されたその特集記事では、当時ニューヨーク動物園園長であり、著名な自然保護運動家としても知られていたウィリアム・T・ホーナデイをはじめ、生物学者エドワード・W・ネルソン、アメリカ自然史博物館の哺乳類・鳥類学部門の学芸員J・A・アレン博士、合衆国生物調査局局長C・ハート・メリアム博士といった人々から寄せられた、ロングに対する様々な批判や反論が、ローズベルトのインタヴュアーでもあるエドワード・B・クラークによってまとめられている（Clark 1907b）。

当時の自然科学界の第一人者たちからの様々な「苦言」が並べ立てられたことで、ロングやシートンを含む多くのネイチャーライターたちは、動物について偽りに満ちた物語を書く「ネイチャーフェイカー（the nature faker）」であるとの烙印を押され、その名声に致命的な打撃を受けることになるのである。

3　論争の本質

しかし、この論争の中身を仔細に見ていくと、一見単純に見える対立構図の背後では、見えない利害関係が複雑に絡み合い、対立の焦点を明確に示すのは実はそれほど容易ではないことがわかる。例えば、バローズは、ロングやシートンの作品を、具体的には次のような言葉で批判している。

しかし、トンプソン・シートン氏の『私の知っている野生動物』において、また彼の不出来な模倣者であるウィリアム・J・ロング牧師が手掛けた最近の著作において、私は、事実と虚構の境界線が繰り返し横切られ、また読者がその線を越えるよう誘導し、読者がそうした境界を越えて、作り事の世界にいることに気づかないように魔法をかける、という意図的な企てが見られることを指摘せざるを得ない。(Burroughs 1903, p. 300. 強調は引用者)

この引用から、バローズが論争の前提として、事実とフィクションの間には明確な「境界線」があると想定していたことが読み取れる。言い換えれば、バローズは、ロングやシートンの物語が事実とフィクションの間にある「決して越えられてはならない」(ibid.) 一線を越えているがゆえに非難されるべきだと主張したわけである。

そのバローズの応援者として名乗りをあげたローズベルトの意見は、バローズの見解をさらに単純化したものになっている。ローズベルトは「[シートンらが] 申したてる「事実」とは、まったく事実ではなく空想」であり、「私は通常の間違いや観察の誤り、また解釈や意見の相違について述べているのではない。私が唯一相手にしているのは、故意の作り事であり、事実からの故意の逸脱なのである」(Roosevelt 1907, p. 428) と述べる。つまり、ローズベルトにとって、シートンやロングの物語はすべてが意図的な作り事であるにもかかわらず自然科学的な事実に基づいているかのように装っているために非難されるべきものだった。

さらに次の引用から、ローズベルトが抱いていたもう一つの価値観を読み取ることができる。

リアリストを自負する数人のネイチャーライターの物語を取り上げてみよう。リアリズムは真実である。例えば、スチュワート・エドワード・ホワイトのような作家は誠実に自然を描いている。彼は森や山や砂漠というものを知っている。彼は見たものを書きとめ、真実を見ている。(Clark 1907a, p. 771)

ここから読み取れるのは、ローズベルトのリアリズムに対する強い信奉である。ローズベルトは、見たものをリアリズム的に書くことこそが真に「博物学的」な態度である、と公言していた。この見解は、バローズが提示した、フィクションと事実の間に明確に引かれた線という概念と連動している。すなわち、両者にとって自然界の出来事は、リアリズム的な表現、あるいは客観性に基づく、いわゆる「科学的」な記述方法を用いることで、初めて「真実」として認め得るものとなる。そして、この「リアリズム」と「真実」という対をなす概念は、「フィクション」と「空想」というもう一つの対と、明確に対峙するものでもあった。

「自然」と「科学」の対立

これらの伝統的ナチュラリストたちの言い分に対して、ロングは次のように反論している。

かつて、そうした科学的意図のもとで研究する博物学誌の著者は、彼の集めてきた事実や観察結

> 果を単に目録化するだけの存在だった。動物たちは、本能と習性の生き物と見なされた。〔…〕現代の自然研究者は、それとは異なる教訓を得ている。彼は、同じ綱に属する動物たちは同時に個々の動物の集まりでもあり、動物はそれぞれに違っていて、それぞれに異なる習性を持っていることを知っている。(Long 1903a, p. 690)

このように、ロングは、バローズに反論するにあたって、とりわけ動物の「個（individuality）」という概念を強く打ち出した。そして、「いかにそれがささいで曖昧なものだとしても、すべての動物が個性を持っていることは確か」(ibid., p. 692) であるが、これまでの自然研究者は科学的客観性の名の下にそうした重要な「真実」を見落としてきた、と主張するのである。ロングは、次のようにも述べている。

> まず「自然」の研究とは、「科学」の研究とは大いに異なるものである。両者は「心理学」と「歴史学」が似ていないのと同じくらい異なっている。「科学」だけが関心を持つ事実と法則の世界の向こうに、広大で、ほとんど知られていない暗示と自由、霊感の世界があり、そこでは個というものは、動物であろうと人間であろうと、自分自身の個性を発展させ、もしくは維持するために、事実と法則に逆らわなくてはならない。それは「描写（*description*）」の世界というより〔…〕「鑑賞（*appreciation*）」の世界なのである。(ibid., p. 688)

ロングにとっては、単に事実を概観し、描写するだけの「科学」の方法は、動物それぞれが持つ

「個性」を描き出すには、あまりに不十分だった。ゆえに、ある特定の動物に見られる個性的な行動に注目するような認知や記述のあり方を「自然（Nature）」の方法と定義し、いわゆる「科学（Science）」の方法と明確に対峙させようとしたのである。

ロングとともに「ネイチャーフェイカー」の烙印を押されたシートンもまた、ロングと似た世界観を有していた。それは、例えば一九〇九年に出版された『北方動物の生活誌』第一巻の冒頭にある「本書は、厳密に科学的な根拠に基づいた、一般向けの博物学書であることを目指すものである」（Seton 1909, p. v. 強調は引用者）という短い一文にも読み取ることができる。この著書は、あのネイチャーフェイカーズ論争が収束した後に出版されたものだが、シートンは、文中にある「厳密に科学的な（strictly scientific）」という言葉を、かなり意識的に用いていたと思われる。というのは、この著書以前は、「本書に登場する動物たちはすべて実在する存在（real characters）であった」（Seton 1898, p. 9）、「この話の素材になっているものは真実（true）である」（Seton 1901, p. 9）というように、「本物の（real）」、「真実の（true）」などの言葉が頻繁に用いられることはあっても、「科学的（scientific）」という語が用いられたことはあまりなかったからである。

その理由は、ネイチャーフェイカーズ論争の最中に出版された『タラク山の大熊（*Monarch, the Big Bear of Tallac*）』の冒頭に置かれた、次のような一節から説明することができる。

> この物語を語るにあたって、私は、この手の物語には適切な方法だと考えているのだが、二つの勝手な選択を行った。まず、私は物語の主人公としてある珍しい個体を取り上げた。第二に、私はその主人公の熊に、同種の動物たちによる複数の冒険譚を集約させた。〔…〕その意図は、す

でに知られている真実を伝えるためである。しかし、こうした勝手が行われたという事実によって、この物語は純粋な科学の目録からは除外されることになる。(Seton 1904, pp. 13-14)

シートンは、その動物物語の多くを、自身が実際に野山で観察し、あるいは地元のハンターたちから聞き書きするなどして集めた複数の動物に関するエピソードを一頭の自伝的物語としてまとめあげるという、いわゆる「合成(composite)」(ibid., p. 14) の手法で描いていた。その手法ゆえに『タラク山の大熊』が、いわゆる「純粋な科学(pure science)」からは外れることを、この一節で自ら宣言していたのである。

しかし、この記述は、裏を返せばシートンが「純粋な科学」から除外されるような手法を創作の過程であえて選び取ったことを意味する。実のところ、シートンは、この記述より前から、いわゆる「科学的」な記述と対峙する姿勢を、かなり意識的に示していた。シートンのそうした姿勢は、次のような一節にも示されている。

私は、博物学が、物事を曖昧かつ概説的な形で扱うという今では一般的なやり方によって多くのものを失ってきたと感じる。人類の習性や慣習についてまとめた一〇頁程度の概略から、どのような充足感が得られるというのか。その紙面をある一人の偉大な人物の生涯に費やす方が、よほど有益ではないか。この原理を私は自分の動物たちに応用しようと試みた。(Seton 1898, p. 9)

このように、シートンは、ばらばらに集められた個々の観察記録を、動物の種ごとに体系的なデータとして一般化するような博物学的記述のあり方を日頃から疑問視していた。言い換えれば、シートンは、いわゆる「科学的」記述とあえて距離を取り、非科学的とも言われかねない「合成」に基づく英雄の自伝的「物語」という形式を意図的に選び取ることで、動物の個性や複雑な生態を真に表現できると考えたのである。

二 「人種再生」のビジョン

1 ネイチャースタディー運動との連動

シートンやロングらによって示された、こうした「科学」に対する反発は、当時アメリカ都市部を中心に展開されつつあった、ある教育運動と密接に連動していた。それが、一八八〇年代から一九三〇年代にかけて北米の教育界を席巻した「ネイチャースタディー運動（the nature study movement）」である。

そもそも「ネイチャースタディー[4]（nature-study; nature study）」という用語は、一八八四年にフランク・オウエン・ペインというペンシルヴァニア州に住む一教師によって初めて用いられた（Minton 1980, p. 84）。当初この用語は、他の様々な呼称――「博物学（natural history）」や「実地教育（object teaching; object lessons; object training）」、「初等科学（elementary science）」など――との違いが曖昧な、不明確な用語として登場している。一八八一年に「博物学の初歩を教えるとされる実地教育が、いくつかの公立学校の低学年で導入された」(Alling 1881, p. 601) という記述があるが、この「博物学の初歩を教えるとされる実地教育」こそが、のちに「ネイチャースタディー」という、主に小学校低学年向けのカリキュラムあるいは教育思想として固有の地位を占めることになる。

ネイチャースタディーの理念は、中でも「実地教育」の流れを汲んで形成されたと言われる。実地教育の概念そのものは、北米では、当時ペスタロッチ主義運動の中心人物であったニューヨーク州オスウィーゴ・ノーマルスクール校長E・A・シェルドンによって、すでに一八五〇年頃から提唱されていた (Olmsted 1967, p. 19; Minton 1980, p. 85)。この理念の影響を色濃く受けたネイチャースタディーは、それまでの学校教育において主流であった、読書と暗唱を中心とする授業形態に対する反省を下地として発展する。例えば、オスウィーゴ校で一九〇〇年代にネイチャースタディーの授業を担当していたチャールズ・B・スコットは、ネイチャースタディーについて「第一に、自然の学習であり、我々を取り囲む物理的な環境についての学習である。それは本による学習ではない」(Scott 1900, p. 97) と述べている (スコットら、ネイチャースタディー運動の中心的人物に関する詳細は、Tolley 2003などを参照)。

本から得られる知識ではなく、自然界の事物に直接触れ、観察することに強い教育的意義を見出していたネイチャースタディーが世紀転換期のアメリカで広く流行した要因の一つとして、ピーター・J・シュミットは、のちにアメリカ児童心理学の大家となるG・スタンレー・ホールが一八八〇年に行った、ある聞き取り調査の影響をあげている。この年、二度目のドイツ留学から帰国したホールは、かつてベルリン在住の児童について行ったアンケート調査を応用する形で、ボストン市街ならびに郊外に住む小学校入学前の児童に同様の調査を行い、居住地ごとに見られる自然に関する知識と、全般的な知能発達の相関関係について分析した。シュミット曰く、この調査をもとにホールが導き出した結論は、都市部に住む親や教師らの不安を大いに煽った（Schmitt 1990, pp. 77-78）。報告書において、ホールは「上記の質問のうち八六パーセントについて、調査した三六人の田舎に住む子どもたちの平均知能は、表にある都市の子どもたちより高くなっている」（Hall 1891, p. 155）と述べ、イモムシと蛇の区別がつかず、牛はワンワンと鳴き、バターを搾るとチーズができると信じる都市の無知な子どもたちの存在を指摘した。その上で、「都市での生活は不自然」なものであり、子どもたちを自然の多い田舎で育てることの重要性を強調したのである（ibid., pp. 155-156）。

ネイチャースタディーの衰退

一九世紀末におけるネイチャースタディーの流行は、当時のアメリカが直面していた、ある社会問題への対策という一面も持っていた。すなわち、一八九一年から九三年の間、都市化と工業化の進展に伴い、農村の若い労働力人口が大量に都市に流出するようになると、アメリカは深刻な農業恐慌に見舞われた。この危機に対処するため、一八九四年、政府は当時の金額で八〇〇〇ドルもの資金をコーネル大学に投下し、ネイチャースタディーを広めることで、農村の子どもたちの自然や農業に対する関心を喚起して、労働力の流出を食い止め、農業の活性化に役立てようと試みたのである（Minton 1980, pp. 104-105）。

こうした経緯から、一八九〇年代半ばまでにコーネル大学は、全米各地で展開するネイチャースタディー・クラブの本部として機能し、ネイチャースタディーを伝道するためのパンフレットや雑誌を刊行するなど、運動の中心拠点となった。そのコーネル学派の指導的立場にあったリバティー・ハイド・ベイリー（一八五八—一九五四年）は、ネイチャースタディー運動の「三大巨匠」（Olmsted 1967, p. 40）の一人とされるが、彼が一九〇三年に刊行した『ネイチャースタディーの理念（*The Nature-Study Idea*）』（Bailey 1903）は、ネイチャースタディー運動の基本文献として広く読まれる。その中で、ベイリーはネイチャースタディーを次のように定義している。

［「ネイチャースタディー」という用語は］公立小学校から発祥し、事物を直接観察させることを通じて、彼らが置かれた環境下にあるありふれた物に関する知識や愛着に生徒たちの心を開かせるための運動を指し示す。それは教育学用語であって、科学用語ではない。古い用語の「博物学」と同義ではないし、「生物学」や「初等科学」などとも違っている。「大衆科学」でもないし、単なる自然についての学習ということでもない。（ibid., p. 4）

ベイリーは「……ではない（not）」という表現を繰り返すことで、ネイチャースタディーの独自性を強く主張している。「ネイチャースタディーは科学ではない。それは知識でも、事実でもない。それは精神である。それは子どもの世界に対する見方と関わるものである」（ibid., p. 5）。ベイリーをはじめとするネイチャースタディー運動の推進者の多くは、当時、同じく学校教育への導入がさかんに叫ばれていた「科学教育（science teaching）」とネイチャースタディーを差別化することに、非常に神経質になっていた。ベイリー曰く、「科学」の領域に属するのは、単に「新しい真実を、人類の知識の総量を増加させるために発見」することであり、その目的は「研究者や専門家を作り上げること」に過ぎない。それに対して、ネイチャースタディーは「自然に対して思いやりのある態度を生徒に取らせる」ことを目指し、「生徒の生きる喜びを増加」させ、「その職業が何であれ、あらゆる人々が、より豊かな人生を送ることができるようにする」といった情操面も含んだ教育効果が期待された(ibid., p. 4)。

こうした「ネイチャースタディー」と「科学教育」の対立は、同時代の教育者たちの間で幅広く共有されていた。例えば、エリオット・R・ダウニングは「科学は冷徹で偏りのない形で事実を提示するものである。それは感情を呼び起こすことや意志を促すことには欠けている」(Downing 1915, p. 273)と述べている。また、ジョン・E・ブラッドレーは「多くの教師たちの誤りは〔…〕自然学習の内容をあまりに科学的にしすぎてしまうことである」(Bradley 1900, p. 97)などと述べ、ネイチャースタディーが知識偏重の「科学」に近づきすぎることを警戒している。

ネイチャースタディーの支持者たちにとって、いわゆる「科学」は単なる無味乾燥な知識の集積に過ぎず、ネイチャースタディーの全人教育的な理想の前では、より低俗なものとして否定的に受けとめられていた。そして、実のところ、あのネイチャーフェイカーズ論争の中で、シートンやロングといった人々が主張し続けた「自然」と「科学」の対立もまた、こうした同時代の教育者たちによる反科学的な思想を別の形で表現したものと言えるのである。

例えば、ロングは「感情が事実よりも本物であり、あるいは愛が経済学よりも真実である」ように、「詩人や預言者、あるいは思想家にとっての「自然」」とは「科学ほど精密ではないにせよ、「科学」に劣らず、むしろそれ以上に真実であり本物なのである」(Long 1903a, p. 688)と述べている。ロングという作家は、それまで「科学」によって見落とされてきた真実を「自然」の手法によって救い上げるという、ある種の救済者として自身を思い描いていた。「「私は事実と法則を学ぶ――それで十分だ」と科学者は言う。「私たちは事実と法則の圧制を知りすぎている」と自然研究者は答える」(ibid., p. 689)。そして、これらの主張は「ネイチャースタディーを教えることとは、科学の目的のもとに教えられる科学教育とはまた別のものである」(Bailey 1903, p. 5) というネイチャースタディー側の主張と、図らずも合致するものだったのである。

シートンやロングの作品は、一九〇〇年代前後には、まさにこのネイチャースタディーの読本として大いに人気を集めていた。

ネイチャースタディーは、子ども向けに出版された読物に大いに影響を及ぼしてきた。〔…〕これらの副読本は、その名の通り、二次的な情報を供給しているに過ぎず、学ぶ者と実際に学ぶ対象となるものとの間に何の関係性も生まれないという意味で、本物の科学や真のネイチャースタディーを供する役割は果たさないが、読むということについては大いに貢献した。子どもたちは、そうした読本を楽しんでいるし、またたくさん読んでいるからだ。(Clapp 1895, p. 599)

こうして、本による教育を批判し、野外活動を重視するという当初の理想とは裏腹に、皮肉にもネイチャースタディーの流行とは、次第に自然に関する「読本」の流行を意味するようになっていった。ネイチャーフェイカーズ論争は、こうした読本の流行を背景にした作家同士の市場争いという側面も持っていたようである。マット・カートミルによると、当時ジョン・バローズなどの伝統的ネイチャーライターたちは、シートンやロングといった新しい世代に「思想的のみならず経済的にも」脅かされていた (Cartmill 1993, p. 151)。カートミル曰く、バローズのナチュラリストとしての名声は、一八八〇年代に初期ネイチャースタディーの教科書として、その著書が大々的にシリーズ化されたことで確立されたものである。[6] しかし、その後、豊富なイラストとドラマティックな展開に彩られたシートンやロングなどの新世代の作家による動物物語が数多く出版されるようになると、バローズの著書の人気は次第に衰えていった。そうした鬱屈が、一九〇三年に公表されたあの記事と、その後の動物物語批判につながっていったと考えられる。

2 自然回帰と発達心理学

ベイリーをはじめとするネイチャースタディーの信奉者は、「科学教育」との違いを、なぜここまで声高に主張し続ける必要があったのだろうか。それは単なる理念の違いというレベルを越えて、当時ネイチャースタディーが教育界で置かれていた、ある微妙な位置づけに関係していたと思われる。

一八八〇年代にネイチャースタディー運動が始まるきっかけとなる研究報告を発表し、その後、自身もこの教育運動の熱心な後援者となった（Minton 1980, p. 116）心理学者G・スタンレー・ホールは、アメリカ児童研究運動の中心人物として、人間心理の「発生反復説（the recapitulation theory）」と、それに基づく「思春期（adolescence）」の概念を提唱した人物としても知られている。この発生反復説について、ホールは次のように説明する。

子ども期とは、初期人類の職業を集約的に示すものと定義されるのが最適だと我々は考える。というのは、子どもはその行動の中で人類の歴史を追体験していくからである。それはまさに、子どもの体内にあるあらゆる臓器や組織がより下等な動物から受け継がれ、痕跡器官の残痕が、そうした下等な動物からの進化の過程を物語っているのと同様である。（Hall 1904, p. 444）

こうした理論をホールは、ダーウィンの進化論と、また生物学者ヘッケルの「個体発生は系統発生を繰り返す」という理論を延長して考案した（Hall 1924, pp. 357-367）。例えば、子どもの遊びについては「遊びとは、のちの人生において役立つことを行うことではなく、人類がたどってきた歴史を追体験することだと考えられる」（Hall 1918, Vol. 1, p. 207）と述べ、子どもの遊びの中には人類の原始的な活動が含まれており、また含まれるべきだと主張する。つまり、子どもたちが穴を掘ったり、インディアンの衣服を着たり、カウボーイごっこをしたり、泥棒警官をして遊んだりするのは、単に石器時代から狩猟時代、牧畜時代から近代までの、人類が通ってきた様々な文化的段階を通り抜けているからに過ぎない（Thompson 1952, p. 10）。

こうした考えから、ホールは、さらに、人類にとっての原始的な体験が不足した子どもは正常に発達できなくなるという、もう一つの理論を導き出す。「幼い子どもにとって最適な運動とは、個人に特有の能力よりも、人類全体にとって古い基礎力を発達させることに向けられたものであるべきだ」（Hall 1918, Vol. 1, p. 207）。ホールは、人類の「進化」の道のりと、児童の発達過程を結び付けることで、人類にとってより「原始的」な活動こそが、幼い子どもの成長のために最適な運動である、と主張したのである。

発生反復説と退化の不安

ホールは、ネイチャースタディーの教育的効果を主張する中でも、自身が確立した発生反復モデルに基づく「発達」のビジョンを用いていた。具体的には、特に青年期に至るまでの少年・少女の自然に対する認識の発達過程を、⑴感情的な段階、⑵通俗科学的な段階、⑶実用性の段階、⑷純粋科学の段階、という四つの段階に分類し、これらの段階に応じた適切な教育方針が志向されなくてはならない、と主張する。その上で、こうした発達の各段階を無視して学習課程を乱暴に「短絡させる（short-circuit）」（Hall 1918, Vol. 2, p. 157）教育のあり方を批判し、まさしく「子どもの求めに応じた」（Ranger 1904, p. 501）理想的な教育方法として、ネイチャースタディーの有用性を強く訴えたのである。

ホールが提示した「発達」のビジョンとは、当時のアメリカ社会に蔓延した、ある社会不安に対応する理念でもあった。南北戦争終結後、アメリカは産業化・都市化の一途をたどり、一八八〇年代以降の農村部から都市部への人口移動に加え、一八四〇年から九〇年の間にはヨーロッパ南部・東部から約一四〇〇万人もの移民が流入するなど、一九世紀末から二〇世紀初頭にかけて都市部は急速な人口増加と生活環境の変化を経験していた（Kline 1997, p. 54）。それに付随して顕在化した貧困や犯罪、失業、疾病、政治腐敗や労働環境への不満といった社会問題が人々に喚起した不安が、一八九〇年代から一九二〇年代にかけてのプログレッシブ・エラを中産階級層による社会改革運動の時代にしたのである（Odem 1995, pp. 99-100）。

中でも、一八九〇年代から一九〇〇年代にかけて北米の都市部で顕在化した、いわゆる「自然回帰運動（the back-to-nature movement）」は、そうした社会改革運動の一つだった。この運動は、急速な工業化・都市化を背景に、都市部の中産階級層が田舎の質素な生活への「郷愁（nostalgia）」（Tolley 2003, p. 128）を「自然と」抱くようになったというような、従来の解釈によって説明されるべきものではない。すなわち、当時の「自然」なるものに対する強い関心は、過剰な都市化・文明化によって引き起こされると信じられた、いわゆる人種的「退化」の不安と隣り合わせのものだった。例えば、ホールが当時初めて提唱した「思春期」という概念にも、同時代の「退化」への恐れが色濃く反映されている。

成長のあらゆる段階で、発達の停滞のみならず異常がみられ、またあらゆる文明国において非行や少年犯罪、自慰行為が増加していると見られるばかりでなく、老年化しつつある。若者にとって現代生活は過酷なものであり、多くの面でその過酷さは以前より増している。もし、より高次の統合が達成される前に、発達のいずれかの段階あるいは部分で何らかの停滞がある場合、それは退化や、より低い段階での再統合につながるはずである。（Hall 1918, Vol. 1, p. xiv）

このように、ホールは、当時深刻化の一途をたどっていると考えられた種々の社会問題の隠れた原因を探り当て、その解決法を模索するという暗黙の期待の中で、発生反復説に基づく「発達」の理論を精錬していった。ホールによれば、当時、若者たちの間で急増していた非行や犯罪、あるいは自慰行為といった問題行動は、都市の過酷かつ不自然な生活環境によってもたらされたものであり、ゆえに、過酷な都市生活が青少年の発達にもたらした「異常」を解決するためには、本来の「自然な」環境に回帰することが重要になる。言い換えれば、そうした都市の「病」に対する「治療薬（remedy)」(Minton 1980, p. 107)として、自然回帰、そしてネイチャースタディーがもてはやされることになったのである。

こうしてホールの「発達」の理念に沿う形で、その教育的効果を裏付けられたネイチャースタディーは、しかし同時に、ホールが示したその理論自体によって微妙な立場に置かれることにもなった。例えば、あのベイリーが記した次の一節は、当時のネイチャースタディーが置かれていた不安定な位置づけを要約していると言えよう。

> ネイチャースタディーは、初等教育で単なる科学を教えることに反旗を翻すものである。無論、実際に教える中では、これら二つの理念の作用や方法は統合され、高校や大学のレベルに近づくに伴い、ネイチャースタディーは科学教育へと移行し、あるいはそれと入れ替わる。しかし、その理念は別々のものであり、これら二つの原理は比較されるより、むしろ対比されるべきものなのである。(Bailey 1903, p. 4)

科学教育に「対抗」することでその独自性を維持しようとしていたネイチャースタディーは、しかし同時に、科学教育の基礎段階として、その一部を成す存在であると主張することも余儀なくされていた。こうした背景を踏まえるなら、一九三〇年代までにネイチャースタディーが衰退の一途をたどっていった理由は、時代の中で「その役目を終えた」(Minton 1980, p. 139)ということにとどまらない。むしろ、近代的な「発達」観の浸透とともに、教育界における「科学教育」の重要性が徐々に増す中で、矛盾した立場に置かれるようになったネイチャースタディーは、その思想的な価値を失っていったと考えられる。

具体的には、ネイチャースタディーと科学教育の間の不安定な関係性は「ネイチャースタディーを学ぶ生徒と自然科学を学ぶ学生を分ける真の境界線は存在しない」(Jackman 1904, p. 12)、「七、八学年においては〔…〕ネイチャースタディーは「初等科学」になる」(Newman 1905, p. 192)、「教育科学の本質に関する限り、ネイチャースタディーと科学の間に引かれる境界線は存在しない」("Relation of Nature-Study", 1908, p. 344) など、互いの境界線をかき消すような主張が繰り返されたことによってもたらされた。その結果、ネイチャースタディーがその存在意義の最大の拠り所としていた科学教育との「差異」は次第に薄められ、皮肉にも、ネイチャースタディーの存在意義自体を溶解させるように作用していったのである。

退化の恐れとネイチャースタディー批判

こうした状況を反映してか、一八九〇年代前後に栄華を誇ったネイチャースタディー読本の多くは、一九一〇年前後を境に、次第に感傷的である、あるいは非科学的であるなどの名目で、さかんに攻撃されるようになっていく。

「自然の友となるために」、「自然を愛し、親しむために」、「自然の内奥の秘密を読み解くために」、「自然の様々に移り変わる様相を理解するために」、「自然の純粋さを愛することを学ぶために」、「自然が奏でるシンフォニーと完全に調和する中で生じる優しさや共感といった感情」などなど。そうした表現すべてが神秘主義に属し、気持ち悪くなるほど感傷的な類の企てを供するこ

> とで、ネイチャースタディー運動をほとんど破綻させてしまった。(Loomis 1908, p. 144)

教育者たちの間でネイチャースタディーへの嫌悪感が増すにつれ、「既存の本のうち、とりわけ動物の生態に関するもののいくつかは、真実に基づいていない空想的なものであるという欠点があった」(Meyers 1906, p. 262) という認識も広まっていく。そうして、それまでネイチャースタディー読本として人気を集めていたシートンやロングらによる動物物語もまた、人々の批判にさらされるようになっていった。

> 我々は、子どもたちに、共感を持って自然と触れ合うようにと、散々促してきた。しかし、それは人間の空想を通じて現れた自然界であり、観察や科学的調査によるものではない。〔…〕私は、子どもたちにトンプソン・シートンやロングのような本を読ませてもいいのか、と尋ねる親や教師を見てきた。子どもは時には角砂糖を口にすることを許されるべきなのだろうか。(Meyers 1910, p. 245)

実のところ、こうしたネイチャースタディーの読本に向けられた「非難」の数々もまた、同時代人の人種的「退化」への恐れと不可分な関係にあったと言える。例えば、ホールは「人類は不変の種ではなく、より永続的な形状に向けて活発な進化段階にある生物である」(Hall 1918, Vol. 1, p. vii) というように、人類のさらなる「進化」を信じていた。よって、彼の発生反復的な児童発達観に基づく「教育」が目指す最終地点とは、あくまで「純粋科学」の段階への到達、もしくは科学的思考の獲得にあったと言える。この時、ネイチャースタディー的な、自然の事物を「情緒的に」理解する知覚のありようは、いわば成長と共に乗り越えられなくてはならない原初的段階のものと見なされる。ゆえに、科学教育へのスムーズな移行を妨げる形で、ネイチャースタディー的な読物に耽溺することは、人類――とりわけ高度に「進化」した人種と考えられたアングロ・サクソン系――の人種的「退化」を促すような、危険な経験と見なされるようになるのである。

こうした解釈を裏付けるかのように、ネイチャーフェイカーズ論争において、ローズベルト大統領がさかんに強調していたのが、ネイチャーライターたちの考え方の中に見られる「過去」の痕跡だった。「中世では、いわゆる通常の歴史記述においても、事実とフィクションの間には何の厳密な区別もされていなかった。そして、だいぶ後の時代まで、博物学の分野でもそうした線引きをしようという努力は皆無であった」（Roosevelt 1907, p. 427）。あるいは、次のようにも述べている。「インディアンに関して言えば、彼らは神秘主義の世界に住んでおり、中世人が子どものような信念に基づいてユニコーンやバシリスク、肉食鳥ロック、コカトリスの驚異を信じるのと同様に、しばしば彼らが知る動物に超自然的な特性があると考えている」（ibid., p. 428）。

ローズベルトは、中世ヨーロッパ人と、その当時いわゆる「未開人」と考えられていた北米のネイティヴ・アメリカンとを、彼のイメージする歴史の時間軸上では類似の段階に位置する「遅れた」人々と見なしていた。ゆえに、「事実とフィクションの間の区別をしない」シートンの動物物語は、人間の「古い」感性に対応したネイチャースタディーの読本としては適しているものの、ローズベルトのような高度な科学の段階に到達した正常な「大人」にとっては読むに堪えない代物と見なされるのである。

3　学習と本能

しかし、ネイチャーフェイカーズ論争や、その背景に存在した、ネイチャースタディー読本への批判の一環として顕在化した、シートンの動物物語における「非科学的」な描写に向けられた強い嫌悪感は、同時代の北米社会において、論客であるローズベルトやバローズらの個人的な思想や主義主張といった範疇をさらに大きく越えた意味合いを持っていた。この論争の本質的な意味を把握するには、個人の意見の相違という範疇を越えて、世紀転換期のアメリカ社会全体を覆っていた人種的ヒエラルキーをめぐる思想との関連を考える必要がある。

この点を論じる上で、同時代のもう一人の立役者としてあげておきたいのが、作家ジャック・ロンドン（一八七六―一九一六年）である。彼は、ネイチャーフェイカーズ論争においてシートンと同じく、「ネイチャーフェイカー」の一員として、バローズやローズベルトらから散々こき下ろされた人物でもあった。そのロンドンをめぐる議論の中に、当時ネイチャーフェイカーズ論争が有していた、もう一つの意味を垣間見ることができる。

ロンドンがネイチャーフェイカーズ論争に直接巻き込まれたのは、論争も終盤に差し掛かった一九〇七年のことだった。右で見たインタヴューの中で、ローズベルト大統領がロンドンによる二つの動物物語、特に二作目の動物物語である『ホワイト・ファング』について痛烈な批判を展開したのが事の発端である。

ジャック・ロンドンの『ホワイト・ファング』から、北方狼であるホワイト・ファングとブルドッグの闘いを描いた一章を取り上げてみよう。これを読んだ限りでは、私はロンドン氏が狼について多くを知っているとは思えないし、彼が狼や犬の闘い方について何も知らないのは確かだと思っている。あるいは、この話をリアリストとして語るつもりがなかったのだろう。(Clark 1907a, p. 771)

これに対して、ロンドンは翌一九〇八年に『コリアーズ』誌に寄せた「その他の動物たち (The Other Animals)」という論説で反論を試みている。ローズベルトが例にあげた『ホワイト・ファング』に関しては、「大統領は、⑴巨大な、闘犬用のブルドッグに狼犬を叩きのめさせたこと、⑵激闘の中で山猫に狼犬を殺させたこと、という二つの訴因で私を裁き、非難しようとした」と指摘し、このうち後者に関しては「私の物語では、狼犬に山猫を殺させて」いるのであって、大統領が「あまりに急いで読んだ」ために文脈を取り違えたのだろう、と皮肉っている。その上で、前者については大統領が「ブルドッグは狼犬を殺せない」と考えるのは、ブルドッグが狼を殺せると考える自分との単なる「意見の相違 (a difference of opinion)」であるとして、ローズベルトの主張を退ける (London 1908, p. 10)。

バローズの野生動物観

同じ文章の中で、ロンドンは今度はその矛先をネイチャーフェイカーズ論争の火付け役であるバローズにも向けていく。興味深いことに、バローズは自身の記事の中でロンドンを直接非難した様子はない。しかし、ロンドンは「ローズベルトが間違うはずがないというのがバローズの意見であり、バローズはいつも正しいというのがローズベルトの意見である」として、「このいかがわしい同盟を結んだ両者の間には何の意見の相違もない」と見なし、二人に対して徹底的に批判を行っていくのである（London 1908, p. 10）。

例えば「本物の、そして偽の博物学」という論争の初期の記事において、バローズはシートンの動物物語について、作者が彼の読者に、野生動物は自分の子どもを時にその不服従に対して罰を加えながら訓練し、教え導いていると信じ込ませようとしている、と非難した。それは「単にシートン氏の妄想が描き出したものに過ぎない。カラスは雛を訓練したりしない。彼らは皆も、学校も、大学も、審議会も、学位も、勲章も、病院も、教会も、電話も、郵便配達も、あらゆるそうした類のものを持っていない」と皮肉っている（Burroughs 1903, pp. 303-304）。この時、バローズの頭の中にあったのは、シートンが描いた次のような場面であろう。

> 九月に入ると、年長のカラスにも大きな変化が現れる。換羽の時期は終わっている。彼らは再び羽根に覆われ、立派な羽毛に誇らしげな様子だ。〔…〕あの厳格な教師であるシルバースポットでさえ、とても上機嫌になっている。〔…〕
>
> 彼は、あらゆる合図や号令を教えながら、若い鳥たちに熱心に訓練を施してきた。彼らを見ることは、今や早朝の楽しみとなっている。
>
> 「第一編隊！」その年老いた隊長が群れの中で一声あげると、第一編隊は大きなわめき声と共

にそれに答える。

「飛べ！」　彼が先導すると、群れ全体が直進する。

「上昇せよ！」　瞬時に群れはまっすぐに上昇する。

「集まれ！」　群れはたちまち密集した黒い塊となる。(Seton 1898, pp. 81-82)

バローズによるこの指摘にどういうわけかひどく気分を害したらしいロンドンは、バローズの考えがいかに「間違った」ものであるかを、ロロというかつて自身が飼っていた犬を引き合いに出して論証していく。

バローズ氏は「動物には本能だけで十分だ」と述べ、また「彼らは理性なしでもやっていける」と言う。しかし、私は、あの気の毒なネイチャーフェイカーたちがおそらく口をそろえて言うであろうように、ロロは論理的に思考していたと言う。〔…〕ロロは、猫を追いかけてはいけないことを学んだし、鶏を殺してはいけないことを学んだし、小さな女の子のドレスに噛み付いてはいけないことも学んだ。彼は、小さな男の子たちは他の小さな男の子たちと遊ぶものだ、ということを学んだ。彼は人が裏庭に入ってくることを学んだ。〔…〕ロロは、多様な物事を関連づけ、そうして物事を関連させる行為は、原始的な形であるにせよ、思考に基づく行動であり、やはりそれは理性なのである。(London 1908, p. 11)

ロンドンは「学ぶ（learn）」という単語をしつこく羅列しながら、ロロが経験を通じて学習し、記憶し、さらにそれらを「推論（reasoning）」によって統合していくさまを、熱を込めて論じている。「いやいや、バローズさん。動物が本能を持つと証明したところで、彼らが論理的に思考しないと示したことにはならない」（ibid., p. 10）。この挑発的な一文は、いかにもロンドンらしい皮肉に満ちた記述であると共に、動物についての彼の考え方を明確に示している。

自動回復する自然

動物の「思考」や論理性、とりわけ動物の「学習」という概念をめぐって、バローズとロンドンの間でなぜこれほどまでに議論が紛糾したのであろうか。それを説明するには、この時代における動物の「本能」という概念が内包していた、ある特別な意味について考える必要がある。世紀転換期の「自然回帰運動」とは、前述のように、都市という「不自然」な、あるいは「過剰に文明化された（over-civilized）」環境の中で生活することが人種的「退化」を引き起こすという一種の社会不安を背景に巻き起こった運動だった。特にこの時期アングロ・サクソン系の「退化」への不安を助長したのが、すでに当時のアメリカ社会に幅広く浸透・定着していた「社会進化」の思想である。

「私との最近の会話の中でダーウィンは、人類の未来についてとても沈んだ面持ちで意見を述べていた。我々の近代文明において自然選択はもはや機能せず、最適者は生き残らない、という理由からだ」（Wallace 1890, p. 93）。当時の人々にとって、人工的な都市環境において、いわゆるダーウィニズム的な「自然選択（natural selection）」が正常に機能しないという予測は、ヨーロッパ移民の急増や、黒人やインディアンといった、より「下等」な人類がいまだに「淘汰」されていない、という現実によって、あたかも裏付けられているように感じられた。

そうした中、高度に「進化」した人種と考えられていたアングロ・サクソン系の存亡の危機を救う方策として考え出されたのが、自然選択に代わる「人為的選択（artificial selection）」の一手段として注目を集めた、いわゆる優生学である。それは当時のハンティングの流行に象徴されるように、過剰に文明化されてしまった人間に、狩猟という原初的体験を通じて「野生的」な状態を回復させ、「最適者」としての資質を再獲得させようという試みでもあった。

一連の世紀末的運動を支える思想の背後には「自然を機械としてとらえる眼差し」（Botkin 1990, p. 32）という西洋の伝統的観念の存在も感知される。例えば、一九世紀半ばに近代的な自然保護思想の基礎を確立したとされるジョージ・パーキンス・マーシュは、次のような「機械的に自律した自然」のイメージを提示している。

> 干渉されないまま保たれた自然は、地質的な変動で破壊された場合を除き、形状や境界、全体のバランスについて、ほぼ不変の永続性を保つように自分の領域を形作る。そして、こうしたまれな混乱が起きた場合、自然は直ちに表面的な傷を修復し、ある程度機能するように、統制されていたもとの姿を回復しようとするのである。（Marsh 1965, p. 29）

あのバローズも、こうした自律的メカニズムに支えられた自然イメージに基づいて、野生動物を、自然のままの本能によってつき動かされる「自動機械」として思い描いたと考えられる。だが、バローズがそうした発想を持ったのは、単に彼がデカルト的な動物観の持ち主だったから、ということだけでは説明し切れない。言い換えれば、こうしたイメージは、世紀転換期に社会に遍在していた、自然状態への回帰を順調に促すような「自動装置」への希求、すなわち、どのような状況下でもその機能を左右されない、自然のままの「本能」なるものを信奉したいという強いニーズを反映したものだったと考えられるのである。

干渉されないまま放置された「自然」が自動的にもとの状態を回復するという発想は、自然状態に回帰しさえすれば本来の「最適者（the fittest）」としての能力を呼び覚ますことができる、という人種再生のビジョンを保証する最大の根拠となる。しかし、シートンのような新世代のナチュラリストたちが「発見」したように、もし動物が経験や学習を通じてその行動を形作るのであれば、本能という「自動装置」が支える自律的な「自然」という神話は、たちまち崩れ去ってしまう。

ゆえに、バローズの思い描く「灰色リスは街の公園では猫のように飼いならされている。その一方で、家猫に森の中で子猫を育てさせてみよ。そうすれば子猫は即、野生動物だ」（Burroughs 1903, p. 304）といった動物観は、「退化」の予感にさいなまれる時代精神を如実に反映したものだったと言える。都市の過剰な文明化による退化の不安にさいなまれる世紀転換期において、あくまで「野生動物は生まれた時から野生動物なのだ」（ibid.）というように、動物という存在は何も学習しなくても本能だけで最初から完成された存在でなければならなかった。そうでなければ、文明化されすぎた人類が自然状態に「回帰」し、「退化」の宿命を克服するというシナリオは崩れ去り、自然選択の過程の中で勝ち取ったとされるアングロ・サクソン系の「最適者」としての地位は、ひどく脆弱なものになってしまう。

こうして、本能によって生まれながらに「完成された」野生動物のイメージは、たえず回復し続ける自然、そして都市化・文明化のダメージからたえず回復し続ける高度に進化した人類の可能性と希望を示すメタファーとしての役割を、密かに託されていたと考えられる。

三　日本科学の精神と『動物記』

1　平岩米吉と雑誌『動物文学』

以上のように世紀転換期の北米において、シートンという動物物語作家は、同時代の文化的・社会的風潮を強力に統制していた「人種的ヒエラルキー」を維持しようとする欲望と、それに伴う「科学教育」重視の流れを受けて、ある種の不適合な異端分子として、いわば社会的に排除されたと考えられる。

しかし、その後シートンの動物物語は、どういうわけか、遠く離れた日本の地に根付き、長きにわたってその人気を維持することになるのである。では、そうした日本におけるシートン人気とは、果たしていかなる理由からもたらされたものなのだろうか。次にこの問題を考えるにあたっては、まず「動物文学」という日本固有の文学ジャンルの成立過程をまとめておく必要がある。

「動物文学」という名称または文学ジャンルは、犬の研究者として知られ、また日本の動物文学の父とも呼ばれる平岩米吉（一八九八―一九八六年）が生み出した造語である（平岩 一九四〇）。明治三一（一八九八）年、亀戸の竹問屋の六男として生まれた平岩は、五歳で円山派の日本画家に弟子入りし、一〇代は短歌の創作や連珠[7]の研鑽に打ち込んだ。その後、動物学、心理学、文学などを独学で修め、壮年期には狼や犬類の研究の第一人者として知られるようになるという、まさに多種多様な分野で才能を開花させた人物だった。

平岩は書籍や雑誌の刊行に大変熱心だったことでも知られるが、昭和九（一九三四）年に、前年刊行したばかりの『科学と芸術』誌を改題する形で、雑誌『動物文学』を創刊する。この『科学と芸術』のさらに前身となるのが、昭和六年に創刊された雑誌『母性』である。しかし、「『母性』はその題名と内容が、稍《やや》一致を欠いてゐました。題名は単にお母さんの相手の家庭雑誌と云ふ感じですが、内容はそれよりもかなり高いものであつて、その証拠には読者の半数以上（大半と云つてもいい位）は男子の方であつたのであります」（平岩 一九三三）という理由から、昭和八年一一月以降、『母性』の児童詩研究に関する部分が雑誌『子供の詩・研究』として独立し、残りの内容が雑誌『科学と芸術』になった。

平岩による「動物文学」の理念

『科学と芸術』第二輯（昭和八年一二月）が「動物特集号」だったように、当時からすでに、犬や狼、また動物全般の生態研究に熱心だった編集主幹の平岩の意向を反映する形で、同雑誌には動物に関する記事がさかんに掲載されていく。そうして積み上がった動物の生態に関する記事をさらに絞り込む形で、昭和九年六月、雑誌『動物文学』が創刊されるのである。

主幹編集者であった平岩は、後年『動物文学』創刊の目的を次のように述べている。

此後の数年に対して希求するところは、この土地からも、実際に動物文学の名称にふさはしい作品が発芽し、成育し、開花することでなければならぬ。しかも、わが国のそれが、外国のものとは大いに形態内容を異にするものであらう事は疑ひなく、また既成の外国文学も、必ずしも真正の、或は理想の動物文学とは言ひ難いのである。我が国特有の、そして同時に、真正の動物文学建設への努力――これこそ、此後の本誌に課せられた使命であり、また、私の生涯の仕事でもあると信ずる。（平岩 一九四〇）

雑誌『動物文学』が創刊されたそもそもの目的は、平岩が構想した「動物文学」なる理念を世に知らしめ、その上で「我が国特有の、真正の動物文学建設」（同書）を果たすことにあった。そうした目的のもとに、とりわけ重視されたのが、動物についての外国作品の翻訳・紹介である。「動物文学の運動の究極の目的は結局この土地から優れた創作を生み出すことである。ところが、現在では、さう云ふ方面の望みが、まだ容易に達せられさうもないのであるから、どうしても翻訳の方に力を注ぐほかはない」（平岩 一九三八b）。このように、「動物文学」という新しいジャンルにまだ馴染みが薄い日本の読者に、まず海外の模範となる作品を示し、その上で、日本の優れた動物文学作家の誕生を促す、という目標が掲げられた。

ゆえに、翻訳物の紹介は『動物文学』誌にとってとりわけ重要な使命と考えられていた。雑誌への寄稿者としては、主幹の平岩はもちろんのこと、翻訳家の堀口守や内山賢次、英文学者の本多顕彰、農学博士の犬飼哲夫、野鳥研究の権威である中西悟堂といった面々に加え、南方熊楠、柳田國男といった民俗学の大家、あるいは折口信夫、北原白秋、室生犀星、与田準一、小川未明、まど・みちお、新美南吉などの著名な文学者や歌人、詩人の名前が散見される。一方、翻訳としては、シートンやロング、キップリング、バイコフ、あるいはザルテンといった動物物語作家として今日も名の知られている作家に加え、トーマス・マンやトルストイ、ヴァージニア・ウルフ、ヘルマン・ヘッセといった文豪の作品も取り上げられている。

アメリカにおけるシートンの出世作である「ロボー物語」も、これらの翻訳ものの一つとして日本で初めて紹介された。これと関連して、小林清之介は、雑誌『動物文学』の復刻版に寄せた回想という形で、内山賢次から聞かされたシートン作品の翻訳にまつわる次のような裏話を披露している。

内山さんと二人、お茶を飲んだ時に、「シートンの本はね、偶然の機会に手に入ったんだ」と、ラジオでは話さなかったことを、打ち明けられた。〔…〕「横浜でね、三人集まって酒を飲んだんだよ。ところが、あとの二人は持ち合わせがなくて、偶然ぼくが持っていたから、ぼくが払った。すると、そのうちの一人が義理堅い男でね、後日、洋書を一冊持って来て、先日の飲み代のカタだといった。〝いいよ、いいよ〟といったんだが、どうしても取れという。それがシートンの〝私の知っている野生動物〟だったんだな。」（小林 一九九四、一〇頁）

こうした経緯について平岩自身も、のちに「私はかつて内山賢次氏と、はかって、始めてシートンを紹介した当時をかえりみ、いささか喜びと誇りを感じないではいられない」（平岩 一九五六、一頁）と述べ、当時の状況をやや誇らしげに振り返っている。

シートンの動物物語は『動物文学』誌上に掲載され始めた当初から、他の翻訳作品と比べても別格の扱いを受けていた。だが、「我が国特有の、真正の動物文学建設」（平岩 一九四〇）という華々しい宣言のもとに創刊された『動物文学』は、この創刊当時の目標をなかなか達成できずにいた。例えば、昭和一一（一九三六）年の第一三輯から『動物文学』は「動物を主題とせる創作」を約半年にわたって募集しているが、この第一回懸賞創作募集の試みは「推薦は勿論、佳作として発表し得るものすら一篇もなき有様」（平岩 一九三六c、八〇頁）という散々な結果に終わっている。これについて、平岩は「外国の作品にも、あまり優れたものがなく、本誌の使命とするところの声明も未だ充分に行はれてゐない」ため、これをもって日本の動物小説の将来を悲観することは時期尚早である、との見解を示している（同頁）。その上で、今後の執筆者の参考として「本誌に載つたもののうち推奨に値する作」として、自作の一篇を含む一四作品のうち、シートンの作品を実に四作も推挙しているのである（同書、八三頁）。

このように、「動物文学」なるものの内容や質については厳しい基準を持っていた平岩でさえ、シートンの作品に関しては「私はかねてより、犬及び狼を描いた著名の外国作品全部を紹介したい希望をもつてゐる。〔…〕特にリピンコット氏の長篇、シートン氏の短篇に対しては深い愛着を感ずる」（平岩 一九三八a）というように、常に高く評価していた。このことからも、シートン作品の評価が、少なくとも『動物文学』誌上においては、他の作品と比べて非常に高いものだったことが読み取れる。

2 「児童研究」の広がり

こうして、同時代の北米ではすでに「忘れられた」存在になりつつあったシートンの動物物語は、平岩米吉らの尽力により、日本で再び多くの読者を獲得することになった。先述のように、『動物文学』誌上に不定期で連載されていたシートンの動物物語は、一九三七（昭和一二）年には白揚社から『動物記』の題名で単行本としてまとめられる。以後、この「動物記」という通称と共に、シートンの動物物語は今日に至るまで、児童文学の古典としての地位を維持していく。

しかし、単行本化された当初、理想的な「動物文学」として「少年・少女にも、大人にも、面白い本」（『動物記』（Ⅲ）広告文）という触れ込みで売り出されていた『動物記』が、その後どういうわけか「童話の代りに」読まれるようになった（内山 一九四二、五頁）という経緯は、シートンの紹介者である平岩にとって予想外の出来事だったに違いない。事実、平岩は、こうした事態に対して次のような強い憤りの念を表している。

> 最近、動物文学的作品が読書界に迎へられる傾向がとみに顕著になつて来たが、それらのうちの或るものは立派に成人の読物であるにも拘《かかわ》らず、いたづらに卑下して、「少年少女に贈る珠玉篇」とか「最も健全な児童の読物」とかいふやうな宣伝をしてゐるのは全く解することが出来ない。〔…〕成人は何故に動物に興味を持つことを恥辱の如く考へ、また、動物文学は何故に成人の文学として宣伝することを差しひかへねばならぬのか。三省せよ。猛省せよ。（平岩 一九三九b）

アメリカ児童研究と元良勇次郎

こうした状況は、いかなる時代背景のもとに生み出されたのだろうか。その理由の一端を、我々は『動物文学』誌上に掲載された、ある小さな記事に見出すことができる。

子供が家畜、殊に犬を愛する年齢は、十歳前後ですが、この時代の子供はこれを人類進化の段階で云へば丁度、放牧時代に当るのです。「人類の進化史の半分は家畜の進化史である」とスタンレー・ホールも喝破してゐる通り、動物、殊に、犬を離れて生存することの出来なかつた時代からの遺伝的な力が、この年齢の子供に最も強く出て来るのです。（関　一九三六）

北米でG・スタンレー・ホールによって提唱された「発生反復（recapitulation）」の理論は、日本でも明治期から心理学や教育などの分野に導入されていた。その学説が日本に輸入されていく経緯をたどることは、日本の心理学の歴史を紐解く作業と、かなりの部分で重なり合うことになる。

日本で最初の心理学者と呼ばれる元良《もとら》勇次郎（一八五八―一九一二年）は、一八八五年から八八年にかけて、当時ジョンズ・ホプキンス大学教授だったホールに師事している。一八八三年の渡米当初、ボストン大学に籍を置いた元良だが、師事した教授と宗派上の意見が合わないなどの理由から、一八八五年一〇月からジョンズ・ホプキンス大学に移り、そこの生物学教室で心理学を担当していたホールと出会う。元良について網羅的な研究を行っている佐藤達哉によれば、この時、元良は、あらかじめホールに指導を受けようと考えて移籍したのではなく、日本にいる時からすでに生物学、哲学、教育に関心があったので、生理学、動物学、そして心理学を専門とする教授らによって作られた、いわば「寄り合い所帯」であったこの教室を選んだのではないか、と推察している（佐藤・溝口編 一九九七、七八頁）。

元良は、一八八七年にホールとの共著で「圧の漸次変化に対する皮膚の感受性（Dermal Sensitiveness to Gradual Pressure Changes）」という論文を『アメリカ心理学（*American Journal of Psychology*）』誌に発表するなど、指導者であるホールとかなり近しい関係を持ったようである[8]。ただし、この論文は、論題が示すように、当時ホールが熱心に取り組んでいた発達心理学、あるいは児童研究的な考察とは関係の薄い、人間の皮膚感覚に関する実験心理学的な内容だった。また、同年七月に元良が提出した博士論文「社会生活の原理としての交換（Exchange: Considered as the Principles of Social Life）」も、心理学的な研究成果というよりは、社会科学、あるいは哲学的見地に立った内容だったようである。

元良の師であるホールは、すでに述べたように、アメリカ児童研究、あるいは発達心理学や教育心理学のパイオニアとして知られているが（ホールのネイチャースタディー運動への傾倒も、彼の児童研究的な関心の一部として位置づけることができる）、その一方でジョンズ・ホプキンス大学で米国初の心理学講座を開設し、フロイトの精神分析の概念をアメリカに初めて紹介するとともに、クラーク大学の初代学長やアメリカ心理学会の初代会長を務めるなど、北米の心理学界・教育学界全体に広く貢献した人物でもあった。ホールはドイツから生理学的、実験心理学的な方法論をアメリカに持ち込んだことでも知られるが、そうした多面的な活動のうち、元良は主に実験心理学的な手法を中心に学んでいた。ゆえに、一八八八年に日本に帰国して以後の元良は、あくまで「一般心理学の分野の人」（山本

一九八七、九四頁）として精神物理学、また心的作用の実験的研究を本分としていった。

そうは言っても、元良はホールの児童研究や発達心理学への強い関心に全く影響を受けなかったわけではない。例えば、一九一一（明治四四）年、神奈川県師範学校で行った日本児童研究会秋季総会での講演会では、留学中は児童研究を目的にしていたわけではなかったが、ホールがあまりに熱心に児童研究の話をするので、知らず知らずのうちに研究に引き込まれた、などと述べている（佐藤 二〇〇二、一三九―一四〇頁）。また、一八八八年九月から帝国大学（現在の東京大学）で「精神物理学」の講座を担当した元良は、一八八九年九月、外山正一、神田乃武《ないぶ》らと共に正則予備校（正則高校の前身）の設立メンバーに加わっている。

一八九〇（明治二三）年一〇月に講師職を辞し、晴れて文科大学教授に昇進した元良は、正則予備校設立時のメンバーに加え、同校の教師に招聘された堀尾金八郎を通じて元良と親交を持つようになった高島平三郎ら他数名と共に、同年「日本教育研究会」を発足させる。元良は、ホールのもとで児童研究を専門的に極めたわけではなかったものの、一八八二（明治一五）年には『小学雑誌』誌上で「普通教育を論ず」という連載を持ち、それを元に処女出版となる『教育新論』（中近堂、一八八四年）をまとめるなど、教育分野にも強い関心は持っていたようである（同書、七七頁、山本 一九八七、九五頁）。

『動物文学』と児童への関心

しかし、この日本教育研究会は一八九一年一〇月をもって自然消滅し、四年後の一八九五年四月に、やはり児童を専門に研究する目的のもとに大日本教育会の下部組織として創設された「児童研究組合」も、ほどなく活動を中止してしまう（山本 一九八七、九五頁）。こうした紆余曲折を経て、元良を初代会長として「日本児童研究会」が組織されたのは、一九〇二（明治三五）年のことだった。この間、先述の高島平三郎と共に、塚原政次、松本孝次郎らが中心となって雑誌『児童研究』が一八九八年に創刊されるが、この雑誌は日本児童研究会の発足に伴い、事後的に同会の機関誌となった（佐藤 二〇〇二、一四二—一四三頁）。会の中心的運営者である高島がホールの理論に傾倒していたこともあり、『児童研究』誌上には、ホールやその弟子たちによって提唱された、いわゆる「発生反復説」的な児童観に基づく論考がたびたび掲載されることになる。

　元良は、一九一〇年に中島力造、速水滉《ひろし》、青木宗太郎との共訳で、ホールの代表作である*Adolescence*（一九〇四年）を『青年期の研究』の題名で翻訳・出版している。この訳書は、一九一二年に文部省が「通俗図書館備付」として適切な本をまとめた「文部省選定図書」の目録中に含まれる八冊の心理学関係書の一冊である（佐藤・溝口編 一九九七、七三頁）。このように、ホールを中心に概念化されたアメリカ的「発達」の観念は、児童研究運動の展開に合わせて日本にも徐々に浸透していった。

　そして、平岩の雑誌『動物文学』も、こうした大正期以来の「児童研究」的な関心を色濃く有した出版物だった。特に『動物文学』の前身であり、のちに『動物文学』に再吸収される『子供の詩・研究』は、その名が示す通り、子どもの周辺にある事物や子ども自身の発言や行動を分析することで、児童独特の内面世界に迫ろうという狙いを持つ雑誌だった。中でも、『子供の詩・研究』のさらに前身となる雑誌『母性』からほぼ毎号にわたって掲載されていたのが、主幹である平岩の娘、由伎子による詩や童話の聞き書きである。[9]

お爺さんの夢（お話）（一）

昔、あるところにお爺さんとお婆さんと暮らしてゐたんですつて。或る時、二人が山へ行くと、お爺さんが何かじつと見てゐるので、お婆さんもその方を見てゐたの。さうすると、黒い大きなものがノソリ〳〵歩きながら、だん〳〵山の方へむかつて来るらしいの。たうとう、お爺さんとお婆さんの側まで来てしまつたんですって。やがて、シャア〳〵水を吹き出したので、お爺さんは驚いて、大きな石を放りつけたの。黒い大きなものは「かんべん〳〵」つて逃げて行つてしまつたので、よく見ると、そこは自分のお家なの。変だなと思つて気がつくと、やつぱり今までゐた山なんですつて。お爺さん、夢を見てゐたのよ。〔…〕（六歳一ヶ月）（平岩由伎子　一九三三、三四—三五頁）

そもそも、かねてから動物に強い関心を持っていた平岩は、同時に「動物としての人間」というテーマについても、おぼろげながら関心を抱いていたに違いない。だからこそ、人間のより原初的な精神状態や剝き出しの本能のようなものを表出させていると考えられた「児童」、あるいは人間の狂気、性的な営みといった題材に注目したのではないだろうか。そうした、人間のいわば「動物的な」側面を深く見つめていこうとする視線は、心理学を通じて日本国内に広く浸透しつつあったホールの発達の理論に代表される児童研究的な発想の影響を受けたものであることが推察される。

終生「独学の人」であった平岩米吉は、その知識の多くを内外で出版された専門書の豊富な読書を通じて得ていた。平岩の蔵書は公にされておらず、どういった文献から知識を得ていたかは定かではないが、その幅広い出版・著作活動が指し示す傾向の一端は、動物と人間の根底的なつながりを追求しようという強い意志によって明確に方向づけられていると思える。

3　人種的階層の不在

だが、雑誌『動物文学』がホールの発達心理学的な観念と広い意味でつながりを持っていたとはいえ、日本におけるシートン動物物語への需要が、世紀転換期アメリカの場合と同様に、人類の「発達」という理念に支えられた「ネイチャースタディー運動」的な欲求に基づいて生み出されたと考えるのは、やや早計である。そもそも、アメリカにおける「ネイチャースタディー」の流行とは、世紀転換期における急速な都市化・工業化、それに伴う移民の増大や女性・労働者階級の社会進出、さらにフロンティアの消滅といった様々な事態が生み出した社会不安や、それが白人中産階級の間にもたらした「退化」への恐れと密接に連動していた。そうした恐れは、当時の社会進化論を後ろ盾にして、より「進化」した人類としてのアングロ・サクソン系を頂点に置く社会階層や人種的階層を維持したい、という欲望に基づくものだった。

それに対して、明治期以降、欧米並みの国力を得るために産業化・工業化を急務とした日本は、世紀転換期のアメリカ社会が置かれていた、工業化や都市化に対する嫌悪が蔓延するような段階には、少なくとも一九三〇年代頃にはまだ至っていなかったと考えられる。しかも、欧米的な「人種的階層」のビジョンの中で、白人と黒人の中間に位置する「黄色人種」として位置づけられた日本人は、白人種の「退化」を避けるというイデオロギーを基礎にして構築された発達心理の概念を本来の形で受け入れることができない思想的状況に置かれていたと考えられる。

例えば、先述の高島平三郎をはじめ、日本の「児童研究運動」に携わった人々は、ホールの学説を受容する際、その「発生反復」的な児童観以外に、ホールによって組織的に用いられたことで北米の児童研究運動の主流となった「質問紙法による調査方法」を学び取ったとされる（山本 一九八七、九八頁）。それは、子どもの年齢や性別を記入し、子どもの行動について自由記述する形式の用紙を教師らに配布して、その調査結果を収集する、というものだった。こうした方法論に基づく高島らの研究は、今日では「児童の観念界の内容を知ることができても、〔…〕それを教育方法、教授方法上で、どのように活用すべきか、についてはまったく触れられて」おらず（向野 一九九八、三二一―三二頁）、ゆえに実施された当時も「成功をみなかった」（小山 一九九八、四九九頁）という、否定的な評価を受けている。

都市生活への不信

この調査方法の事実上の失敗の原因は、おそらく小山優子が指摘するような「教育実践と心理学研究の根本的な問題、すなわち子どもの心理的研究を教育に応用することの困難さ」（小山 一九九八、四九九頁）だけにとどまらないだろう。例えば、ホールがアメリカで初めて行った質問紙法に基づく調査は、一八八二年にボストン市街ならびに郊外に在住の小学校入学前の児童について行われた「新入学児の心的内容（The Content of Children's Minds on Entering School）」だった。この調査は、アメリカ児童研究の先駆けであると同時に、先述のように世紀転換期のネイチャースタディー運動の火付け役となる研究成果だったと言われる（Schmitt 1990, p. 77）。しかし、この研究調査は、すでに一九世紀半ばからアメリカ社会の中で顕在化しつつあった「都市生活の不健康さについての信念（Belief in the unhealthiness of urban life）」（Mitchell 1981, p. 15）を最初から理論上の後ろ盾としていた。

質問紙法による調査は、それ以前にドイツにおいて一八六九年と七四年に実践されており、ホールは一八六九―七〇年と一八七八―八〇年の二度のドイツ留学中にこの方法を現地で学び、その後自らがボストン市周辺で行った調査のモデルとした（Ross 1972, p. 125）。しかし、ボストンでの調査を行った時のホールは、アメリカ国内に広く浸透していた「田舎の生活が「一般的な」知識を形作り、それが都市生活が基づく知識よりも優れた精神的鍛錬となる」という前提自体を、すでに自明のものとして疑っていなかったようである（ibid., p. 127）。その意味で、一八八二年にボストン市周辺の児童に対して行われた調査は、ホールにとって、実践する前からすでに出すべき結果が決まっているものだったのであり、ドイツから導入された質問紙による調査という形式は、調査方法に「科学的」なニュアンスを付け加えるための手段でしかなかったと考えられる。

その意味で、ホールがこの調査をもとに導き出したネイチャースタディーの必要性という提言もまた、彼によって最初から用意されていたシナリオの一部に過ぎなかった可能性がある。言い換えれば、篠田利英がアメリカから日本に持ち帰り、その後、高島らを中心に日本教育研究会が組織されて以後、繰り返し実践されてきた質問紙法による調査（木内 一九九三、二四頁）は、その調査結果から何かを導き出し得る客観的な調査法として本来機能するものではなかった。ゆえに、導き出すべき答えが明確だった世紀転換期アメリカという本来の文脈から切り離され、純粋に方法論として日本に持ち込まれた時、この調査方法による研究結果が実際の教育実践と結びつくことができなかったのは、高島らの落ち度というより、方法論のもともとの機能から考えて、無理もない結末だったとも言えるのである。

4　太平洋戦争と「日本科学」

では一九三〇年代の日本においてシートン『動物記』は、いかなる理由でその人気を得たのだろうか。一つの可能性としてあげられるのが、昭和一〇年代という時代特有の教育と科学をめぐる複雑な思想体系の存在である。

『動物記』初版本が刊行された翌年の昭和一三（一九三八）年、日本の児童文学界はある転換期を迎えていた。この年の一〇月、内務省警保局図書課により、当時児童読物の「浄化」とも呼ばれた「児童読物改善ニ関スル内務省指示要綱」[10]が決定される。この「指示要綱」は、のちに「日本少国民文化ヲ確立シ以テ皇国ノ鍛練ニ資スルヲ目的」（『社団法人日本少国民文化協会要覧』八頁）とする日本少国民文化協会の設立と結びつくことから、今日では一般的に「国家が全児童文化に対する統制を本格的に開始したシグナル」（佐藤 一九九七、二三八頁）として捉えられている。そして、翌昭和一四年に改訂版として新たに刊行された『動物記』の巻末には、次のような紹介文が新たに付け加えられた。

第一巻の刊行以後逐次全国の読書界を風靡してその絶賛を博し、或は文部省の推薦に、或は各月のラヂオ放送に、或は文壇諸家の推称に等々、空前の好評裡に第一部・物語篇を完了した。児童読物浄化の叫び高き折柄、この種出版の先鞭をつけた小社はその名誉と私《ひそ》かなる誇りとに推動されて、こゝに全巻に亙つて訳者の改訂を仰ぎ、全四巻に版を改めて、更に広く全国の読者層に見えんとする。(「動物記の刊行について」巻末二頁)

この「文部省の推薦」や「児童読物浄化」という言葉から理解できるように、少なくともこの改訂版以降の『動物記』の出版は当時の児童文化統制の流れを強く意識するものになったことがうかがえる。この児童文化統制の内容には、少国民教育や国防などの側面から当時の教育界を席巻した、いわゆる科学重視の観点が明確に織り込まれていた。例えば、「指示要綱」では、「仮作物語ヲ制限」し、その上で「科学知識ニ関スルモノ」を補充することが指示されている。あるいは「内務省のかゝる浄化運動に更に積極性をもたせ」る(平澤 一九四〇、二四頁)形で昭和一四年五月に行われた文部省の推薦図書制度の拡充について、当時の文部社会教育局長である田中重之は、国民の間に生じた「科学的探究に対する強い要求」や「産業・科学方面に於いて、一般国民の間にも専門的知識を要求するものが愈々《いよいよ》多きを加へつゝある実情」を、拡充の理由の一つとしてあげている(田中 一九三九、一五七頁)。

文学と科学の融合

こうした傾向は、一九三七(昭和一二)年の日中戦争勃発以降、戦時体制に突入した当時の日本国内の思潮を反映したものでもあった。すなわち、戦争状態の激化に伴い、戦力増強に直結する科学技術の確立が急務とされるようになると、文部省を中心に、国をあげて科学政策が積極的に行われるようになる。具体的には、日中戦争が始まった翌年の四月に国家総動員法が公布され、それまでの資源局と企画庁を統合した「企画院」は、軍需工業を中心とする重工業のための原料・資材の補給を確保するため、不足資源についての有効な利用法や代用品などの調査研究を目的とする「科学審議会」を同月に設置した。

その後、資源問題の解決を中心に展開していた日本の科学政策は、日中戦争の長期化に伴い、文部省の科学政策への介入という、さらなる転換点を迎える。同年五月、第一次近衛内閣による内閣改造の際には、軍国主義化を強く主張していた荒木貞夫が文部大臣に任命された。荒木は文部省が等閑視していた科学振興を文部行政の一環と位置づけ、積極的に推進したのである。その最初の現れが、文部大臣の諮問機関である「科学振興調査会」の設置であった（金子 二〇〇一、一〇七―一二〇頁）。

こうした時局の変化を背景として、一九三八年に初版が刊行されたシートンの『動物記』は、当初、何よりその「精致な科学的観察」（『動物記Ⅰ』広告文）や「驚く可き動物生活の科学的把握」（『シートン自叙伝』広告文）によって高く評価されたが、国民の科学的知識を増強するという意味で、「科学的に無知なわが国の一般の大人や子供の好読物」（本多 一九三八）としても大いに推奨されたのである。

しかし、『動物記』という書物は、こうした科学知識の補充という側面からのみ、文部省や内務省によって推奨される公的な「良書」として認知されたのではない。それ以上に、『動物記』の内容自体が体現していると考えられた科学と文学の「融合」という資質にこそ、昭和一〇年代という時代特有の特殊な意味合いが見出されたと思われる。

例えば「動物文学」なるものの定義において、この用語の提唱者である平岩米吉は、何より科学性と文学性の両立、あるいは両者の「融合」という資質を重視していた。平岩のこの姿勢は、そもそも雑誌『動物文学』の前身が、その名もまさに『科学と芸術』（昭和八（一九三三）年一一月から昭和九（一九三四）年四月まで、白日荘より全六号が刊行）だったことにも反映されている。もともと『科学と芸術』誌上で主張されていた「融合」の精神とは、「世は科学の時代である。一般の科学的常識も非常に進んで居るのだ。現実を描写し、これを指導すべき筈の芸術家が、どうして科学に無関心で居てよいであらう」（堀口 一九三四、六頁）というように、科学の急速な進歩に遅れまいとする芸術や文学の側の一種の焦りを前提とするものだった。

ところが、『動物文学』に誌名が変更された後、こうした科学と文学の関係性は微妙な変化を見せ始める。すなわち、『動物文学』誌上において「動物文学は文学である。それは、だから、文学に必要なあらゆる条件を持たねばならない。〔…〕愛に基づく正しい観察が、顕微鏡や解剖による単なる観察よりも、如何に多くのものを見るかは、凡庸な科学者にはわからないであらう。凡庸な科学者とは、文学的感覚を欠く科学者を指していふのである」（本多 一九三七、三頁）というように、動物文学はあくまで「文学」であり、文学的感性をむしろ科学者の側が持たなくてはならない、という見解が示されるのである。

こうした感性のもとに見出されたシートンの動物物語は、やがてこの文学性と科学性の「融合」の精神を体現する、まさしく理想的な「動物文学」の手本として繰り返し賞賛されることになる。

ここに不思議なる一人物があつて、宛然《さながら》、動物文学を生むために現はれて来たかの如く、これら、至難なる諸条件を一身に具現し、見事に、科学と文学の両地域を融合して、従来、独立せる文学としては余りに生硬未熟の感のあつたものを、一挙に渾然たる作品として示すことに成功したのである。即ち、科学者であり、作者であり、また画家であるところのカナダの自然人アーネスト・トムソン・シートンであつて、ここに始めて、人々の動物に対する興味と欲求とは健全なる文学の形式を以て答へられたのである。（平岩 一九三七c、二―三頁）

一方、こうした「融合」の精神を称揚する姿勢の背後には、平岩が当時の日本の動物文学に対して抱いていた、ある不満も隠されていた。

本誌の運動の拡充に伴ひ、〔…〕その一部には種々な誤認も起伏して来てゐる。例へば、動物文学に於ける科学的要素を、抽象化されて現実の動物とは少なからず遊離してゐる所謂「科学」と同一視するが如きことである。言ふまでもなく、重要なのは現実の動物を正しく認識することであつて、机上で概念を論議することではないのだ。（平岩 一九三八c）

この「机上で概念を論議する」ような、いわば抽象化された「科学」としての動物の記述や認識を批判する平岩の態度は、世紀転換期のアメリカにおいて「習性や慣習についてまとめた一〇頁程度の概略」（Seton 1898, p. 9）ばかりを生み出すような一般的な博物学の表現方法に反発し続けたシートンの考え方と非常に似通っている。さらに、平岩のこの主張は、シートンの同時代人であるベイリーが、ネイチャースタディーの普及に専心する中、単なる事実（fact）や知識（knowledge）の集積としての「科学（science）」に向けた批判とも、図らずも合致していたのである。

日本科学の精神

ところで、その平岩が『動物文学』誌上で繰り返し主張した、「机上の科学」が一人歩きするような傾向に対する批判は、同時代の日本の教育界で持ち上がっていた、もう一つの議論と重なり合う主張でもあった。

我々は、科学に於ける概念法則のさう云ふ形式的論理的な関係と云ふものにだけ気を取られ、其の中に盛られるべき内容に就いて非常に鈍感であります。科学を学べば学ぶ程其の本質的なものを見る能力を失つて、其の形式の整然さと云ふことにのみ目を奪はれて行くと云ふやうな傾向がある。さう云ふ風な観点からは、創り出して行くと云ふ立場は出て来ない。（前田 一九四一、一九二―一九三頁）

このように、「形式的論理的な関係」に偏《かたよ》る科学教育への批判が繰り返され、「科学を何か一つの固定した体系のやうに考へ」（同書、一九〇頁）てきたことを反省するという動きは、従来の科学知識が「向ふから来たものの考へ方の歪められた点」（塩野ほか 一九四二、一一三頁）を含んでいるという一種の反米思想に促されたものでもあった。ここに「先進国において既に考案されたものを、考案する過程ぬきで摂取するよりほかはなかつた」（山崎 一九四一、一六頁）という日本的な事情が加わり、さらにその後の戦況の悪化に伴って、「学問殊に科学封鎖によつて、他の国から学ぶことを不可能ならしむるに至つた」（倉林 一九四一、九頁）ことで、日本の科学教育は「学問の独立、学問の自給自足」（同頁）について真剣に検討することを余儀なくされたのである。

こうした多方向からの圧力によって、日本の科学教育は従来の知識偏重型の学習方針からより創造性を鍛える方向に転換すべきであるとの主張が教育関係者の間でさかんになされるようになっていく。ただし、ここで要求される「創り出す力」とは、あくまで「日本人の精神、日本精神の働きの一つの相」（塩野ほか　一九四二、一一二―一一三頁）としての「日本科学」を創造するためのものであり、その背後には「皇運扶翼の一面として〔…〕科学的な精神が考へられる」（同書、一一三頁）という思想が控えていた。そして、これらの考え方は次第に次のような見解へと凝固していく。

日本に於けるあらゆるものごとは、国体といふ一源に発し、国体の精華を発揮する営みに外ならないといふ真実に立つものである。〔…〕科学技術が感覚を含まず、人間生活、人間精神と切離されたものであるとしがちである。これは、物を互に対立する要素の集積と見る欧米流の考へ方である。日本の考へ方は全一なるものに於て相の違ひを中心に於て特色づけ、限界を認めず、対立を認めず、随つて、各相は連続し、しかもそこに全体が滲み込むとする。（塩野　一九四三、一四頁）

この「全一なるもの」の一表現としての日本科学が、あくまで「物を互に対立する要素の集積と見る」とされる欧米的な思想と対比された時、シートンの『動物記』が、その動物描写によって体現する科学と文学の「融合」の精神が日本科学的な理念に沿った国政に貢献し得る資質として高い評価を受ける思想的下地が完成する。こうした背景から、公的に認定された「良書」としての『動物記』の位置づけは、同時代の「日本科学的精神の体現」という、より大きな政治的・思想的潮流の後押しを受ける形で、ある意味では偶発的にその価値を見出され、良書としての地位を確保されるに至った、という解釈が成り立つのである。

四　孤高の人々——平岩とシートンの動物観

1　ジャック・ロンドン再び

その後の日本におけるシートンの知名度の高さは、これまでに述べてきたような、彼の作品が初めて訳出された当時の政治的・社会的背景のみによって説明できるものではない。日本におけるシートン作品の突出した人気については今後さらなる分析が必要だと考えられるが、現時点ではやはり、シートンの強力な理解者、あるいは擁護者である平岩米吉という人物の影響を大いに考慮すべきだろう。平岩という人物が雑誌『動物文学』であれほどまでにシートンを激賞し、「動物文学」なるものの手本としてシートンの動物物語を積極的に訳出・紹介していなければ、動物物語作家シートンの名前が日本の読者の間に広く知れわたることはなかった。

そう考えると、ここで新たに一つの疑問が浮かび上がってくる。すなわち、海外からの多種多様な動物物語が数多く存在していた中で、平岩はなぜシートンの動物物語を日本の「動物文学」が目指すべき理想として選び取ったのだろうか。この問題を考えるためには、シートンとは対照的に『動物文学』誌上で平岩から批判され続けた、もう一人の動物物語作家に注目しなければならない。

前述のように、平岩は日本において真の「動物文学」が生まれ出る機運が見られないことに日ごろから強い苛立ちを覚えていた。その苛立ちをぶつけるかのように、平岩は『動物文学』の創刊時から「動物文学」あるいは「動物小説」なるものを定義する文章を再三執筆している。それらの定義の中で、平岩がしばしば名指しで批判していたのが、あのジャック・ロンドンであった。

ロンドンについて、平岩は例えば「動物を扱つた作品として殆ど代表的のものゝ如く一般に思はれてゐるジヤツク・ロンドンの「ホワイト・フアング」は、狼の馴致を題目としたものであるが、〔…〕枝葉末節の誤なら兎も角《とかく》、一篇の眼目とするところが、かく甚しい虚構の上に立つてゐるのでは、これを動物文学として推奨することは、たとへ、他の部分が如何に優れてゐやうとも躊躇せねばならぬ」（平岩　一九三六b、一―二頁）と述べている。実のところ、平岩が『動物文学』誌上でシートンの作品を熱心に紹介した理由の一つが「動物小説といへば、ジヤツク・ロンドンの『ホワイト・フアング』及び『荒野の叫び』とキツプリングの『ジヤングル・ブツク』のほか、殆ど何物も知らなかつた人々」（平岩　一九三八d、六四頁）ばかりであるという当時の状況を憂えてのことだった。ロンドンの作品が「あの通り間違ひだらけのもの」（平岩　一九三六a、二八頁）であるにもかかわらず「本邦に於て最も広く知られ、且つ、多くの盲目的心酔者乃至《ないし》模倣者を有する」（平岩　一九三七a、三頁）という状況に憤りをおぼえていた平岩は、ロンドンに代わる理想的な動物物語作家として、シートンという作家を半ば意図的に「発見」し、作品の高い価値を広く訴えたのである。

平岩のロンドン批判

平岩が作家ロンドンに対して批判的な態度を取った理由の一つは、ロンドンの動物物語に描かれた狼の生態に関する「誤った」知識の数々にあった。例えば、平岩は「ジャック・ロンドンが一九〇三年に書いた『野性の呼声《よびごえ》』および一九〇七年に書いた『ホワイト・ファング』も高名でありまして、〔…〕多くの礼讃者を有するわけでありますが、犬がたやすく狼の群に投ずるということ、また狼の血の入ったものがほとんど犬と同様の行動をするということは、実際問題としてすこぶる疑わしいのであります」(平岩 一九九一、一六〇—一六一頁)などと述べている。だが、平岩にとってのロンドン作品の欠点は、こうした事実誤認だけにとどまるものではなかった。それ以上に平岩を憤慨させたのは、ロンドンが描く、人間に暴力によって馴致されていく野生動物の姿である。

「ジャック・ロンドンの「ホワイト・ファング」は、狼の馴致を題目としたものであるが、その方法は徹頭徹尾、懲罰と威嚇であつて、野獣を——否、あらゆる生物を心服せしむる根本の精神と全然背馳してゐるのである」(平岩 一九三六b、一—二頁)。この時、平岩が想定していたのは、例えば『ホワイト・ファング』に描かれた次のような場面であろう。

男の手が近くへ、ますます近くへと迫ってくるあいだ、仔狼の身内には本能と本能の闘いが荒れ狂った。〔…〕手がいよいよこちらに触れそうになる、その寸前までは、服従した。それから、一変して抵抗に転じるなり、牙をひらめかせて、さしだされた手に思いきり咬みついた。と、つぎの瞬間、頭を一発、横なぐりに強打され、脇腹を下にしてすっころがった。たちまち闘争心はあとかたもなくけしとんだ。かわって仔狼を支配したのは、幼さと、服従本能だった。(ロンド

ン 二〇〇九、一六五頁）

この『ホワイト・ファング』の冒頭には、激しい飢えのあと、ようやく獲物を捕え、飢えをしのいだ狼の群れの牡たちが、今度は一頭の牝をめぐって激しい殺し合いをする場面がある（同書、八四―八七頁）。狼のイメージにしばしばついて回るこうした「残虐性」について、平岩は「狼は仲間同志で食い合いをする恐ろしい動物だということが一般にいわれて」いるが、「事実は、狼は秩序の正しい、また愛情の深い動物」であると主張し、また「狼の団体の頭は、常に、一番年上の牡でありまして、他のものは、その命令に絶対に服従しているのであります」（平岩 一九九〇、一七六頁）などとして、ロンドンの描写と正反対の見解を示している。

ロンドンの側から見れば、作品中に描いた、人間によって力で打ち負かされる動物の姿や、狼などの野生動物の「残虐性」といった要素の強調は、執筆当時に彼が思い描いていた、進化論的な生存闘争の過程を再現する、という明確な意図からすれば、描きこまれて当然の「事実」として認識されていただろう。ここで、ロンドンが作家として売り出し中だった当時の北米で彼を取り巻いていた事情を再度振り返ってみたい。

あのネイチャーフェイカーズ論争において、ロンドンは、シートンやロングといった作家たちと同様、ローズベルトらに「自然を捏造する作家」として非難され、動物生態についての知識の誤りを逐一攻撃されていた。そうした非難に対抗する意味で、ロンドンは、前述のように、一九〇八年に『コリアーズ』誌上で「その他の動物たち（The Other Animals）」（London 1908）という論説文を発表し、動物についての自身の知識の正確さと豊富さを見せつけようとした。

この小論において、ロンドンは、例えば「私は自分の物語を進化の事実に沿って創作しようと試みた」(ibid., p. 10) と述べるなど、「進化論者 (evolutionist)」としての自己規定を繰り返し行っている。そして、ロンドンの二つ目の動物物語である『ホワイト・ファング』は、「その他の動物たち」が『コリアーズ』誌上に掲載される前年の一九〇七年に刊行された作品であり、ロンドンが当時思い描いていた進化論的ヒエラルキーのビジョンが色濃く描きこまれている。

例えば、物語の中で、狼の父と、狼と犬の混血種である母との間に生まれた「ホワイト・ファング」が最初に服従した人間は、母犬の元の飼い主でもあるインディアンのグレイ・ビーヴァーである。この「食べ物と、暖かい火、保護と、そして心のつながり」(ロンドン 二〇〇九、二四四頁) を与えてくれる最初の主人は、しかしその後「とびきりの醜男」と描写されるビューティー・スミスの罠に落ち、ホワイト・ファングを手放す羽目になる。

この「まず第一に、小男」であり、「貧弱な体軀の上に、さらにきわだって貧弱な頭部がのっている」ビューティー・スミスは、「薄汚い黄色」の髪やひげ、あるいは「白い神」といった表現から見て、おそらく白人だと推察される。その上で、「とんがり頭 (pin head)」と呼ばれるほどの貧弱な頭で、牙のような黄色い「二本の犬歯」を生やし、「最低の弱虫」でありながら「底なしの野獣性」を持つとされるこの男は (同書、二九一―三〇二、三三四頁)、ロンドンの言う白人の中でも「下等な種類の人類 (the lower types of man)」(London 1908, p. 26) の一人であることは間違いない。

醜く臆病で、さらに野獣のような「凶暴さ」を有するビューティー・スミスは、ホワイト・ファングの力強さに邪《よこしま》な興味を抱き、グレイ・ビーヴァーのテントに根気よく通い詰めて、彼を酒浸りにすることに成功する。そうして、身体的にも知的にも劣った存在であるにもかかわらず、スミスは白人種の端くれとして、人種的に「下位」に置かれたインディアンを、その悪知恵でやすやすと打ち負かしてしまうのである。だが、この結末をホワイト・ファングは早くから野生の本能で見抜いていた。ホワイト・ファングの目から見て「もっとも強力な神」であったグレイ・ビーヴァーは、しかし「これら肌の白い神々のなかに置かれると、まるで子供のよう」（ロンドン 二〇〇九、二七九頁）だったからである。

その後、闘犬として何頭もの犬と血みどろの戦いを強いられる地獄の日々を送っていたホワイト・ファングを救ったのは、きれいにひげを剃り、血の気が多く、薔薇色に上気した肌を持つ、鉱山師のウィードン・スコットであった。ブルドッグとの死闘の末、瀕死の状態になったホワイト・ファングに激怒したビューティー・スミスがこの犬をひどく蹴りつけているところに現れたスコットは、スミスの顔面にこぶしを叩き込む。スコットがホワイト・ファングの喉にくらいついたブルドッグの顎をこじ開けている間、スミスは自分には犬の所有権があるとしつこく主張する。それに対して、スコットは「あんたは人間じゃない。けだもの、ひとでなしだよ（... you're not a man. You're a beast）」（同書、三四三頁、London 1993, p. 337）と冷たく答え、人間ではない存在の「権利」を否定する。このように、「高等な人間」の代表格であるスコットは、その圧倒的な知力と腕力で「下等な人間」であるビューティー・スミスを「けだもの」の領域に突き落とすのである。

高等な動物の「愛」

ホワイト・ファングが初期の頃に見せていた「残忍さ」は、野生からより高度な段階に進んでいく「進化論的」な歴史を再現する上で不可欠な舞台装置だった。その過程の重要な指標となるのが、スコットの忍耐強い関わりがもたらした、ホワイト・ファングの「愛」への目覚めである。「〔ウィードン・スコットは〕ホワイト・ファングの本性の、その根幹のところまで降りてゆき、衰えきって、いまにも死にかけていた生の潜在能力に、やさしく触れたのだ。そうした潜在能力のひとつが、〈愛〉だった」(ロンドン 二〇〇九、三七一頁。原文では〈愛(love)〉はイタリック表記 (London 1993, p. 349))。

こうした「愛」の潜在能力は、暴力的なビューティー・スミスとの関係で発現しなかったのはもちろん、さらに遡って、最初の飼い主であるグレイ・ビーヴァーとの関係においても現れることがなかった。グレイ・ビーヴァーに対しては「その奉仕は義務感と畏怖からきたもので、愛情からきたものではない。愛のなんたるかを彼は知らなかった」(同書、二四四頁) のであり、それは母狼との関係でも同様だった。例えば「〈野性〉は〈野性〉であり、母性は母性である。母性とは、〈荒野〉においても、〈荒野〉を離れていても、いつも変わらず強烈な保護本能を働かせるものだ」(同書、一二四―一二五頁) というように、母親による庇護は「母性 (motherhood)」という言葉で表される。あるいは「仔狼が経験したのは、母親からのまた新たな愛情の発露だった (The cub experienced another access of affection of the part of his mother)」(同書、一四八頁 = London 1993, p. 238) というように、母狼の情愛については、原文では "love" ではなく "affection" という単語が用いられている。

このように、ロンドンが思い描いた進化論的ヒエラルキーの中で、「愛 (love)」は、ある段階以上に進化した動物のみが有する、かなり高度な感情として捉えられていた。その高度な感情である愛の獲得は、そのまま、その個体の高い知性と、それに伴う気質的な穏やかさとイコールで結ばれる。例えば、グレイ・ビーヴァーに飼われていた頃は「途方もない暴君」(ロンドン 二〇〇九、二三五頁) であったホワイト・ファングは、ビューティー・スミスのもとでひどい扱いを受けるうちに、その凶暴さをますます増していく。しかし、新しい主人であるウィードン・スコットに伴ってアラスカからカリフォルニアに移り住んだこの狼犬は、鶏や子どもを襲わないことを覚え、脱獄囚からウィードンの父親を守り、ついには雌のコリー犬と仔をもうけるまでになる。特に物語の終盤で描かれる陽だまりで仔犬にじゃれつかれながらまどろむホワイト・ファングの姿は、闘いに明け暮れた過去の粗暴な生活と極端なまでの対比をなしている。

　こうした穏やかさに満ちた環境や気質は、「愛」という高度な感性を獲得したもののみに許される特権であると同時に、その個体が有する生物としての「高等さ」に与えられた報酬でもある。生まれた時からすでに、幼いきょうだいたちの中で「もっとも気性が荒かった」（同書、一一八頁）ホワイト・ファングは、飢饉の中でも唯一生き残り、その後グレイ・ビーヴァーのもとで「あまりにもすばしこく、あまりにも手ごわく、賢すぎる」（同書、二七二頁）橇《そり》ひきの先導犬として活躍し、さらにビューティー・スミスのもとでは向かうところ敵なしの闘犬として名を轟《とどろ》かせた。しかし、ウィードン・スコットと出会った時、御者のマットに「あの犬は賢すぎて、殺しちまうのは、もったいなさすぎる」（同書、三五九頁）と言わせるほどの知性を垣間見せてもいるのである。

　身体、知性の両面で類まれな資質を有し、ゆえに数々の生存闘争を勝ち上がってきたホワイト・ファングは、「高等な動物」の中でもさらに抜きん出た存在として、やはり「高等な人類」の最たる存在であるウィードン・スコットと行動を共にすることを許される。いうなれば、この両者は高度に進化した特別な存在同士として互いを選びあう関係にあったのである（信岡 二〇〇九）。

2　優しい野性の探求

ロンドンが描きだした流血と暴力に満ちた「野生」の世界、特に人間が動物を暴力で服従させる場面について、平岩は前述のように様々なところで強い嫌悪感を表している。

> 私が「ホワイト・ファング」について言ったのは、前者、即ち愛情を基礎とする馴致の場合であつて、もとより、賞と罰とを必要とする後者、即ち訓練の意味ではないのである。然るに、この両者を混同し、動物を馴致し心服せしむるには「賞よりも罰の適用が、更に賞と罰との併用がより効果的である」と述べる研究者があるのだから驚嘆する外はない。（平岩　一九三七a、一一―二頁）

こうした主張は、平岩が犬や狼をはじめ、多くの動物を自宅で飼育・観察する中で得た持論に基づくものだった。つまり、動物が人間に見せる従順さや忠誠、心服といったものは、強制や懲罰、あるいは餌などの「賞」によって導き出されるものではなく、彼らが生来有している自発的な「愛情」に基づくものであるという信念を、平岩は自身の経験を通じて確信していた。

平岩が見る動物の「愛」

「面白いのは、彼等〔＝狼〕は一般に考えられているように、決して食物によってはなつかないという一事である。単に食物を運んでやるだけでは一年を経過してもほとんど愛情を示すということがない。彼等は真に自分を愛してくれるものを知っているのである」（平岩 一九九〇、六一―六二頁）。このように、平岩による一連の「動物文学随筆」では、思わぬ瞬間に垣間見られる動物の「愛」の表現に戦慄する著者の姿が、時に過剰とも思えるほどの劇的な筆遣いで描かれている。次の引用は、平岩一家が自宅で飼育していた狸の親子による一場面である。

およそ六週間ほどたった時、小舎の中は、もうどうにも我慢のできぬほど糞が堆積して不潔になってしまった。〔…〕私は思い切って小舎の掃除をしに入った。〔…〕次の瞬間に私は思わず強い感動につき動かされる光景を見たのであった。なぜならば、全身の毛を逆立て目を輝かせた父親は、今や身をもってその妻子をすっかり覆ってしまったからである。牝と子狸とは彼の背後に息を殺して小さくなっていた。唸《うな》り声ははたとやみ、あたりは切迫した沈黙に領せられた。ただ、火のような劇《はげ》しい牡狸の息づきが聞こえるだけだ。そこには争闘以上のもの、死以上のものがあった。それが、父の、また夫の烈々たる愛でなくして何であろうか。

私は、粛然として小舎を出た。（平岩 一九九一、七九―八〇頁）

また、平岩はある時、二頭の幼い熊の兄妹をやはり自宅で飼育していたが、諸事情から牡の一頭のみを、やむをえず遊園地に寄贈することになった。その別れの後に見せた牝の一頭の反応を、平岩は次のように描きだしている。

翌日も、また翌々日も、牡の連れ去られた時刻になると（それは正午近くであった）、思い出したように半時間くらいは啼《な》きつづけ、諦めと忘却と新しい孤独の環境への適応とが、ようやく彼女を常態に復せしめたのは、およそ数日の後であった。

私はあたかも、罪を犯したもののように、いまさらのごとく、純一な動物の愛情の前に頭を垂れるのであった。（同書、八五頁）

平岩にとっての動物の「愛」は、ロンドンが思い描いたような、その個体がより「進化」した状態にあることを示すための指標としての「愛」とは異なる意味合いのものだった。確かに、平岩の「動物の世界と人間の世界とは随分離れてゐるやうであるが、実は原則的には案外に似通つてゐたり、或ひはまた、殆ど同一であつたりするのである」（平岩 一九四二）といった発言は、一見すると、ロンドンが再三強調していた「他の動物たちとの近似性（kinship with the other animals）」（London 1908, p. 26）と同様の考え方を表しているようにも思える。

ネイチャーフェイカーズ論争において、ロンドンはジョン・バローズに対して「いやいやバローズさん。あなたは生命の梯子《はしご》の頂点に立っているけれども、その足の下に伸びている梯子を蹴り倒してはならないし、あなたの親類たち、すなわち他の動物たちを否定するべきでもない」（ibid.）と応酬している。この発言にも表れているように、ロンドンは人と動物の連続性を、あくまで人間を頂点とする「進化の梯子」のイメージで説明しようとしていた。

それに対して、平岩は「人間独特のもののやうに思はれることも、その淵源を求めて行くと、必ず動物の生活の中にそれを見出すし、また逆に、野獣にのみ見られるやうに思はれる事柄でも、仔細に観察すると立派に人間の行為の中にも潜んでゐるのである」（平岩 一九四二）と述べる。つまり、平岩がイメージした人と動物の関係は、「人間の中にあるものは必ず動物の中にもその萌芽が認められるのと同時に、動物の中にないものは決して人間の中にも発見することは出来ない」（同書）というように、地上に生息するあらゆる鳥獣の類は、形や表現形態こそ違えども、すべての要素を同じように共有している、という考えに支えられていた。こうした記述を見ると、平岩にとって人と動物の関係というものは、ロンドンが思い描いていたような階層構造とは異なり、より平面的で双方向的なものだったことがわかる。それればかりか、平岩は動物がみせる「愛情」というものを、人間が持っているそれよりもはるかに純粋で分け隔てのないものとして、手放しで賞賛するのである。

彼等は四足をもって立っているが、その至純さはむしろ神に近いものがある。しかも、それは獣の故の単純さではなく強く内から照らされているものなのだ。しばしば、彼等は人間に劣らぬ精神的の高さに到達するが、しかしその中には人間におけるごとき虚偽を包含していない。（平岩 一九九〇、五三頁）

このように、平岩にとって、動物が思わぬ瞬間に垣間見せる「愛」の表現は「ひたすら人間中心的な独断の中に立籠つて」（平岩 一九三六b、一頁）きた人間が生き物として本来有していたはずの、しかし「不信と汚濁の中に沈湎しつゝある人間生活」（同書、二頁）の中で失ってしまった感性や資質の存在を思い起こさせる、一種の鏡として機能するものだった。そうして、平岩は、人間が失ったものの大きさと、人間の側の「「自然」に対する認識不足」（同書、一頁）ゆえに見落とされ、あるいは誤った解釈を与えられてきた動物の資質の偉大さに、遺憾の念と心からの敬意を示すのである。

3　科学への嫌悪と信頼

平岩が「動物文学」の規範として賞賛したシートンもまた、平岩と同様、「人間嫌い」を公言してはばからない人物だった。一八九二年一月、絵の勉強のため当時パリに留学していたシートンは、一枚の油絵の制作に取り組む。前年、《眠れる狼》という絵画ですでにサロン入選を果たしていたシートンは、新たな年を迎えて、ピレネー山脈で起こったある事件をもとに再びサロンに挑戦しようと考えていたのである。

フランス南部のピレネー山脈には、今なお何頭かの年老いたフランス狼が生息している。きこりでもあり、密猟者でもある男は、ヒツジを襲う狼を殺す名手として知られ、それによって利益を得ていた。晩冬のある夕べ、彼はいつものように彼の小屋に帰ることはなかった。翌日、救助隊は雪の上に残された足跡から、狼が復讐を遂げたことを知った。そのウルフ・ハンターの体は、狼たちが祝宴を催すためのご馳走になったのだ。それこそが狼たちの勝利であった。（Seton 1940, p. 287）

人間が狼に食い殺されるという残酷な事件を再現するために、シートンは通常より大きめのカンヴアスを用意し、雪の積もった公園に狼の皮や人間の頭蓋骨を並べて、「食肉処理場で購入したバケツ一杯の熱い血」(ibid., p. 288) を撒き散らすなど、入念な準備を重ねた。そうして、二ヵ月後、彼の代表作である《狼の勝利 (The Triumph of the Wolves)》が完成するのである。

英雄としての動物

このエピソードが示すように、シートンは、ピレネー山脈で起こった動物による一見残酷な所業について、動物に殺された人間の悲劇ではなく、むしろ人間の仕打ちに抵抗する動物の勇姿を見出していた。そうした傾向は、シートンの『私の知っている野生動物』にも収録されている「だく足の野生馬」という小品の描写からも読み取ることができる。

年老いたトムの、醜く、やや猫背の体が、その偉大で栄誉に満ちた生き物を完全に屈服させるために窪地から跳びあがった。その生き物の強大な力は、小さな年老いた男の知恵と対抗する時、何の意味もないことが分かった。(Seton 1898, p. 266)

これは、トム・ターキートラック (Tom Turkeytrack) という貧しい老人が賞金目当てに野生の黒馬を捕獲しようとする場面である。この「だく足の野生馬」と呼ばれる美しい黒馬の雄々しさや偉大さに対して、トム老人の姿は歪んだ醜い存在として描かれる。馬の美しさと人間の卑俗さをわざと対比的に描く点にも、シートンの「人間嫌い」の傾向を読み取ることができるだろう。シートンがしばしば表現した、この「人間嫌い」の傾向は、野生動物を長年観察する中で培《つちか》った、ある独特な思想を反映したものでもあった。

シートンは、北米先住民（ネイティヴ・アメリカン）の文化や思想の保存、あるいはその伝道に力を注いだ人物としても知られ、『レッドマンの教え（*The Gospel of the Redman*）』（Seton 1963）というネイティヴ・アメリカンの思想をまとめた著書の結びでは「白人の文明は誤りである」（ibid., p. 105）と明言するなど、いわゆる「堕落した」白人社会のアンチテーゼとしてネイティヴ・アメリカンの生活を位置づけていた。「〔白人の文明は〕我々の周りで明らかにぼろぼろになっている。それはあらゆる重要な試練に失敗した。結果で物事を評価する人の誰もが、この基本的な申し立てに意義を唱えることができない」（ibid.）。シートンは、このように述べ、いわゆる「文明化された」白人社会を批判する一方、ネイティヴ・アメリカンを「この世界に存在した中で、最も勇敢であり、身体的に最も完全な人種であり、最も崇高な文明の代表」（ibid., pp. 107-108）と賞賛したのである。

こうした思想は、シートンが野生動物を長年にわたって観察する中で摑み取ってきた実感に基づくものだった。

私は動物たちの中に人間の中で最も賞賛される美徳の数々を見出せるのを示すことで、動物と我々の間の同族関係を強調しようとした。ロボは威厳と愛情の不変を、シルバースポットは聡明さを、レッドラフは従順さを、ビンゴは忠誠を、ヴィクセンや綿尾のモリーは母親の愛情を、ワーブは身体的な強さを、そしてだく足の野生馬は自由への愛を表している。（Seton 1901, p. 9.「ロボ」は狼、「シルバースポット」はカラス、「レッドラフ」はウズラ、「ビンゴ」は犬、「ヴィクセン」は狐、「綿尾のモリー」はウサギ、「ワーブ」は灰色熊の呼称）

こうしてシートンは、動物が野生状態でも愛情や従順さ、忠誠といった美徳を獲得していることにヒントを得て、理想の教育のあり方として、のちにアメリカ・ボーイスカウト連盟の原形ともなるウッドクラフト・インディアンズを構想した。一九〇〇年、ニューヨーク市の郊外に購入した農場を「ウィンディーゴール（Wyndygoul）」と名づけたシートンは、そこに地元の少年を招待し、ネイティヴ・アメリカンの生活を体験させるという活動を開始する。

シートンは、野生動物の生態を観察する中で得た知識と、ホールの発生反復説を参考にしながら、生き物は本質的に善であり、ゆえに人間という存在は、むしろ誤った教育や環境の中で、生来持っていた美徳を失ってしまっている、と考えた。「すべての子どもたちは、神のもとからこの世に直接に送られ、また神が彼らをそう創り得るように純粋である。我々は彼らを改善する必要はなく、むしろ彼らが損なわれることから守らなくてはならない」（Seton 1940, p. 375）。このように考えたシートンは、ネイティヴ・アメリカンの生活をモデルにして、人間が本来持っている本能を保存・維持し、文明にさらされることによる「堕落」から白人の少年たちを救済するための新しい教育方法を模索する。そして、ネイティヴ・アメリカンや動物の世界との対比の中で、平岩と同様、人間社会を否定的なまなざしでとらえ、動物の資質を文明化した人間のそれより優れたものとして評価したのである。

机上の科学への反発

以上のような共通点を確認してくると、アメリカのシートンと日本の平岩米吉は、奇妙なことに、日本でいわば偶然の出会いを果たすはるか前から、動物という存在に関して類似した考え方や感性を共有する関係にあったことが見えてくる。平岩とシートンは、前述のように、どちらも「机上の科学」と呼びうるような、実際の観察や体験に基づかない、無味乾燥な知識としての「科学」に対する不満を抱いていたが、どちらも「科学的」とされるすべてを画一的に拒否し、否定していたわけではない。むしろ、ある局面では、両者とも極端なまでに「科学的」な方法に執心するところがあった。

シートンは動物物語作家として名を成す前に、処女作として一八九六年に『動物の美術的解剖に関する研究（*Studies in the Art Anatomy of Animals*）』（Seton 1977）という画集を出版している。これは、動物画を描くという美術的な観点から、動物や鳥の骨格や毛並み、羽の生え方から筋肉の構造などを詳細な解説と共に事細かに図解したものだが、そのような目的で書かれた本の前例がなかったこともあり、出版当時、アメリカでは非常に高い評価をもって迎えられた（Anderson 1986, p. 60）。この画集のために積み重ねた解剖学的知識が、のちの動物物語に掲載された数々の動物の挿絵にも反映され、彼の動物物語は内容の面白さと共に豊富な美しい挿絵によっても人気を博することになる。

動物の身体的構造に関する生《なま》の知識を得るために日夜奮闘する若き日のシートンの姿は、後年著された自伝にも生き生きと描かれている。

私がパリに移り住んだ頃、パリ植物園からさらに郊外に出たところにある野犬収容所で、私の解剖学的研究に役立つ新しい施設を見つけた。〔…〕私は欲しい犬を一匹選び、二フランを支払う。彼らは、その犬を捕まえ、無痛畜殺室に入れる。そして、一五分後、私は犬の死骸を袋に入れて運び出す。

それからまた路面電車に乗って帰るのだが、当然のことながら、パリのあらゆる出入口に設置された物品入市税収所に立ち寄ることになる。

「袋の中に何が入っているんだ」。そこの職員は毎回尋ねてきた。

「犬の死骸です」と私は答えた。

「見せてみろ」。

私が犬を見せると、職員たちは大笑いした。

「一体何に使うんだ」というのが、彼らの次の質問だった。

「解剖して、美術の勉強のために使うんです」というのが、私のいつもの答えだった。

「よろしい。通りなさい。それから保健法を忘れないように」。

「ありがとうございます。気をつけます」。

こうした作業をたびたび繰り返していたので、私はそのうち、そこの職員たちに「犬の死骸男」として知られるまでになった。（Seton 1940, p. 292）

こうして手に入れた犬の死骸をやっとの思いで自宅に持ち帰り、シートンは死骸の解剖作業に入る。「私のいつものやり方は、まず皮を剝ぎ、解剖して、死体の状態が許す限り、それをスケッチするか、型を取る。しかし、臭いが出始めると、いよいよ捨てなければならない。さて、どうやって？　ゴミ箱に放り込むことは、例の「保健法に反する」からできない。そこで、私は単純なやり方で始末することにした」(ibid.)。シートンは、死骸が悪臭を放ち始めると、茶色い紙で包み、人気《ひとけ》のない（しかし怪しまれないように完全に無人ではない）橋の上から夜な夜な川に投げ入れて始末していたのである。

そんなある日、パリで殺人事件が起こり、犯人が切り刻んだ遺体を紙に包んで川に捨てていたことから、市内のあらゆる橋に警官が常駐するようになる。死骸の捨て場を失ったシートンは、犬の包みを抱えて夜のパリを右往左往する羽目になり、やがて死骸を下水溝に捨てることを思いついた。しかし、もともと小包を包んでいた紙に自分の宛名が貼り付いたままなのを思い出し、今度はその宛名を剝ぎ取るために悪戦苦闘するという経緯が、ユーモアたっぷりに描写されている(ibid., pp. 293-294)。

これほどまでの苦労を重ねて、動物の身体を切り刻み、細部に至るまで観察して描写し尽くすことに情熱を傾けたシートンだったが、実は平岩も動物の解剖学的知識に並々ならぬ関心を持つ人物だった。

私は彼の頭の方にまわって前肢を支え、T氏は側面に立って、まず彼の胸の中央の毛を剪《はさ》んだ。〔…〕心臓が開かれると、ここにも驚くばかりのフィラリアの集団が見出された。それはほとんど右心室に充満し、あるいは乳嘴《にゅうし》筋にからまり、あるいは縺《もつ》れて一団となり、血液の運行がよくも保たれていたと思うほどであった。

「なるほど、これじゃ助かりませんよ」(平岩 一九九一、六六—六七頁)

これは「彼」、すなわち平岩最愛のシェパード犬チムが天命を終え、その解剖に平岩が立ち会う場面である。チムの亡骸は知人の獣医師によって解体されたが、平岩自らが執刀にあたることもしばしばあったようである。平岩は、犬に関する和歌を集めた歌集『犬の歌』に「若犬を抱けば温《ぬく》みのいとしさよ、この肋骨《ろっこつ》もわれぞ剖《さ》きなむ」という和歌を掲載し、その付記に「私は愛犬の死に接するたび、必ず自らの手で解剖して、その死因を確かめた。〔…〕多くの人が、私の犬への愛情と、この科学性との共存を不思議に思っていたようである」（平岩 一九八二、八一頁）と述べている。あるいは、同じく『犬の歌』に所収された「白き歯」という連句の「私が産ませ、そして、育てた犬らの頭骨は、みな詳細な計測をおこなってから、書斎の一隅におくことが多かった」（同書、二三〇頁）という付記にあるように、動物の成長過程や身体的特徴を測定、数値化し、骨を自らの研究資料として収集していた。

平岩の著作には、チムの孫にあたるシェパード犬イリスは、平岩がチムの遺伝的特質を固定するために行った二度の近親交配を経て、この世に生を享けた犬である、と記されている。「彼女のこういう純愛と果敢との融合した性質こそ、〔…〕実は私が、父と子との、また兄と妹との二回の近親交配によって狙ったものであったからだ。〔…〕彼女が自ら知らずして負わされたその性質が、いよいよ私の予期以上のところまで伸びて行くのを見るにつけ、私はまったく私自身、鞭打たれる気持であった」（平岩 一九九一、一六―一七頁）。このように平岩の動物文学、あるいは犬科動物研究の試みは、「犬に対する愛情」を「科学化」する（平岩 一九九〇、二頁）という独特の感性に基づくものだったのである。

平岩の考える飼育

しかし、こうした「科学的」な実験、研究、あるいは観察といった作業も、平岩にとっては、あくまで「動物を理解するための外面的方便」（平岩 一九三七b、三頁）に過ぎなかったようである。平岩にとって動物に関するあらゆる知識や情報は、すべて「動物を正しく理解する」という目的のためにあった。中でも平岩が重視していたのが、動物を身近に「飼育」する研究方法である。

「野生動物は自然の棲息状態に於て観察すべきである」といふ意見がある。〔…〕然《しか》し、野生動物中、自然の棲息状態に於て、充分に観察し得るものが果してどれだけあるであらうか。〔…〕我々はただ一つの特殊の場合にのみ、野生動物の姿を自由に目撃することが出来るのである。即ち、狩猟に於いて彼等を追ひ立てた場合である。

然し、これが、恐れと、時には怒りの状態に於ける動物の姿であることは言ふまでもあるまい。（平岩 一九三九a、二―三頁）

こうした前提から、平岩は「野生動物の飼育には、かういふ短所を補つて余りある重大な収穫がある」と述べている。「あらゆる点にわたつて微細な観察を試みることが出来るといふばかりでなく、実に、彼等と友愛を結ぶことの出来る一事である。ここに至つて我々は始めて、外側から、敵としてのみ見てゐた動物の内面に潜《くぐ》り入ることが出来、そして、その故に、動物の真の姿に触れることが出来るのである」（同書、三頁）。平岩は、野山を駆け回る野生の状態では、動物についてむしろ偏った情報しか得られず、日常的・継続的に観察し、関わりを持てる飼育の状態においてこそ、動物の「真の姿」に触れることができる、と考えていたわけである。

だが、平岩が飼育という方法にこだわったのは、動物の真の姿に触れるため、という理由だけにとどまらない。むしろ、動物への「正しい」理解に平岩が執着したのは、動物が人間に寄せる、時に驚嘆に値するような純一な愛情や忠誠というものが、人間の側の知識不足や表面的な解釈による誤解によって、しばしば報いられないどころか、時に不当な扱いさえ受ける、という事態への怒りにも似た心痛からであった。

例えば、当時小学校の修身の教科書の教材になるなど大流行していた忠犬ハチ公の物語について、平岩は次のように述べている。

> ハチの心の美しさが教材としていかにもふさわしいものであるように考えられたのは一応もっともであるが、これはたいへんな誤りであると私は思う。
>
> 第一に、ハチを珍しい忠犬として扱っている点が感心できない。敬愛と忠誠をもって主人に一生を捧げるというのはほとんど犬の特性であって、ひとり渋谷のハチに限ったことではないのだ。〔…〕彼等の世界に存するものはただ理屈や観念を超越した真実のみであって、犬の純情を空疎な倫理学で律しようとするのはむしろ人間の心情の不純さを暴露したものといわねばならぬであろう。（平岩 一九九一、一二八頁）

平岩は、ハチに見られるような動物行動の意味を人間の行動にあてはめて解釈することを、しばしば強く非難する。「彼は人の子を教える書物の資料として利用されるにいたったのである。〔…〕が、繰り返していう、犬の世界には恩もなければ忘恩もないのだ。忘恩の動物「人間」が、いまさらのごとく犬の法則、真実の前に跪拝し、垂教を乞うている有様はむしろ悲惨な気がするのである」（同書、一二九頁）。こうした思いからか、平岩の文章には、人間の目から見れば不可解、または好ましくない動物の行動や習性に対しても、その是非を判断することなく、著者の純粋な興味のみを表明するような記述が多く見られる。次の引用は前述のイリスという犬の観察日記の一部である。

彼女〔＝イリス〕は私の食器の方には絶対に顔を出さない代わり、〔…〕私の食事の終わったのを見ると、間髪を入れず、無遠慮に私以外のものの食器に口を突き込むのだ。〔…〕この話を伝え聞いたある夫人は「まあ、なんて憎らしいんでしょうねえ！」と嘆声を発したそうだが、被害者への同情ということを除けば、私はむしろ、これを無限に粉飾された人間生活に対比し、深い興味をもって眺めたいと思うのである。（同書、四五―四六頁）

このイリスが生後三ヵ月目にして「全身の毛を逆立てて物凄い勢いで小舎の中に突進し、自分より三倍以上も体重のある相手を引っくり返して」鞠を奪うほどの激しい気性を現した際にも、平岩は「こういう彼女の気象はいうまでもなく、私を瞠目させ、また讃嘆させた」（同書、一三頁）という感想を記している。このように、平岩は、人の目から見れば好ましくない、場合によっては粗暴にも映る動物の行状に、しばしば好意的なまなざしを向ける。それればかりか、そうした行動に垣間見られる、人間の規範や常識を超越した、野生の閃《ひらめ》きのようなものを惜しみなく賛美するのである。

野蛮への共感

そして、実はシートンという人物も、動物の、時に野蛮とも思えるような行動を、むしろ野生動物の雄々しさや誇り高さを表すものとして好意的に見ていた人物だった。

雌猪は全力で熊に向かっていき、ナイフのような牙で素早く切りつけ、熊はよろめいた。雌猪は熊の後足をとらえて嚙み、強く引っ張った。〔…〕熊は逃げ場を求めて、立ち木の幹を摑んだ。雌猪たちは熊を引きずり下ろした。彼らは、熊の毛深い脇腹を、肋骨がえぐれて剝き出しになるまで切り付けた。腹をずたずたに切り開き、嵐に打ち上げられた海藻のように、その腸を丸太の上に広げた。彼らは鈍い悲鳴が消えうせ、すべての動きが止まるまで牙で切りつけ、突き上げ、コーガー熊はついに血にまみれた泥だらけの塊のようになってしまった。（Seton 1916, pp. 84-85）

これは、口から泡を噴く癖があることから「アブク（Foam）」と呼ばれる猪が妻と共に宿敵のコーガー熊と激戦を繰り広げる場面である。シートンは、動物の勇敢さや気高さを表現するために、一見残酷とも思える場面を克明に描写することを好んだ。そうした創作態度は、シートンが動物を人間の基準からではなく、あくまで「動物の視点から」描くことに強いこだわりを持っていたためだと考えられる。

そもそも、シートンは「表面的で冷淡な人間の目から見た種全般に見られる習性よりも、むしろ個体に見られる実際の個性と、その個体の生活観こそが私のテーマである」（Seton 1898, pp. 9-10）という言葉にもあるように、「種」として一般化された動物の習性よりも、動物の「個」としての面を重視していた。前述のように、シートンは、動物物語を創作する際、複数の個体による断片的な記録を動物の目線から一頭の動物の生涯として伝記的に記述する「合成（composite）」という手法を用いた。その結果、動物の個性を種一般として埋没させることなく、特定の個体の経験として個別のエピソードを描き出すことが可能になり、解説文のような概説的文章からは零《こぼ》れおちてしまう動物の内面や感覚、主観も交えた描写を実現したのである。

「科学的」客観性なるものへの強い不信感から、シートンは、生物学や動物学といった分野の専門的な研究論文から知識を得る以外に、カウボーイや狩猟によって生計を立てている人々、あるいは田舎に住む人々の間で語り継がれる動物についての言い伝え、あるいは伝承や伝説といった類のものも、野生動物の知られざる行動を知るための貴重な情報源として積極的に集めていた。シートン独自の「哲学」が表現されていると思われる興味深い寓話を紹介しておきたい。


ある立派な身なりの老人が、耳にペンを挟み、指にインクをつけ、背中に袋を背負って「人間街」の大通りを、次のように大声で叫びながら歩いていた。

「嘘！　古くなった嘘はないかね？　今日は嘘をビスケットと交換するよ！」〔…〕

この奇妙な商人は大通りを去ったが、一人の子どもが好奇心から彼の後をついていった。〔…〕その子どもは、鍵穴から覗きこみ、老人が嘘の袋を取り出してそれをよくよく振るのを見た。袋の中で何かが動き回るような、激しく泡立つような音がしばらく聞こえ、全体の量が少し小さくなったように見えた。

「ああ、やつらがお互いに食いあっているのが聞こえるぞ！」と老人はくすくす笑って言った。また袋を振ると、さらに激しい動きの後、中身はもっと少なくなった。嘘を集めていた老人は顔を輝かせた。

さらに数回振ると、袋は実際に空になったように見えた。しかし、老人が注意深く開けると、袋のごくごく隅の方に、ひとつまみの純金があった。

子どもはその一部始終を街の人に伝え、次に老人を街で見かけた人々は、あなたは一体誰なのですか、と尋ねた。彼は答えた。
「私は歴史家です」。（Seton 1953, Vol. 2, Part 1, p. viii）

この寓話は、ネイチャーフェイカーズ論争で「自然を捏造する者」として嘘つき呼ばわりされたシートンが書いたからこそ、意味深長なものとなる。つまり、「博物学」的な動物の生態記録の不完全さを主張したシートンは、動物に関する伝承や言い伝えといったものは日々の経験の積み重ねが凝集する中で生まれたものであり、そうした長きにわたって人々の間で語り継がれた話の中にこそ、人々が日ごろめったに目にしないがゆえに、その存在すらよく知られていないような、動物の生態に関する貴重な「真実」が含まれていると考えていた。

そうした思想を背景として、ネイチャーフェイカーズ論争が終結した後、名誉挽回のために手がけた全四巻の大著『狩猟動物の生活（*Lives of Game Animals*）』で、シートンは各地を訪ね歩いて地元住民から聞き書きした動物にまつわる言い伝えや逸話なども、自らの観察記や専門書からの知識と同様に、動物の生態を知る上で有効な知識として収録している。一見すると作り話や迷信のように思える話が時として黄金にも値する「真実」を含む可能性があることを、「科学的」データが優勢を占めつつあった当時の状況の中で、何としても証明したかったのだろう。

そして、動物に関する伝説や伝承も含めたあらゆる情報を先入観なく貪欲に吟味しようとする姿勢は、平岩にも共有されていた。

動物の伝説には、とかく実際の動物とあまり関係のないような奇妙な話が多いものでありま
す。それは、動物の習性や心持などということを少しも思いやらずに、すべてを人間と同じもの
として勝手に想像でこしらえてしまうからでありまして、ことに動物の中でも猛獣の類の話とな
りますと、大袈裟に尾鰭《おひれ》をつけて伝える傾向がいちじるしくなってくるのであります。
しかし、また一面から見ますと、まったくいい加減な作り話のようなことの中にも、案外、実
際の動物の、習性や動作などが、立派に織りこまれている事も、少なくないのであります。
そこで動物の伝説をしらべます時は、どうしても、どこまでが本当で、どこまでが作り事であ
るかということを、充分に吟味してかかるのが必要なのであります。(平岩 一九九〇、一六六頁)

こうした独自の観点のもとに、晩年の平岩が動物研究の集大成として一九八一年に上梓したのが『狼――その生態と歴史』だった。目次が物語るように、同書には平岩がライフワークとして研究し続けてきた狼に関するありとあらゆる情報、記録、証言が網羅されている。中でも平岩が力を入れたのが、すでに明治三八(一九〇五)年頃には絶滅したと考えられていた日本狼についての記録・情報の収集だった。完成までに「じつに五十年の歳月を要した」(平岩 一九九二、三頁)とされるこの本の編纂・執筆にあたり、平岩は、その驚嘆すべき博識ぶりを存分に発揮し、日本のみならず外国の研究者によって著された研究なども視野に入れて、犬と狼、特に日本狼の生態学的情報と歴史的記録を網羅的に見渡すことを目指した。

このように、平岩は、実生活において動物と直に触れあった体験を下敷きにしながら、動物学や生物学の枠組みにとらわれず、文学や歴史学、民俗学、さらには考古学的な知識まで巻き込んだ、独自

の動物研究を展開したのである。

4　観察者の系譜

ここで一つの小さな疑問が浮かんでくる。北米のナチュラリストであるシートンと様々な意味で動物に関する似通った思想や観点を共有していた平岩は、しかしシートンの動物物語の最大の特徴でもある「動物の視点から」描く形式の動物文学を、その生涯において一度も書くことがなかった。それはいかなる理由からだったのだろうか。

この問題について考える前に、まず、世紀転換期の北米に生きたシートンとその同時代人にとって、動物の視点から物語を描くということがどのような意味を持つ行為だったのかを大まかにまとめておく必要がある。例えば、シートンの同時代人で、同じく動物物語作家として活躍したチャールズ・G・D・ロバーツという人物は「動物の視点から（from the animal's viewpoint）」（Wadland 1978, p. 170）描かれた動物物語について、次のように述べている。

我々が今日知るような動物物語は、有力な解放者である。それは、我々をしばしの間、店《たな》ざらしになった実用品の世界から、また自己というみすぼらしい住処《すみか》――これには我々もそろそろ愛想をつかした方がいい――から自由にする。（Charles Roberts 1902, p. 29）

都市で暮らす動物物語の「読者」は、物語に描かれた動物の視点を借りることで、一時的に「見知らぬ世界の探求者」(ibid., p. 24) となる。そこで体験される非人間的、すなわち動物的な感覚の一つが、例えば食うか食われるかの危機感の中で血の滴《したた》る肉を求め、貪《むさぼ》り食う快感だったと言えよう。

どういうわけか、〔そのコヨーテは〕逃げることができないようだった。ワーブの長年の憎しみが爆発した。彼は襲いかかった。一瞬のうちにコヨーテはワーブに数回嚙みついたが、ワーブは大きな前足の一撃でコヨーテを、ぐにゃりとした毛皮のぼろ布のように打ちのめしてしまった。それから、すべての肋骨を、ばりばりと一度か二度で嚙み砕いてしまった。ああ、しかし熱い血が歯の間からにじみ出るのは、何と心地よいのだろう。(Seton 1900, p. 64)

このように、シートンという作家は、野生動物の視点からしか味わえない「捕食」の甘美さを巧みな表現力で描写する。コヨーテの熱い血が歯の間からにじみ出すのを「心地よい (good to feel)」と表現するような感覚は、灰色熊の視点を通してしか決して味わうことができない至福の時である。コヨーテの死骸が「おいしそう」なものに見えてしまうという異様な体験こそ、動物物語という媒体が読者に提供し得る新しい感覚だったのである。

言い換えれば、アメリカの世紀転換期において動物物語は、ロバーツの言葉を借りれば、野生動物の内面を擬似体験するための「自然科学の枠組みのもとに構築された心理学的空想小説」(Charles Roberts 1902, p. 24) として機能していた。だが、その動物物語を通じて動物と視線を共有し、野生の世界を覗き見るという行為は、同時に、当時の北米社会に蔓延していた、自然への回帰を通じて人類が「野蛮」の時代に後退してしまうのではないかという危機的予感を暗示するものともなったのである。

自然回帰への恐れと欲望

そもそも、「進歩した人類」としての状態を保ちつつ、同時に動物物語という擬似体験装置によって動物の時代に「回帰する」という発想には矛盾が潜んでいる。都市部の白人中産階級を中心とする、自身がより「高度に」進歩・進化した人類だと信じる人々にとって、原初的な自然の状態に「回帰」したいという欲求は、人類の進化、ひいては文明の「進歩」の歴史を逆行し、その過程で獲得した高度な段階にあるとされる知性や、それによって保証される社会的特権を手放すことにつながるからである。

その結果、野蛮に後退することなく自然「回帰」の恩恵を安全に享受するために、矛盾は様々な工夫によって調整されていくことになった。その一つが、例えばロバーツがその動物物語集の序文に挿入した次のような断り書きである。

〔動物物語は〕我々に野蛮の状態に戻ることを要求することなく、自然に回帰するのを手助けしてくれる。それは、我々に年月によって生み出された叡知のいかなる部分も、また「時の大いなる成果」のいかなる本質的な部分も、通行料として手放させることなく、大地との古い密接な関係へと導いてくれる。(Charles Roberts 1902, p. 29)

こうした自然回帰による「退化」への恐れを回避するための、もう一つの思想上の工夫として機能していたのが、あのセオドア・ローズベルトがさかんに提唱していた「科学的」な知に貢献する「狩猟」という概念だった。

一九世紀も半ばを過ぎた頃、狩猟、すなわちハンティングは、イギリスを経由して、紳士のスポーツとしてアメリカに持ちこまれた。この時期、ハンティングや釣りに関するマニュアル本が多く流通し、それらを通じて、スポーツマンは野外の紳士であり、狩りは上品な運動である、というメッセージがアメリカ国内に広く浸透していく（Schmitt 1990, p. 8）。そうした状況の中で、大統領であると同時に卓越したハンターとしても知られたローズベルトは、アフリカや北米各地で自らが行った狩猟に関する記録を数多く残した。

それらの中でローズベルトがしばしば強調したのが、仕留めた獲物に対する「科学的」な眼差しだった。「公正なスポーツマンシップが何より最も重要」と考えていたローズベルトは、食料や報酬を得るためではなく「科学的知識に貢献するために、獲物となる動物たちの習性を調査することに尽力するハンターたち」（Roosevelt 1997, p. 9）を賞賛した。そうした「科学的視点」を持つ彼の狩猟記録には、「私自身がこれまでに見た中で最も大きいアメリカクロクマはメイン州のもので、秤《はかり》は三四六ポンドを示した」（Roosevelt 1893, p. 264）というように、獲物の重さに関する記述を随所に見出すことができる。また「この熊の胃袋には植物の芽しか入っていなかった」（Roosevelt 1970, p. 89）というように、獲物の胃袋の中身を記録するのも重要な仕事だった。

だが、狩猟がこのようにスポーツとして、あるいは科学的な調査を目的とするものとして描かれる時、動物を殺戮しているという生々しい現実は、レトリックの中で極力薄められなくてはならない。

ゆえにローズベルトが描く狩猟における殺戮の瞬間は、彼が好んだ「リアリズム」(Clark 1907a, p. 771)の手法によって、「〔同行したハンターは〕一瞬、土手の縁《ふち》でバランスを取り戻すために平衡を保ち、私の横に立って見事な一撃を見せてくれた。弾は目と耳の間に命中し、熊はまるで屠畜用の斧で打たれたかのように倒れた」(Roosevelt 1893, p. 138)というかなりあっさりとした光景になる。

ローズベルトの記録の中で動物の死はあくまで冷静に客観視され、死にゆく動物の苦悶や、動物を撃ち殺したハンターの高揚した気分などは描きこまれない。そうした描写上の工夫によって、都市の読者たちは、動物を殺すことは決して血に飢えた獣性を回復することにはつながらないと安堵し、そうした「進歩した」形の狩猟を行う白人の代表格である大統領と共に「文明人」としての誇りを分かち合う喜びに浸ることができたのである。

こうした狩猟や動物の殺戮に対する視点の違いが、その後、ネイチャーフェイカーズ論争という世論を二分する対立として顕在化し、その闘いに敗れたシートンは、他の多くのネイチャーライターらと共に、ナチュラリストとしての信用を失うことになった。この論争に敗れたことが発端となって、シートンの動物物語は今日もしばしばネガティヴな評価を受ける傾向にある。

シートンの方が人気を集めたのは、彼がより心地よい存在だったからである。彼は、厳しい自然や残酷な運命をロバーツよりはるかに和らげた。彼の描いたものは「写実的」な自然ではあったが、しかし人間の道徳的価値を反映していた。(Dunlap 1992, p. 59)

シートンは「動物の主人公たちに人間的態度を付与した」(Keith 1985, p. 47)という理由で批判される。また、「作者の過度の感情移入に基づく空想が作品のリアリティを減じている」（桂 一九八七、二四七頁）と評されるなど、その動物物語は作者の主観を多分に反映した「非写実的」な作品として否定的に捉えられることも多い。だが、ここで注目すべきは、ネイチャーフェイカーズ論争以後、動物物語に常につきまとっていた「本当の動物物語とはいったい何か」（島 一九八三、八二頁）という問いかけである。この論争以後、動物の描写をめぐる議論は、大まかに言って「擬人」か「本物」かという単純な二者択一の間で揺れ動いてきたが、むしろ問題にしなくてはならないのは、動物物語の評価がしばしば依拠する「擬人化」という概念自体の不確かさなのである。

擬動物主義の可能性

この「擬人化」という問題を考えるにあたって、金森修は「擬人化」ではなく「擬人主義」という言葉を用いている。金森は「人間性のなんらかの要素を動物の行為や動物の心的活動の中に読み込もうとする擬人主義」を便宜的に〈比較心理学的擬人主義〉と呼び、「人間以外のものには人間的特性を一切付与しない、という態度」を、やはり便宜的に〈非擬人主義〉と名付けた上で（金森 一九九四、一二三頁）、「擬人主義」をめぐる議論について次のような指摘を行っている。

> 動物を人間になぞらえるとき、人間は本当に動物が人間に近づくことを望んでいるのだろうか。動物の中に愛や嫉妬や推理能力を認知するにしてもしないにしても、そのどちらの選択肢も、ただ人間のみが選びうるという意味において、人間はやはり自分自身に特異な地位を与えている。（同書、一二二頁）

本来、動物と人間の類似を表現するには、二つの方向性がある。一つは、動物の振る舞いを人間になぞらえ、「彼らは我々のようである」とする〈擬人主義的〉論法である。もう一つは、人間が動物のようだとたとえる方法であり、その場合は人間である「我々」の方が「彼ら（＝動物）のようである」と言われることになる。歴史上、いわゆる科学者たちは、前者のような〈擬人主義的〉な記述を厳しく糾弾する一方で、後者のような〈非擬人主義的〉、あるいは〈擬動物主義的〉とも言える表現方法を採用することにも、しばしば強い抵抗感を示してきた。

金森は〈擬人主義〉的記述への「批判」自体が呈している矛盾と、〈非擬人主義〉的態度を取ること自体の不可能性を、ある動物行動学者による「カモメが餌をねだる」という表現を例にして看破する。「彼は「カモメが餌をねだる」と呼ぶわけだが、それを厳密に非擬人主義の立場からいえば、〈ねだる〉などという行為は人間のみがなしうる高等な行為であって、それをカモメに仮託するのは良くない、と見なされるかもしれない。だが本当にそれ以外の考え方はできないのか」（同頁）。つまり、われわれ人間が〈ねだる〉と名づけるような行為は、生命活動一般の中に当然組み込まれており、だからこそ人間は他の生物の行動を〈ねだり〉として理解できる。とすると、〈ねだる〉という生命活動が意味をもちうるのはただ人間のみである、という想定はおかしいことになるのではないか。それゆえ、金森は「「擬人主義だ」と規定して、当該の命題が人間中心主義的で主観的だという事態を剔抉《てっけつ》しようとしていた当のその本人が、実は最も人間中心主義的にしかものを考えていないということを、その批判は明らかにしていることになる」（同書、二二―二三頁）と結論づける。

金森の指摘と酷似した内容を、二〇世紀で最も有名な動物行動学者の一人、あのコンラート・ローレンツ（一九〇三―八九年）の文章中に見出せるというのは興味深い。

> こんな表現をしても、私はけっして擬人化しているわけではない。いわゆるあまりに人間的なものは、ほとんどつねに、前人間的なものであり、したがってわれわれにも高等動物にも共通に存在するものだ、ということを理解してもらいたい。心配は無用、私は人間の性質をそのまま動物に投影しているわけではない。むしろ私はその逆に、どれほど多くの動物的な遺産が人間の中に残っているかをしめしているにすぎないのだ。（ローレンツ 一九八三、二九―三〇頁）

こうした観点に立つ時、シートンや平岩といった人々は、擬人か非擬人かという動物描写についての二者択一的な分類を何らかの形で打破しようとした人々として捉えることができるだろう。その試みの中で、シートンは動物の視点から世界を捉え、人間にはない動物的な感性を物語を通じて擬似体験的に提供する中で、「我々のようではない彼ら」としての動物を伝えようとした。また、平岩は、あの忠犬ハチ公が普通の犬らしからぬ「珍しい忠犬」（平岩 一九九一、一二八頁）として扱われることに憤っていたが、それは平岩が犬を含む動物すべてを「人間に近い・遠い」という基準ではなく、あくまで動物の基準で、すなわち人である「私」の視点ではなく「彼らとして」見ることを重視していたことの表れとも解釈できる。

その平岩は、しかし最後まで、シートンのように「動物の視点から」物語を書くことを潔しとしなかった。理由としては、平岩がシートン以上に、動物についての描写の「正確さ」に強いこだわりを持っていたことがあげられる。動物の視点から書く形式を取ることで、物語と作者は「擬人」、「非擬人」をめぐる実りのない議論に否応なく巻き込まれることになりかねない。しかし、擬人・非擬人という分類は平岩の考える理想の動物描写を規定するための指針としてまったく機能しない以上、そうした堂々巡りからあえて距離を置き、あくまで人間である自分の視点から動物の感情や心理を類推し、精緻に記述する、という方法を選んだのではないだろうか。

ローレンツからの賛辞

実のところ、シートン、平岩、あるいはローレンツといった人々は、動物の行動を「どのように描くか」という点に、最終的にはさほど重きを置いていなかった人々のように思える。そうした表現形式にこだわるより、ある動物の行動について、それがいつ、誰によって、どのような文脈で描写されたものであろうと、長年の動物との関わりや忍耐強い観察の積み重ねのもと、その動物の行動が表す真の意味を必ずや正確に把握できる、という揺るぎない自信を、この三者は共有しているように感じられるのである。

その証拠に、ローレンツは自著の中で、シートンについて次のようなささやかな賛辞を送っている。

ミツバチの口を開かせて叫ばせたり、闘う二匹のカワカマスにたがいの喉笛《のどぶえ》に食らいつかせたりする人は、自分が親しく見たり愛したりしたと称する動物を、じつはその片鱗すら知らないということをみずから証明しているのだ。手もとにある動物愛好会の会報でみた知識で一冊の動物の本が書けるのなら、かつてのヘック、ベンクト・ベルク、パウル・アイパー、アーネスト・シートン、ヴェッシャ・クヴォネジンといった博物誌の著者たちは大馬鹿者というべきだろう。彼らは動物の研究に全生涯をかけてしまったのだから。(ローレンツ 一九八三、四頁)

一九七三年のノーベル医学・生理学賞受賞者であるこのオーストリアの動物行動学者によって正統な博物学者の一人に数え上げられたことは、シートンにとってまさに面目躍如といったところであろう。こうした記述にこそ、シートン、平岩、ローレンツ、そしてそれ以外の、動物と近しく交わってきた人々によって無意識に共有されてきた独自の感性のようなものが感じ取れる。ここでは、それを仮に「観察者」の系譜とでも呼んでおこう。というのは、少なくともこの三者に共有された感性のあり方は、動物と共に長い年月を重ね、常に近しく彼らと関わり、その行動を直に観察し続けたこと自体に大いに依拠していると考えられるからである。

シートン、平岩、ローレンツをはじめ、動物の行動を実際の触れ合いの中でつぶさに観察し、その意味の解釈に生涯を捧げた「観察者」たちの目前には、その動物独特の生態はおろか、その姿さえ一度も見たことがない人々が乏しい知識をもとに頭の中で想像する光景をはるかに凌駕した、新鮮で、魅惑的な世界が広がっていたに違いない。そうした一部の選ばれた人々によってしか見ることのできない世界を、動物物語の読者は「文章」という媒介を通じて覗き見ようとする。

「観察者」たちの視点は、動物から遠く離れた都市の読者には容易に獲得することができない。その手の届かなさに嫉妬のような憧れを感じながら、今日も動物物語の読者たちは、動物に関する様々な記述に、どこか躊躇しながらも、やはり手を伸ばさずにはいられないのである。

第Ⅱ章

ある写真家の死

写真家・星野道夫の軌跡

アート・ウルフ『マイグレイションズ』

一　Michioの死とその周辺

1　越境する旅人

アメリカ合衆国アラスカ州にある小さな村に持ち上がった移住問題が『朝日新聞』で報じられたのは、二〇〇二年八月のことである。[1] 砂州状の島にある人口五〇〇人ほどの小さな村は、地球温暖化により、高波から島を守る冬季の海域の凍結が年々遅れていったことで崖が削られ、消滅の危機にあると言われている。

アラスカの小さな村の存亡の危機が遠く離れた日本で大きく取り上げられた背景には、一人の日本人の存在があった。「米国が京都議定書に反対する中、星野氏が愛した先住民の村は地球温暖化による米国最初の犠牲地となる」(『朝日新聞』二〇〇二年八月二三日(夕刊))と記事が結ばれているように、このシシュマレフ村は、今日でも動物写真家として人気を集めている故・星野道夫(一九五二―九六年)の第二のふるさととして知られる。記事には、まだ青年だった星野を約三ヵ月間自宅に住まわせたことのあるクリフォード・ウェイオワナ氏のコメントが紹介されている。「あのころ私は貧しかった。どうやって彼を食べさせようかと夫婦で悩んだ。家が狭く床に敷いたマットに寝かせたが、ミチオは不平一つ言わなかった。初めて口にするトナカイの肉も食べてくれた」。

当時シシュマレフ村の村長だったウェイオワナ氏は、妻シュアリーとともに、日本からはるばるやってきたこの若者を戸惑いながらも快く迎え入れた。「移住すれば狩りができなくなり、伝統は崩壊する。それに、この村はミチオにとってもふるさとだ。捨てることはできない」。壁にかけられた「日本の息子」の写真を見ながら、ウェイオワナ氏はそう語ったと記事は伝えている。[2]

アラスカの「アマチュア」

その星野がロシアのカムチャツカ半島、クリル湖畔でヒグマに襲われて死亡したのは、一九九六年八月のことである。当時この事件は、著名な動物写真家の死という以上に、テレビ局の番組取材中の事故だったことから、日本では局側の安全管理や責任問題、また事故後の報道に対する批判といった点を中心に、各メディアによってかなりスキャンダラスに取り上げられた（故星野道夫友人有志の会一九九七、『週刊文春』一九九六年八月二九日号、池澤 一九九六）。

一方、日本でのセンセーショナルな報じられ方とは裏腹に、星野が人生の多くを過ごした北米・アラスカでは、彼の死は現地の友人・知人たちの間でごくささやかに悼まれたに過ぎない。生前の星野を知るセス・カントナーは、星野は「日本のアンセル・アダムス」だったものの、「コバック川沿いのこの地で、ミチオの日本での名声を聞き及ぶのには、長い時間を要した」と述べている。その上で、「ここでは私たちは、彼がミチオだったからこそ好きだったのだ」(Kantner 1997, p. 18) として、アラスカでの星野は、いわゆる有名人としてではなく、一人の人間として多くの人々に愛された存在だったと記している。

カントナーは、さらに次のように続ける。「私たちの多くは、彼が忘れ物ばかりしていたことを思い出す。手袋、三脚、黄色のコダックのフィルムの箱。彼はいつも、来ると言ってから、さらに何週間か――時には一年近く――後になって到着したものだ。「やあ、セス」。彼はそう言うと心配そうにまばたきし、カメラバッグをどさっと置くと、秋の紅葉を撮影しに来たと言う」（ibid.）。星野のエッセイにもしばしば登場する友人で、アラスカに関する著述家として活躍するニック・ジャンも「ミチオは、テントを張ったり寝袋を解いたりする以上のことについては、いつも手こずっていた」（Jans 1998, p. 18）とユーモアたっぷりに述べ、次のようなエピソードを披露する。

私は、彼の隣に座って、五〇ヤードほど先にごく数頭の雄のカリブーが群れているのを見ていた時のことを思い出す。彼らは我々の臭いをかぎつけ、四肢をこわばらせると代わる代わる我々のいる方向を見つめ、左右をちらちらと一瞥した。ミチオ、私は囁《ささや》いた、急げ、あいつら逃げるところだ。無論、私の言ったとおりになった。ニィーク[3]、ミチオは驚いたような顔をして尋ねた、どうして分かったんだい？（ibid.）

星野は、ジャンの言うように「いわゆる動物行動学に長《た》けた人物ではなかった」（ibid.）。一九七一年、慶応義塾大学経済学部に入学後、探検部に所属した星野は、ある日、書店で偶然見つけた写真集に掲載されたエスキモーの小さな村の写真に魅せられる。それ以前から、すでに北への漠然とした憧れを抱いていた星野は、わずか一七歳にしてアメリカへの一人旅を突如敢行した時と同じように、その写真を一目見るなり、アラスカに旅立つことを密かに決意してしまう。

二一歳の夏、実際にその写真に写っていたシシュマレフというエスキモーの村で、星野は約三ヵ月間を過ごした。大学を卒業した星野は、一九七八年に本格的にアラスカに渡るまでの約二年間、著名な動物写真家である田中光常（一九二四―二〇一六年）のもとで助手として働く。しかし、その当時について、星野は後年「自分では写真は撮っていなかったし、撮る時間もなかった」とし、写真の技術はほとんど「学んでなかったと思います」（星野ほか 一九九八、一一五頁）と述べている。

一九七八年一月、北米の大学受験準備のためシアトルに渡った星野は、同年九月、念願叶ってアラスカ大学野生動物管理学部への入学を果たす。真面目に勉学に励む傍ら、すでにこの頃からカメラを携えてアラスカ各地のフィールドを歩き回っていた。「ぼくはどういうわけか、何か新しいことをするとき、準備、練習をするというのがどうも苦手だ。いきなり実戦にはいり、その中で失敗しながら少しずつ学んでゆくのが性に合っているようだ。〔…〕つまるところ練習は本番と土俵が違いすぎて、どうしても真剣さに欠ける」（星野 一九九五a、一一六頁）。この言葉に示されているように、星野はアラスカという土地について、常に自らの経験を通して実地に学び取ることを好んだ。

こうした経歴を見るにつけ、星野という人物は、アラスカについて幅広い知識を有しながらも、一方では最後までアラスカのアマチュアであり続けた人物だと言うことができる。ジャンは、星野はいつも「心ここにあらずという感じで、年中何かに躓《つまず》いていたし、自分の身体も含めたあらゆるものの扱いが分からなくて右往左往していた」（Jans 1998, p. 18）とからかい混じりに評しながらも、そのように周囲が見えなくなるほど何かに夢中になる気質こそが星野の「才能（gift）」だったと述べている。

ジャンによると、星野はテントの梁材に吊り下げられたランタンに一晩に四度も（五度目はジャンがランタンを外したことで免れた）頭をぶつけながら、野ざらしになったカリブーの頭骨の前に長い時間座り込んで夢中でシャッターを切り続けるような粘り強さを発揮した。そうした不器用なほどのひたむきさをもって物事に真剣に取り組む姿勢に、多くの傑作と言われる写真を残した星野の写真家としての原点を見ることができる。

このように、ある面から見れば、いわばアラスカの「素人」であった星野は、だからこそ様々な人と出会うために辺境の地に自ら出向き、住人たちに直接教えを乞う中で、次第にアラスカの深部へと到達していく。星野は、他州からアラスカにやってきた「移住者」たちの他に、狩猟民として伝統に根差した生活を送るエスキモーをはじめ、現地のネイティヴ・アメリカンと近しい親交を持った。そうした人と人のつながりを大切にする中で、外部の者が立ち入ることは滅多に許されない北方狩猟民の伝統的なクジラ漁に参加することを許されたり、ポトラッチという先住民部族の儀式を垣間見たり、また村の古老たちの話を聞いたりすることができたのである。

日本人である利点

先住民とのこうした密な関係は、「誰にでも、自分はミチオの特別な友達なんだと思わせる」（星野ほか 一九九八、二一二頁）才能以外に、彼の「エスキモーそっくり」と言われる外見に負うところも大きかったと思われる。「村の人口は約二百。日本から、自分たちとまったく同じような顔をしたのがやってきたというニュースはその日のうちに伝わったようだ。〔…〕中には「エスキモーとの混血か？」とまじめに聞いてくる者もいた」（星野 一九九五a、二二頁）。これは星野が一九七三年にシシュマレフ村を初めて訪れた際の逸話である。

最初のアラスカ訪問時には二一歳だった星野は、アラスカのことは何でも知りたい、体験したい、という思いで常にうずうずしているような好奇心旺盛な青年だった。ある日、ウルという扇形をしたエスキモー伝統のナイフを使ってアザラシを解体する作業に興味を持つ。

「アルスィ〔星野を当時預かっていた村長クリフォード・ウェイオワナ氏の母親〕、手伝ってあげようか。一度、そのウルを使ってみたいんだ」

アルスィは笑いながら、アザラシの脂でベトベトになったウルを渡してくれた。〔…〕ふと気がつくと、そばで働いていたほかの女たちが、腹をかかえてキャッキャッといって笑っている。いったい何がおかしいのだろう。あとでわかったところによると、これは断じて女の仕事であり、ウルを使う男など見たことがないからであった。（同書、一八―一九頁）

このように、星野は、現地の慣習を知らなかったこともあり、時に男女の壁をもやすやすと越え、大人でも子どもでもない中間的な存在として、様々な年代の人とこだわりなく交流を持つことができた。ある時はクリフォードの親友であるベンの冗談に付き合い、ある時はクリフォードの母親アルスィとおしゃべりを楽しみ、アルスィの夫であるアレックスには日本式のマッサージを施すことを買って出たりもした。また、シシュマレフ村での星野は、常に現地の子どもたちの注目の的でもあった。


ティナ〔クリフォードの娘。当時三歳〕の手を引きながら夕方の浜辺を歩いていると、ほかの子どもたちがみんな集まってきて、一大ツアーになってしまう。子どもたちにとって、ぼくはほかの世界から来た異星人のごときものだったのだろう。次から次へと質問攻めだ。

「名前はなんていうの？」

わかっているのに、必ずこの質問から始まる。（同書、二四―二七頁）

この最初のアラスカ訪問から約五年を経て、アラスカ大学フェアバンクス校に入学した星野は「白人とエスキモーやインディアンといった先住民の学生とは、お互いになかなか溶けこめない部分があるように思えた。けれども、日本人であるぼくは両方の世界を行ったり来たりしていた」（同書、二五九頁）ようである。同じモンゴロイドであるという親近感ゆえに、そしておそらくはアラスカという土地特有の人種間・民族間の複雑な対立関係から一歩距離を置いた外国人という立場ゆえに、星野は、ともすれば反目しがちな白人と先住民の世界の双方を行き来し、現地に長年生活する人々とはまた違う、より幅広い視点からアラスカを見る眼差しを獲得していったのである。

2　余白の意味

星野が生前成し遂げた様々な「仕事」は、死後、様々な形でまとめ直され、複数の出版社から写真集等が繰り返し刊行されてきた。中でも、写真家としての彼の仕事を振り返る試みとして特筆すべきは『星野道夫の仕事』全四巻（朝日新聞社、一九九八―九九年）である。星野のエッセイから引用した文章を交えながら星野の写真をテーマごとにまとめあげたこの写真集は、星野の写真家としての仕事の全貌を把握するための重要な資料になっている。また、同じく一九九九年には文藝春秋から単行本未収録の既発表原稿をまとめた遺稿集『長い旅の途上』が刊行され、二〇〇三年には新潮社から星野の未刊行分のエッセイを含む『星野道夫著作集』が全五巻で出版された（星野 二〇〇三）。これらによって、星野の写真家としての活動のみならず、著述家としての功績が広く認知されるようになる。
著作集の刊行に際して、雑誌『ユリイカ』二〇〇三年一二月号は「星野道夫の世界」と題した特集を組んだ。これは、星野の著作に寄せられた解説文などの形以外で、星野の仕事についてまとまった批評が行われた最初期の試みとして位置づけられる。この特集号に掲載された管啓次郎と中沢新一の対談「動物によるテクノロジーのほうへ」（中沢・管 二〇〇三）の中で、星野の仕事は、例えば「神話の思考法」というキーワードのもとに解釈されている。

中沢　星野さんの作品を見ると、写真と文章が結合している人だということがすぐわかります。〔…〕死者の視線がくる場所をどんどん遡っていけば、何万年にもなるわけで、そういうとてつもなく遠い過去から見つめている視線にたどり着きます。星野さんは、そういう視線から眺められた人間や動物を描こうとしています。無限遠点を有限な世界に持ち込んでしまうというか、思考できないはずのものをまるでそれが実在しているかのように見なして、ひとつの大きなフィクションのもとで、世界をみつめるというか、それがまさに神話の思考法ですが、星野さんの写真や文章はそういう神話の思考法を生きています。（同書、四五頁）

同じ対談の中で、管啓次郎は、星野の文章を「アメリカの二〇世紀の自然思想の系譜の中で考え直す」（同書、四九頁）ことを提唱している。管は、アメリカでネイチャーライティングと呼ばれる文学ジャンルのうち、自身が最高水準にあると考える三人の書き手として、形質人類学者でありエッセイストのローレン・アイズリー、『沈黙の春』の作者である科学者レイチェル・カーソン、詩人のゲイリー・スナイダーを挙げ、「アイズリーのもつ進化史的な時間の尺度、レイチェル・カーソンの言う野生の領域の必要性、スナイダーの言う実践的にそこに住みこむ努力、星野さんという人はこの三つを実際に自分の問題として生きようとした稀有の人」として評価する（同書、四九―五〇頁）。

この特集には、刊行されたばかりの著作集についての印象をまとめた、各分野で活躍する人々の文章も数多く掲載されており、その多くは、星野の著作に対する批評や感想という域を出て、年月を経て星野の死を追悼するものともなっている。例えば、作家の柳田邦男は、星野の「「狩るもの」と「狩られるもの」との両者にしっかりと眼《まなこ》を据える」「複眼の視点」を指摘し、星野の仕事を「現代の意味を問い詰める」ものであったと描写する（柳田 二〇〇三a、六一頁）。あるいは、エッセイストの湯川豊は、星野は「見えないものに価値を置くことができる世界」に惹かれ、「神話の世界を心身のうちにもっている人びとと同じ視線でアラスカの大地を見ようとした」人だったと語る（湯川 二〇〇三、七二頁）。

しかし、星野について寄せられたこれらの文章の中で、澤野雅樹によるコメントは、他のものと若干系統を異にしている。

『地球交響曲ガイアシンフォニー第三番』とかいうタイトルだったと思うが、そんな名前の作品を観にどこかの試写会場に出掛けて行った。〔…〕その作品を観て以来、星野道夫というのは名前を聞いただけで反吐が出るような感じになってしまった。たぶん星野さんには何の罪もないんだと思う。しかし、当時の私にとっては最悪とか極悪という以外に形容のしようがなかった映画における殆どシンボル化された人物こそ星野道夫であり、彼の名は私にとってその程度でしかなかった。（澤野 二〇〇三、九三―九四頁）

澤野は「あの映画で知らされたぬるぬるエコロジーの象徴」（同書、九四頁）として星野の名前を知るという「最悪の形」（同書、九三頁）での出会いを語り、にもかかわらず、星野道夫について何か書けと編集部から依頼された戸惑いを嘆きながら、本屋で唯一残っていた著作集の第二巻を手にして「なるほどファンや信者は多そうだし、かなり売れているとしても不思議はない」（同書、九五頁）などとつらつら考えた経緯を振り返る。

同様に星野道夫の名前とある意味で「不幸な出会い」をしたのが、作家の寮美千子である。

わたしが「星野道夫」という名を強く意識したのは、残念ながらその訃報を聞いたときだった。「動物写真家・星野道夫氏、テレビ局の取材で行ったカムチャツカで、熊に襲われ死亡」という報道だった。

正直言って、わたしはその時「自然に対して充分に敬意を払わなかったのではないか」という印象を抱いてしまった。星野道夫がどんな仕事をした人なのか、よく知らなかったのに、いま思えばたいへん失礼なことだったと深く反省する。（寮 二〇〇三、一二三頁）

その一方で、星野が親しく交わった北米の人々からの評価は、前述のように、日本でのそれとは異なるニュアンスを含んでいる。そもそも、星野が主たる活動拠点にしていた北米での彼の知名度は、アラスカという地域に限定したとしても、日本と比べてそれほど高いものではなかった。一九八七年にはグリズリーの写真集の英語版が刊行され、一九九三年にはピッツバーグのカーネギー自然史博物館で初の写真展が開催されるなど、写真家としての活躍の場は徐々に広がりつつあったものの、北米では、あくまで『ナショナル・ジオグラフィック』、『オーデュボン』、『スミソニアン』といった有名な自然科学雑誌の誌面を時折飾る、多くの動物写真家の一人に過ぎなかった。日本で多数の読者を獲得していたアラスカに関するエッセイも、その大半が英訳されていないことから、星野の著述家としての側面は彼の近しい友人たちにもほとんど知られていなかったようである。

「ヒキ」の構図

とはいえ、星野が撮影した写真については、アメリカでもいくつかの批評と言い得るものを確認できる。例えば、前述のニック・ジャンは、星野による、山の斜面を移動するドールシープの群れを捉えた一枚の写真について触れている。

ドールシープの群が、急な、雪に覆われた斜面の上で草を食《は》んでいる。はるか南では、星のような輝きを放つ太陽が山の頂《いただき》にとどまり、その上には線状の雲が高くたなびいている。フレームのほぼ半分を占める前景は、ほとんど影になっている。三角形をなす雪面の広がりを、たいていの写真家は省いてしまうだろう。しかし、ほとんど余白になっているこの斜面こそが、イメージ全体をしっかりと固定しているのである。(Jans 1997, p. 51)

ジャンのみならず、星野の写真にしばしば現れる、時に過剰とも思えるほどに広い「余白」については、他の批評家からも指摘がなされている。例えば、星野と同様にアラスカの野生動物を撮り続けている動物写真家トム・ウォーカーは、至近距離から遠景まで、あらゆるショットを巧みに生み出す技能を備えた星野の写真の真骨頂は、「自然のままの環境の中に置かれた動物の姿をドラマティックに捉えた写真、特に広大な空間の中にごく小さく映り込んだ動物を捉えた一枚」(ibid., p. 57より引用)にあるとする。また、右で触れたカントナーは、星野が写した数々の写真の中で、とりわけ「広漠とした谷間、山の稜線、糸のように連なる河にとり囲まれ、大地の懐《ふところ》にポツンとたたずむ動物」(Kantner 1997, p. 18)を捉えたものが印象に残っている、と語る。

星野によるこうした極端な「ヒキ」の構図に関しては、日本でも数人の評者から指摘がなされている。星野の死後、アラスカでの彼の「仕事」の意味を繰り返し記してきた作家の池澤夏樹は「派手なヨリの写真が多くあって、それがいかにも決定的瞬間を撮った傑作であるのは当然のこととして受け止めた。〔…〕しかし、それと同時に静かで雰囲気のあるヒキの写真も多い」と述べ、「このヒキとヨリのバランスが彼の仕事全体の印象を決める」と結論づける(池澤 二〇〇〇、五一頁)。あるいは、柳田邦男も、星野の死後開催された写真展『星野道夫の宇宙』の図録に寄せた解説文で、星野の「雪と氷に覆われた白い大地が広がる中に、ケシ粒のように小さな姿で河を目指して歩いている親子グマの列を、上空からとらえた超ロング・ショット」について触れ、「星野道夫氏の写真には、どの一葉にも神話的な深い物語性がある」と述べている(柳田 二〇〇三b、六頁)。

だが、極端なヒキの構図が何を意味しているのかについては、評者によって意見が分かれている。北米のナチュラリストとして有名なバリー・ロペスは「ミチオの写真は〔…〕動物を自然のままの生態との明白な関わりの中で描き出そうという決意」を表現すると共に、「人間の経済やニーズが日ごとに全面的に支配していく状況下を生きる野生動物を追う中で生まれた、野生動物を取り巻く状況に対する同情」を表しているとする（Lopez 1997, p. 38）。一方、ジャンは、星野の写真家としての技量を次のように評価している。

〔星野の〕視点は唯一無二で純粋であり、完全に彼独自のものである。日本美術の深遠な感性と、ありのままのアラスカの大地の広がりと、構図を取り出す人並み外れた天分とを融合することによって、彼は崇高な光景をいとも簡単に生み出せるように見せていた。（Jans 1997, p. 55）

ジャンは星野の写真に見られる構図の特徴や作品の抜きんでた素晴らしさを、彼の「日本的」感性から解釈しようとする。「彼の優れた才能を説明する上でおそらく欠かすことができないのが、伝説に残るほどの彼の忍耐強さと、その禅的な集中力である」（ibid., p. 58. 強調は引用者）。こうした記述からも、ジャンが星野の写真を評価する上で、日本人としてのバックグラウンドをかなり重視していることが読み取れる。

3　写真の「読み」への疑念

だが、これらの解釈は、星野の人となりを知るための様々な材料を与えてくれる一方で、星野がアラスカという土地について何を伝えようとしたのかという点や、写真家としての一貫した哲学のようなものを描き出すことには今一つ成功していない印象を受ける。星野の写真についての「読み」の数々は、必ずしも星野だけに当てはまるものとは言い難い上に、エッセイなどの中で星野が実際に記した内容と、星野についての批評を見比べると、両者の間にはしばしば微妙な齟齬が見られるのである。

例えば、星野はニック・ジャンからはその「日本的」美意識を讃えられたが、先述の中沢新一には「アラスカの先住民と同じような気持ちで、動物や自然を見ることができている、めったにいない日本人」（中沢・管 二〇〇三、四二頁）と評されている。また、バリー・ロペスは星野の写真に「動物を自然のままの生態との明白な関わりの中で描き出そうという決意」が表れていると述べたが、星野自身は、どういう気持ちでカリブーを写真に撮るのかという問いに対して、「カリブーの生態をおさえるという気持ちはあまりないんです」（星野ほか 一九九八、一三三頁）と答えている。さらに別のエッセイの中では「自然保護とか、動物愛護という言葉には何も魅かれたことはなかった」（星野 一九九五b、一九八頁）という興味深い言葉を記しているのである。

本章の目的

そもそも、グリズリーやムースなどの野生動物の写真でその名を知られる星野は、最初から動物写真家としてアラスカに関わろうとした人物ではなかった。この点について、池澤夏樹は星野と動物写真との関係を次のように説明している。

いい写真を撮る男がいて、彼が被写体として選んだのがアラスカなのではない。アラスカという土地にどうしようもなく惹かれた男がいた。彼は苦労してこの地に渡り、行けるかぎりのところへ行ってみて、できるかぎり長い時間を過ごした。そして、なぜ自分がここにそれほどまでに惹かれるかを真剣になって考え、その結果を、あるいは考える過程を表現する手段として写真を選んだ。（池澤 二〇〇〇、五三頁）

厳密に言えば、星野は池澤の言う「アラスカしか撮らない」（同頁）写真家だったわけではない。例えば、一九九五年二月に星野はチンパンジー研究の第一人者であるジェーン・グドールを訪ねてアフリカのゴンベの森に約一〇日間滞在し、その際に撮影した写真は『GOMBE ゴンベ』（星野 一九九七b）としてまとめられている（この写真集のテキスト部分を中心に未掲載の写真も含めて再構成したのが、星野 一九九九bである）。しかし、星野の生涯でおそらく唯一だったこのアフリカ行きも、現地の珍しい野生動物の姿を追い求めた結果ではなかったという意味で、やはり星野は他の動物写真家とは一線を画した存在だと言うべきだろう。にもかかわらず、バリー・ロペスは、現代の動物写真をめぐるある問題にかこつけて、星野を次のように評している。

ミチオは、自然をとらえた画像をコンピューターで加工し、またどの画像が加工されたものかを表示しないことで一般の人々を騙すような行為に対して、積極的に異議を表明する少数の写真家集団の中でもきわ立った存在だった。要するに、彼の写真は、フランス・ランティングやジム・ブランデンバーグ、ゲイリー・ブラーシュ、ゲイラン・ローウェル、フリップ・ニクリン、ニック・ニコルズといったプロフェッショナルな同僚たちによる写真と同じく信頼し得る作品だった。（Lopez 1997, p. 38）

ロペスは、動物写真家としてはやや特異な位置を占めていた星野を、一九九〇年代を中心にさかんになった自然写真のデジタル加工をめぐる論争に言及する中で、主に英米でプロフェッショナルとして名を馳せていた数人の動物写真家たちと同列に置き、その功績を称えている。

あるいは、池澤夏樹は、「ぼくらは星野さんという人を、自分たちの代表としてアラスカへ送り込んでいる。だから星野さんの背後にぼくらはみんな隠れているわけです」（池澤 二〇〇〇、一〇三頁）と述べている。しかし、このような日本人の「ぼくら」としての連帯感は、野田研一が指摘したような、星野が「ほとんど日本について言及することがない」という「解くことのできない謎」（野田 二〇〇三、八九頁）と考えあわせると、果たして星野自身によっても共有されていたのか、あやふやになってくる。

野田は「同じ近代ニッポン批判の枠組みを獲得していたはずの星野はなぜ沈黙し、もっぱら〈アラスカ〉のみを語ることができたのか」（同書、九〇頁）という自らが提示した問いに対して、「星野の〈アラスカ〉は〈場所の感覚〉として深化されるほど具体的な経験世界であった」（同頁）という一応の見解を示すにとどめている。これらの矛盾し合う見解が存在することから読み取れるように、生前の星野が具体的にどのような哲学のもとに、何を目指して行動していたのかは、遺された人々にとっていまだに「どう捉えればいいものか、わからない」（中沢・管 二〇〇三、五〇頁）ままになっていると言えるだろう。

それゆえ、本章では、星野道夫という人物がアラスカという場所で実際に何を見、何をつかみ取ったのか、またアラスカという場所を旅する中で星野が培《つちか》った独自の価値観や世界観が現代に生きる我々にとっていかなる意味を持つのかを、星野が遺した写真とともに、彼が記したアラスカに関するエッセイの分析を通じて再検討する。それは、自然保護に貢献する媒体としての野生動物写真というジャンルや、欧米の目から見た「日本人」、「東洋」といったもののイメージなどの狭間で、ある意味で切り刻まれ、断片化されていった星野自身の人物像や、彼の「アラスカ」についての思想を、星野自身の言葉を丹念に拾い集める中で再構築し、一つの全体として再統合する試みでもある。

次節では、その前段階として、まず星野のエッセイや写真に対してこれまで与えられてきたような紋切り型の批評や解釈がどのような歴史的・社会的文脈のもとに形作られてきたのかを検証する。星野自身を見る前に、星野という存在がなぜそのように見られるようになったのか、あるいは、我々は今まで星野という人物をどういった基準や観点から評してきたのかを知ることで、星野への従来の評価が無意識に依拠してきた一種の形骸化した思考の枠組みから離れ、星野がアラスカという土地に生きる中で独自に培ってきた世界観や想いといったものを、ありのままに把握するための準備ができると考えられるからである。

二　原野をめぐる言説

1　写真のデジタル加工をめぐる論争

では、星野の仕事についての従来の評価を形作っているキーワード、すなわち「野生動物写真」、「生態系」、「日本的感性」、さらに“zen”といった言葉の背後にある、より大きな言説体系について考察していきたい。

星野とその写真に対する評価や解釈においてしばしば登場するこれらの言葉は、一つ一つはさほど珍しいものではないばかりか、むしろ星野という「稀有な」存在について語るには、あまりにもありふれた言葉だと言える。実のところ、これらの用語や概念は、一九世紀末以来普及した北米の近代的自然保護思想と、それを基礎にして発展した今日的な「エコロジー」の言説の中で、互いに強い親和性を持ってきた。こうした既存の概念同士の強固なつながりの中に、星野道夫を語る言葉の多くは否応なしに巻き込まれてきたと言える。

まずは、星野を語る言葉同士のつながりを規定する言説体系全体の背景にある諸要素のうち、「野生動物写真（wildlife photography）」なるジャンルの成立背景を探っていこう。ここでは議論の一つの足掛かりとして、一九九〇年代半ばに自然写真のあり方をめぐって起きた、ある論争を取り上げる。

美術《アート》としての動物写真

一九九四年、アメリカの著名な自然写真家であるアート・ウルフの写真集『マイグレイションズ』(Wolfe 1994) が、刊行と同時に欧米を中心とする写真家や批評家たちの間で物議を醸した。事の発端は、野生動物や野鳥が群れをなして移動する情景ばかりを集めたこの写真集の冒頭にウルフが記した、次のような一文である。

本書は、自然保護を訴えると同時に、芸術であることも目指している。長年私は、題材となる写真を検討する中で、写っている動物の群れの中で必ず一頭が間違った方向にさ迷い歩き、それによって私が作り出そうとしていたパターンが乱されたため、多くの写真を除外しなければならなかった。今日、こうした乱れをデジタル技術で修正する技術は身近なものになっている。この『マイグレイションズ』で、私は初めてこの技術を取り入れ、カメラによる芸術の限界に挑んだ。(ibid., p. v)

同じ序文において、ウルフはこの写真集の着想をオランダの画家マウリッツ・コルネリス・エッシャー(一八九八―一九七二年)のデザイン画から得た、と語っている。写真家になる以前、ワシントン大学で水彩画を学んでいたウルフは、その当時デザインの授業で目にした、動物のモティーフが陰影の繰り返しの中で流れるように変形していくエッシャーの斬新なデザインに強い感銘を受け、やがてエッシャーの動物のモザイクに匹敵するものを写真を使って作りたいと考えるようになった。ウルフは「これは美術書であって博物学の専門書ではない(this is an art book and not a treatise on natural history)」(ibid.)と述べ、写真のデジタル加工も美術本としての『マイグレイションズ』では「まったく許容可能」としたのである。

このように動物写真を動物生態学的な「記録」ではなく「芸術」と割り切り、デジタル加工を積極的に是認するウルフの態度は、他の自然写真家や批評家たちからの強い反発にさらされた。中でも、批判の先陣を切ったのが、自然写真家のゲイラン・ローウェルである。例えば、『マイグレイションズ』の表紙を飾るシマウマの群れの写真は、ウルフの数ある作品の中で最も人気があり、最も良く売れた作品の一つだが、ローウェルは、この写真が群れの中の数頭をコンピューター処理によって繰り返しコピーすることで作成されたものであることを明らかにした（David Roberts 1997）。

画像上のトリックを見破ったローウェルは、その後、さらに『マイグレイションズ』から数点の写真を選び、複製されたと思われる個体に色をつけたものを『デンバー・ポスト』紙に送付した（ただし、この色付け写真を製作し送付したのは自分ではない、とローウェルは主張している）。その投稿をもとに同紙が組んだ特集をきっかけにして、動物写真のデジタル加工の是非をめぐる論争はマスコミによって大きく取り上げられることになる。

だが、『マイグレイションズ』について巻き起こった論争は、今日「野生動物写真」と呼ばれるジャンルをめぐる諸問題の、ごく一部を表出させているに過ぎない。すなわち、野生動物写真のデジタル加工をめぐって大規模な論争がなぜ起こったのかを理解するためには、動物写真の撮影が一般のレジャーとして普及するようになった一九世紀末から二〇世紀初頭にかけての世紀転換期の状況まで遡る必要がある（なお、ローウェルは二〇〇二年八月に飛行機の墜落事故で死去した）。

2　銃とカメラ

そもそも、カメラで野生動物を撮影するという行為が普及したことには、世紀転換期アメリカの「自然回帰運動（the back-to-nature movement）」が大いに関係している。都市化と工業化の急速な進展に伴い、大気・水質汚染や人口過密などによって住環境が著しく悪化した都市部では、貧困、犯罪、疾病などの社会問題が蔓延していった。

そうした不安に満ちた都市生活のアンチテーゼとして、文明に侵されていない原生自然としての「ウィルダネス（wilderness）」が、都市の不健康な生活に対抗するための救済手段として、新たな価値を見出されるようになる。特に中産階級や富裕層の間で、キャンプや釣りといった自然の中でのレクリエーション、田舎での避暑、また前章でも述べたような自然に関する読物の購読などが広く流行した（Schmitt 1990, p. 3）。

その一方で、急激な工業化によって生み出された社会不安は、白人中産階級層においては過剰な文明化による人種的「退化」への恐れ、とりわけ白人男性エリート層にとっては、祖先から受け継いだ原初的な「男性性」が喪失されるという、もう一つの「人種的後退」への懸念として顕在化する。前章で見たように著名なナチュラリストとして、またハンターとして知られていたセオドア・ローズベルト大統領は、自著の中で次のように述べている。

> 狩猟において、獲物を見つけたり殺したりという部分は、結局のところ、全体のごく一部に過ぎない。〔…〕追跡は、国内のあらゆる娯楽の中で最良のものの一つに含まれる。それは、あの活力ある男性性を高めるものだ。そして、個人と同様、国としてこの男性性が欠落すると、他のいかなる資質を有していても贖《あがな》うことはできない。（Roosevelt 1893, p. xiii）

このように、自然回帰の風潮に伴って流行した様々な野外活動の中でも、特に狩猟（hunting）は、白人男性が元来ダーウィニズム的な意味での「最適者」として有しているはずの原初的な男性性

（manliness）を回復し、それによって国家全体の活力が維持される、という考え方のもとで、非常に重視された。

カメラによるハンティング

こうした白人種の男性性を回復するための狩猟は、その適正な効果を得るために、もう一つの条件を必要としている。

ハンターとしての生き方は、ほとんどの場で消えつつある。そして、それが消えうせてしまったとき、古き良き入植地で真の代用となりうるものは存在しない。私有の禁猟区内での銃撃は、ただのみじめな真似事に過ぎない。狩猟という楽しみにおいて最も男性的かつ健全な特色が、周囲の状況が変わると失われるからである。（Roosevelt 1893, p. 449）

狩猟による男性性の回復は、都市生活との対比の中で見出された「けがれのない自然（pristine nature）」、すなわち人の手の入らない「ウィルダネス」の維持保存という観念と密接に連動していた。ローズベルトいわく、人の手で管理された私有の猟場での狩猟は、野生の荒野における本物の狩猟とは程遠い「みじめな真似事（a dismal parody）」になり下がってしまう。それゆえ、真のウィルダネスにおける真の狩猟の存続のためにも、厳格な狩猟法や国有保安林の整備が必須である、とローズベルトは強く主張したのである。

こうしたローズベルトの懸念が示しているように、北米ではすでに一八七〇年代頃から獲物となる野生動物の減少が多くのスポーツマン・ハンターによって自覚され、その保護・繁殖を目的とする団体が数多く結成されるなど、近代的な野生動物保護・管理への関心が高まっていた。[4]その状況に加え、「あの衝撃的な発表」（向井 二〇〇〇、六頁）などと今日呼ばれる、歴史学者フレデリック・ジャクソン・ターナーが一八九三年に発表した「フロンティア学説」が登場する。

西部開拓のフロンティア・ラインの存在こそがアメリカの国家的アイデンティティを維持形成しており、ゆえに一八九〇年の国勢調査でフロンティアの「消滅」が意識されたことは、アメリカ史における一つの時代の終焉を意味したとも言われる。その結果、フロンティア・ラインの形成において不可欠である「ウィルダネス」の存在や、そのウィルダネスの象徴である野生動物の絶滅への危機感が、いっそう煽られることになったのである。

くしくも、この頃、中産階級層の間では携帯用カメラが急速に普及し、カメラによる野外撮影は一般市民にとってより身近になりつつあった。そうした中、レンズを通じて被写体の本質を暴き、それを正確に記録する「真実を語る機器（a truth-telling device）」としてのカメラという、写真というメディアに一九世紀以来まとわりついてきたある種の神話と混じり合う形で、消えゆくウィルダネスとその象徴としての野生動物の「真の」姿を写真として永遠に「保存」しようという運動が広まっていく（Dunaway 2000, pp. 211-215）。

そうして、スポーツマン・ハンターを自称する白人エリートたちの多くは、銃をカメラに持ち替え、北米の「原野」に分け入っていった。野生動物写真のパイオニアと言われるジョージ・シーラス三世（一八五九―一九四二年）は、そうしたスポーツマン・フォトグラファーの典型とも言える人物である。一八五九年、ペンシルヴァニア州ピッツバーグに生まれたシーラスは、イエール大学で法律を修めた後、一八八三年からは弁護士として活躍した。社会的成功を収めるとともに、幼少期から自然に親しんでいたシーラスは、一二歳の頃に初めて猟銃で鹿をしとめ、以来ハンターとしての経験を積み重ねていく。しかし、一八九〇年ごろからは銃をカメラに持ち替え、フィールドで様々な「実験」を試みる。

シーラスの写真家としての技能を世に広く知らしめたのは、『ナショナル・ジオグラフィック』一九〇六年七月号に掲載された、フラッシュライトを用いて撮影した野生動物写真の数々だった。シーラスは、一八九二年に『フォレスト・アンド・ストリーム』誌に掲載された別の記事からの一節を引用して、カメラによる狩猟が銃による狩猟と同様の楽しみやスリルを提供し得るという利点を述べている。「ライフル銃の獲物はカメラの獲物にもなりうることを、我々は実感できる」(Shiras 1906, p. 374)。また、同じ記事の中では次のようにも述べている。

> 世界中で、スポーツマンはすぐれた市民性を構成している。寛大であり、独立独行で、信頼のおける存在である彼らは、人類の活力を維持し、また過剰な文明化のそうした悪影響を徐々に変化させることに大いに貢献してきた。(ibid., p. 368)

シーラスは、ローズベルトのような同時代のスポーツマン・エリートたちと同様、過剰な文明化による人種的退化への恐れと、スポーツによる原初的な男性性の回復という理念を明確に共有していた。実のところ、かつては銃による「熱心なハンター(an ardent hunter)」(Shiras 1935, Vol. 1, p. xx)であったシーラスは、猟銃を用いたハンティングに対して決して批判的ではなかった。

しかし、一九世紀末を境に国内で野生動物保護への関心が高まるのに伴って、動物保護活動家らから、スポーツマン・ハンターたちは「無慈悲な屠畜者の集団であり、野生動物の美や、当たり前の品位を保つという倫理観に一様に無自覚な人々」(Shiras 1906, p. 368) などと非難されるようになる。それを受けて、「真のスポーツマン」としての強い自覚とプライドを持っていたシーラスは、銃の代用としてカメラを使用することを積極的に推奨し、スポーツマン・ハンターの名誉挽回を目論んだのである (ibid.)。

「汚れなき野生」の追求

銃による狩猟の代替行為として広まった動物写真の撮影は、それゆえ銃による狩猟が担っていた文化的意義も多分に継承していた。例えば、一九一三年にイエローストーン国立公園付近で行った撮影旅行についての記事の中で、シーラスは次のように述べている。

> これまで私は、公園や、またいかなる鳥獣保護区でも、動物を撮影しないことに決めていた。技能がないので、銃と同様にカメラを持っていても、そのような楽しい時間は魅力的でなくなってしまうし、またそこに生息する動物たちの多くは野生の特性を失っているからである。(Shiras 1913, p. 819)

こうした考えから、国立公園内を散策中に雄のムースを発見した時も、シーラスは「この用心深い、汚れのない動物は無論〔この公園内では〕例外だ」(ibid.) としながら、撮影をあえて見送り、国立公園の敷地外に出て、山岳州では珍しい動物の姿をカメラに収めることを夢見ながら歩みを進めていった。

以上のように、シーラスは、カメラで動物の姿を捉えるに際し、猟銃によるハンティングと同様、真のウィルダネスと文明に「侵された」偽のウィルダネスとを区別することに強いこだわりを持っていた。そのこだわりは、次のような記述にも垣間見ることができる。

人によっては、臆病な動物が初めてまぶしい光線にさらされた時、さぞ驚きや恐怖を感じると思うことだろう。しかし、〔…〕時間の経過に伴い、目がくらむばかりの光線や大きな物音は、害のない自然現象、例えば雷鳴や稲妻のようなものだと思われるようになる。(ibid., p. 765)

これは、シーラスが得意とした、フラッシュライトをたいて夜間に撮影する方法について述べたものである。動物はフラッシュライトを稲妻のような「自然現象」として知覚すると述べることで、カメラによる撮影がウィルダネスに対していかに「無害(harmless)」であるかを、シーラスは説明しようとする。この時代、シーラスの動物写真家としての名声を決定的にしたのが、野生動物自身によって撮影された写真の数々だったというのは非常に象徴的である。同じく一九一三年の記事において、シーラスはカメラのシャッターとフラッシュライトに糸を取り付けた自動撮影装置を紹介し、それによって「野生動物自身が」撮影した写真を公開したのである。

そのような撮影装置を考案した理由を、シーラスは夜間にカメラを抱えて動物に接近する「時間や労力の無駄」を省くためとしている。しかし、「あらゆる動物や鳥、爬虫類にいたるまで、〔…〕日中であろうと夜間であろうと、人間の直接の存在なしに、その姿を忠実に記録した写真を撮ることができる」(ibid., p. 763) この仕掛けは、ウィルダネスに人の侵入による「穢れ」をもたらさない究極の撮影方法として提示されたという面もあったことは想像に難くない。

こうした歴史的背景を踏まえた上で、一九九〇年代の『マイグレイションズ』の刊行が巻き起こした論争の意味を振り返ってみると、そこには、この世紀転換期を背景に形成された野生動物写真にまつわる言説の影響を見ることができる。『マイグレイションズ』をめぐる議論の中で最大の争点となったのは、野生動物写真の真正性 (authenticity) の問題だったからである。「私は、アート・ウルフ氏に、彼が本当に見た自然の光景を写真に撮るという基本に戻るか、あるいは、未開地での長年の経験を生かして、想像した場面をコンピューターで創作するという新しいジャンルに取り組んでいると一律に述べるか、どちらかの態度を取ることを望む」(Rowell 1996, p. A5)。

ローウェルのこの言葉が示すように、デジタル加工技術を利用する写真家の最大の裏切りは、被写体が存在する現場に写真家が実際に「居合わせない」ことにある。本来、銃による狩猟の代用としてはじまった野生動物写真の撮影は、カメラが捉えた動物の姿以上に、カメラを携えて実際に野生の原野に分け入るという行為自体に意味があるものだった。しかし、デジタル加工のような「手っ取り早い手段」の普及によって、室内にいながらにして画面上の動物を無限に「増殖」し、構図をいかようにも操作できるようになった状況は、写真家のカメラによる「ハンティング」の偉大なる成果としての動物写真、あるいは真のウィルダネスの正確な写し絵としての野生動物写真という伝統的な信条を根本から揺るがしたのである。

3　美による感化

ところが、興味深いことに、『マイグレイションズ』をめぐる論争は、議論の長期化に伴い、奇妙な捩《ねじ》れを見せ始める。論争の初期には、デジタル加工を施された動物写真の存在は、写真という「媒体への不信感を生み出し、自然写真という分野の信憑性を減じる」（Grossfield 1997, p. 33）ものとして、「我々を現実に近づけるのではなく、むしろ遠ざけるもの」（Dobb 1998, p. 47より引用）という厳しい批判にさらされた。しかし、時間の経過とともに、ウルフが行った実験的行為は意外にも周囲に多くの擁護者を集めていく。

動物写真のデジタル加工を容認する一人であるスティーヴ・ブルームは、この問題について次のように述べている。

> 加工されているイメージとそうでないものの境界線を探るのは無益である。なぜなら、あらゆる写真画像は様々な度合いで加工されていて、ここから先は加工された画像として分類できる分岐点を見出すことなど、不可能だからだ。写真家は自分たちが作り出す画像を多分に調整することができる。レンズの選択、シャッタースピード、フィルムの感度やフィルムの種類、これらすべてが加工の度合いを様々な形で決定している。〔…〕写真業界は「カメラは嘘をつかない」という神話をとうの昔に一掃するべきだったのだ。（Bloom 1995, pp. 17, 19）

ブルームは、あらゆる写真はその程度はどうあれ、現実には何らかの形で「加工された」ものであるという事実を免れない、と述べる。そして、一般にはあまり意識されないものの、写真家の間ではほぼ常識となっているその認識を直視すべきであり、写真のデジタル加工を批判することは、そもそも写真というメディアの本質を無視した的外れな行為である、と主張したのである。

容認される画像加工

ブルームのこうした見解は、野生動物写真や自然写真の業界で長年懸案となってきた写真家によるステージング（staging）もしくは場面の捏造を糾弾することの難しさをめぐる出口のない葛藤を根本から打開する意図も含んでいた。

ある関係者によれば、そもそも自然写真の業界では、檻に入れられた動物を「野生動物」として撮影することなどは日常茶飯事であり、写真家たちの多くは、自然界の「驚きに満ちた光景（stunning shot）」（Hill and Wolfe 1993, p. 178）を要求するネイチャー雑誌のニーズに応えるため、ペットショップで購入したネズミを野生のフクロウに捕獲させたり、野生のヒヒの目の前で檻から豹を放ったりする行為を、ほとんど日常的に行っている（ibid.; Bloom 1995, p. 18）。

ウルフは、動物写真家を取り巻くこうした「現実」を知りぬいた上で、写真にデジタル加工を施しているという事実を『マイグレイションズ』の序文であえて公表し、論争の種をいわば確信犯的に撒いたと言える。事実、ウルフは『マイグレイションズ』は美術本として作られているのだから画像を操作することには何の問題もないと主張したばかりか、画像処理のテクノロジーを優れた作品の創造に役立つ有効な手段として捉えている。一九九七年にウルフを取材したエディー・グロスフィールドは、「ウルフにとってカメラやレンズは、（画家にとっての）筆や絵の具のようなもの、すなわち創作のための単なる道具なのだ」（Grossfield 1997, p. 30）と述べている。

グロスフィールドによると、ウルフ曰く、画家が画題となる動物の配列を自分の思うように変えたとしても、誰も文句を言わない。それに、写真家というものは、写真に撮ろうとする現実を、レンズやフィルターを使い分け、アングルを変え、フレームに含める要素を選び、写真制作のありとあらゆる場面で操作している（ibid., p. 33）。その意味で、自然や動物をありのままに捉えた写真などというものはこの世には存在せず、コンピューターで多少の画像処理を行うことは写真表現という範疇ではまったく許容可能な行為であるというのが、ウルフ側の主張なのである。

自然写真や野生動物写真を「芸術作品」と見なすという、ある意味で過激なウルフの提案は、野生動物写真というものにしばしば無意識に期待される「本物らしさ」への批判や抵抗という意味を持っていた。ウルフは撮影旅行中の興味深い経験を語っている。

> 以前イエローストーン国立公園で、あるレンジャーが私に、吹雪の中で横たわっているエルクに近づき過ぎないように、と言った。その上、彼は、もしエルクがこっちを見ていたら、その写真は良いものにはならない、とも言った。私はなぜかと尋ねた。彼は言った。「動物がこっちを見ているなんて、明らかに不自然じゃないか」。（Hill and Wolfe 1993, p. 143）

野生動物写真は「我々が存在するところに自然は存在しない」という一九世紀的な二分法に基づいて、人間の痕跡を排除した「無人の」空間であることを強調し、野生動物写真としての「本物らしさ」を形作ってきた。ウルフは、その「本物らしさ」を演出するための定型化した構図の取り方に反発し、むしろ自然の中でふとした瞬間に目にする「現実離れした（surrealistic）」光景を、できるだけ自分が見た印象のまま表現することを心がけたのである。

こうした意図のもとに『マイグレイションズ』でウルフが表現しようとしたのが「平面的な模様（a flat pattern）」のように展開する動物の群れの美しさだった。画面上に切り取られた動物の新しい美は、見る人々を「自然保護者として目覚めさせる」（Grossfield 1997, p. 35）と共に、「商業的にもうまくいく」（ibid., p. 33）ことが多かった、とウルフは述べている。言い換えれば、ウルフにとって野生動物写真とは、自身の生計を支える「商品」であって、それ以上でもそれ以下でもない。「私は、写真を始めたばかりの頃、横長の画像ばかり撮っていたので、結果として多くの売上を失ってしまった。今は可能な限り縦横両方を撮るよう気を配っている」（Hill and Wolfe 1993, p. 17）。アマチュア自然写真家向けの教則本の中で、ウルフはそう述べている。

ウルフのみならず多くの動物写真家にとって、写真とは実際のところ生活の糧《かて》であり、商品として売れなければ、撮影した意味自体がなくなってしまう。売れる写真を作れば、その写真はより多くの人々の目に触れる機会を得ることができ、世間への影響力も増加する。そして、売れる写真を作るために画像の加工は必須であり、そうした努力によって動物写真家として生き残ってこそ、その写真家は、動物写真を通じて自然保護の精神を伝えるなど、社会貢献をするための機会を得るのである。こうした考え方が、動物写真や自然写真なるものの商品化が際限なく進んでいく中で、ウルフをはじめとする多くの写真家によって、より合理的な考え方として共有されつつあることが窺える。

さらに、自然写真のデジタル加工は、写真家の表現や経済上の問題のみならず、より実利的な理由から、その支持を増やしつつある。例えば、世界的に有名な自然雑誌『オーデュボン』の元編集者であるマーサ・ヒルは「フィールドにおける競争は激化しつつあり、動物の姿を大きくはっきりと、画面いっぱいに写し込むような写真を、より多くの写真家たちが追い求めるようになり、動物たちを過剰に追い詰めてしまうという事態が起こっている」(ibid., p. 179) と憂えている。ヒル自身は『オーデュボン』誌で一四年ものキャリアを積んだ編集者として、自然写真のデジタル加工を決して容認しない。

野生動物の姿をとらえた優れた写真の数々が、その存在や生態への関心を広く呼び起こし、それによってアマチュア動物写真家として目覚めた人々が今や貴重となった野生動物の生息地に大挙して押し寄せるという皮肉な状況を前にして、ヒルは動物写真が果たすべき役割と実際の影響との間に生じている矛盾への当惑を率直に表明した。そうした事態を受けて、先述のスティーヴ・ブルームは「良い構図を妨げている木の枝は、実際に折り取るか、もしくはコンピューターの助けを借りて後から取り除くこともできる」と述べ、その上で「後者の方がずっとずっと環境に優しい解決策である」(Bloom 1995, p. 17) として、写真のデジタル加工を、動物の生息地を守るという目的から、肯定的に容認する態度を示している。

美的価値の発見

こうして見てくると、『マイグレイションズ』に含まれる動物写真のデジタル加工がアート・ウルフの動物写真家としてのキャリアにほとんど打撃を与えなかったのも、当然の成り行きだったのかも知れない。美的価値を向上させ、芸術としての完成度を高めるために写真にデジタル加工を施すというウルフの行為は、自然の「美」を提示することによる啓蒙活動という自然写真や野生動物写真が伝統的に担ってきた使命の遂行と、まったく矛盾しないのである。

実のところ、自然写真が担う啓蒙的機能についての言及は、すでに一九二〇年頃の文献に見ることができる。

自然写真は、万人を魅了する二つの際立った特性を持っている。一つは人を野外に連れ出して健康にさせること、もう一つは教育的効果である。なぜなら、カメラは自然の驚異と美に目を開かせるからである。(Farrow 1920, p. 115)

そもそも、一九世紀末以降、ウィルダネスの消滅への恐れに裏打ちされる形で北米において流行した自然写真、特に野生動物写真の撮影は、銃による狩猟体験の代用としてもてはやされただけでなく、肉眼では感知できない自然や野生動物の「美」を、被写体の「本質」を見抜くカメラで抽出し保存するという、一八世紀以来のピクチャレスク的な理念に裏打ちされた行為でもあった。カメラによって自然の驚異と美を「発見する」という行為は、しかしその後、自然保護意識の高まりに伴い、写真が写し出した自然の「美」によって都市の人々の間に自然保護の意識を喚起するという、自然写真の新たな使命の形成に結び付いていく。

『マイグレイションズ』は、今日の自然写真において重要なすべての要素を統合したものである。〔…〕本書の頁をめくりながら、自然の壮大なスペクタクルを楽しむとともに、これらの動物の大きな群れの数々をか細い糸ほどのものが支えていることを理解し、立ち止まることになる。(Wolfe 1994, p. v)

自然写真が担ってきた伝統的使命を後ろ盾にして『マイグレイションズ』の序文にウルフが記したこの一文は、写真のデジタル加工を擁護し、その肯定的な影響力を強くアピールする。そうして、写真のデジタル加工を批判する人は「美による啓蒙」という理由付けの前に反論の口を封じられ、自然写真の画像上の操作や加工は、何らかの規制やルール、倫理観が明確に整備されることもないまま、半ば黙認される状況が今日まで続いている。

ただし、写真を通じて自然や野生動物の美しさを鑑賞し、その価値を再認識することで自然保護への意識を啓発するという思想は、そうした理念が一般に普及し始めた二〇世紀初頭においては、もう一つ別の意味合いを持っていた。例えば、あのセオドア・ローズベルト大統領は、ハーバート・スペンサー(一八二〇―一九〇三年)による社会ダーウィニズム的な原理をアメリカの西部開拓史と接続する形で、米国内での人種的階層を正当化するような考えを見せている。すなわち、アングロ・アメリカンは西部開拓の歴史の中で競合する「未開人」を打ち負かしてきたからこそ、人種的「最適者」として様々な恩恵を享受し得る、という考え方である(Bederman 1995, p. 178)。

一八九三年にF・J・ターナーによって示された「フロンティアの消滅」というビジョンは、アフリカ系アメリカ人の存在やヨーロッパ系移民の大量流入、それに伴って浮上した人種混合への恐れと相まって、過去の人種間闘争における白人種の輝かしい勝利と、より「進化した」人種として維持してきた社会的特権の喪失を意味するものと見なされた。そうした危機感を背景に、当時人種的に劣位にあるとされた有色人種、あるいはヨーロッパからの新移民とアングロ・サクソン系を差別化する目的で編み出された思想的戦略の一つが、当時形成途上にあった自然保護思想と、それと連動する形で普及したカメラによるハンティングだったのである。

指が引き金を引こうとはやっていた時代を振り返った後、〔…〕そしてそれよりもっとのちの時代、すなわち単純にシャッターボタンを押す行為が〔…〕狩られる獲物の優美な姿を捕らえるようになった時代のことを考えると、そこには特異な精神的進化が見られることに気づかされる。

(Shiras 1906, p. 367)

ジョージ・シーラス三世は、スポーツマン・ハンターたちが銃をカメラに持ち替える過程を、このように「精神的進化(mental evolution)」という言葉で表現している。前述のように、一九世紀半ば以降、イギリスの伝統を模倣する形で、北米社会において狩猟は中・上流階級層の健全なスポーツとして再定義されていった。その中で、いわゆる"pot hunting"や"pot shot"などと呼ばれる食料を得るための狩猟は、「下層階級に属する、育ちの悪い人々」(Gottlieb 1993, p. 30)だけが行う、より低級な活動として、次第に蔑《さげす》まれるようになる。そして、狩猟に対するこうした認識の変化は、さらに次のような考え方を生み出していく。

銃を撃つ人間の心的態度は、野生生物の滅亡と種の絶滅の致命的な要因になっている。全世界のあらゆる国々において、スポーツマン、銃猟者、その他の猟の獲物を殺す成人・青少年のうち、優に九五パーセントが、猟鳥や哺乳類を、その美しさから、あるいは人類の興味の対象として保護される価値のある生き物ではなく、単に殺され、食べられるためのものと見なしている。これは、まさに穴居人や野蛮人の視点である。(Hornaday 1913, p. 203)

当時、熱心な動物保護論者として知られたウィリアム・T・ホーナデイは、動物を食べるための対象と見なし、その「美」を認識しないのは原始人や未開人の見方であるという考えを、このような比喩的な表現で表している。この論理を逆手に取れば、自然や動物に美的または知的価値を見出せる人々、すなわちアングロ・サクソン系を中心とする「自然保護論者」たちこそが、原始的段階を抜け出した、より高度に「進化」した文明人である、という見方が暗に示される。事実、ホーナデイは「北部では、イタリア人は羽を持つあらゆる生き物を食べる利権を求めて争っている。〔…〕そして、南部では、黒人や貧しい白人たちが鳴禽やウッドペッカー、鳩などを食料として殺している」(ibid., p. 103) というように、動物保護の主張にかこつけて、人種差別的な意識を随所で表している。

この点に関して、フィニス・ダナウェイは、北米の世紀転換期における自然保護主義の興隆と、それに伴う野生動物写真の流行を、写真撮影という行為を通じて「未開人の、より肌の黒い人種 (the savage, darker races)」から自らを分けようとする二〇世紀的な「文明の習慣 (habits of civilization)」(Dunaway 2000, p. 220) の萌芽だと指摘している。すなわち、カメラによるハンティングは、当時の人種的混合、もしくは人種的「退化」への危機感の中で、自然や動物に対する多様な態度のあり方を高等・下等なものに色分けする文化的アイコンとして機能していた。そして、自然保護論者を自任する多くの白人エリートたちは、銃をカメラに持ち替え、野生動物を美的対象と見なす自らの「高い知性」を証明するために、カメラを携えて北米の「ウィルダネス」へと踏み込んでいったのである。

4　Zenとエコロジー

星野道夫を語る様々な「言葉」の分析に戻りたい。星野について語る上でもう一つのキーワードとなっていた「日本人性」や"zen"という概念は、野生動物写真をめぐる一連の言説との間に、どのような関連性を持っているだろうか。

ここで、英単語としての"ecology"と、今日、日本語のカタカナ用語として流通している「エコロジー」は、その意味するところが若干異なるという点を述べておかなくてはならない。英語の"ecology"の起源は、ギリシャ語で家を意味する「オイコス（oikos）」であり、時代の推移とともに、この言葉は「家」から想起されるより広い対象、すなわち生活の基盤となる共同体や家庭を示す様々な言葉に変化していった。その一つである英語の「エコノミクス（economics）」は、共同体が時間や労働力、資源をいかに管理するかを考える学問を示す言葉として使われている。

もう一つの単語である「エコロジー（ecology）」は、ドイツの生理学者であり哲学者、また生物学者でもあるエルンスト・ヘッケル（一八三四―一九一九年）が一八六六年に作りだした造語"Oecologie"を起源とする比較的新しい単語である。英語では当初"oecology"と表記されたこの言葉は（一八九〇年代には近代的な表記である"ecology"となった）、主にヨーロッパの植物学者らによって、あらゆる有機体が互いにどのような関連を持ち、それらを取り囲む環境とどのような関係性を保っているかを解明する学問の名称として当初は用いられた（Nash 1989, p. 55)。しかし、一九一〇年代の北米で“ecology”は、生物学の中の「野外生物学」として再定義され、さらにその後、生物と環境間の相互作用全般を扱う新しい研究分野の名称として流用されていく（沼田 一九九四、三〇―三一頁)。

アメリカでの禅への注目

この“ecology”の日本語訳としてしばしば用いられるのが「生態学」という用語だが、これは“ecology”の元々の意味、すなわち生物学の一分野としての狭義の“ecology”の訳語として解すべきだろう。それに対して、カタカナ表記による「エコロジー」は、“ecology”の本来の意味とは多少異なる概念を指し示すものになっている。この点について、鬼頭秀一は「現在、カタカナで「エコロジー」として使われるような、社会的、政治的なエコロジー概念に近いものを提唱した先駆者としては、エレン・スワローとレイチェル・カーソンがよく挙げられる」（鬼頭 一九九六、九〇頁）と指摘する。

カタカナ用語としての「エコロジー」は、より厳密には英語の“ecology movement”（エコロジー運動）に類する用語である。「エコロジー運動」とは、北米のカリフォルニア大学における大学紛争の一形態として、一九六〇年代後半に顕在化した政治運動を指す。水質汚染や大気汚染といった公害の防止についての主張を核として、騒音防止や貧困追放、人間の居住環境の改善、人口爆発の調整、洪水防止といった幅広い問題の解決を目指したこの活動は、その後、北米から欧州、そして日本へと波及し、のちにアメリカにおける環境保護庁（Environmental Protection Agency）の設立、さらに日本における環境庁の新設といった形で結実した。一九七二年にスウェーデンのストックホルムで第一回国連人間環境会議が開催されたのも、北米を中心に世界で展開していたエコロジー運動による成果の一環として位置づけられる（沼田 一九九四、二二一―二二四頁）。

一方で、この運動は、一九五〇―六〇年代の公民権運動や、同時代のカウンター・カルチャー運動の影響を多分に受けて活発化したものでもあった。カウンター・カルチャー運動の担い手となったのは「ビート族（Beatnik）」と呼ばれる若者たちだが、彼らは既存の欧米的な価値観や社会通念に代わるものとして道教、ジャイナ教、神道、仏教、ヒンドゥー教といった「アジアの宗教（Asian religions）」を積極的に信奉したことで知られる。中でも、日本の仏教の一形態と見なされた「禅」の思想は、若者たちを中心に特別な注目を浴びることになった（Nash 1989, p. 112）。

日本の“zen”に対する英米での強い関心は、二〇世紀初頭、日本の仏教学者である鈴木大拙やイギリスの思想家アラン・W・ワッツといった人々が著した英語の著作によって、幅広く掘り起こされたものである。一八七〇年、石川県金沢市に生まれた鈴木大拙（本名・貞太郎）（一八七〇―一九六六年）は、東京帝国大学に学ぶ傍ら、鎌倉円覚寺の今北洪川《いまきたこうせん》と、その没後は釈 宗演《しやくそうえん》に師事した。一八九七年に渡米した鈴木は、約一一年間の滞在の中で『大乗起信論』の英訳や『大乗仏教概論』の英文出版を行うなど、北米における仏教思想の普及に努める。一九〇九年に帰国した後も、アメリカの大学やヨーロッパの大学で大乗仏教思想、とくに禅思想の紹介に精力的に取り組んだ。中でも、一九三六年にイギリスとアメリカの大学で行われた「禅と日本文化」に関する講演は現地で大きな反響を呼び、その講演原稿を加筆修正して、のちに刊行されたのが、英語による代表的著作と言われる『禅と日本文化（*Zen Buddhism and Its Influence on Japanese Culture*）』（Kyoto: Eastern Buddhist Society, 1938）

である（鈴木 二〇〇五、二三九頁）。

その鈴木が一九三六年にイギリスを訪問した際、講演を聴き、本人と実際に対面を果たしたのが、若き日のアラン・W・ワッツ（一九一五―七三年）だった。鈴木の教えに強い感銘を受けたワッツは、鈴木の著作の内容を平易に書き換える形で執筆した処女作『禅の精神（*The Spirit of Zen*）』（一九三六年）を刊行する。その後、一九三八年に夫人と共に渡米したワッツは、ニューヨークの禅宗サークルに所属し、禅についてさらなる研鑽を積んだ。ワッツは、西洋と東洋の宗教の差異について考察した著書を生涯で実に二五冊も出版している。特に刊行当時ペーパーバック版がベストセラーになった『禅道（*The Way of Zen*）』（一九五七年）と『自然・男・女（*Nature, Man and Woman*）』（一九五八年）という二冊の本を通じて、人類とそれが属する世界は「境目のない統一体」の一部である、というワッツなりの「禅的」世界観が英米の多くの読者に伝えられた（Nash 1989, p. 114）。

エコロジー・禅・星野

英米におけるこうした思想的下地が整えられた後に登場したのが、環境倫理の創始者の一人としても知られる北米の詩人ゲイリー・スナイダー（一九三〇年生）である。鈴木大拙の本と一九五一年に偶然の出会いを果たし、またワッツとも親交があったスナイダーは、一九五六年から六八年にかけて京都のある寺で臨済禅の教えを学ぶ。帰国後、スナイダーは憲法にも謳われた自然権の発想と自らが学んだ仏教や北米先住民の教義とを融合させて、自然についての独自の倫理観を作り上げていった。

その倫理観の中では、植物も動物も「人」であり、自然と人間が渾然一体となった「理想的な民主主義」の実現こそが人類全体の必須の課題と見なされた。このスナイダーの提唱した理念が、ビート族の信条であるキリスト教の否定と東洋宗教への傾倒及び自然崇拝のヒントとなり、一九七二年にクリストファー・ストーンが提唱した「樹木にも法的な権利が付与されるべきである」という「自然の権利」の理念として結実することになる（Nash 1989, pp. 114-116; 山里 二〇〇六）。

こうした思想的潮流の中で、語源的に「共同体やシステム、統一体」（Nash 1989, p. 55）という意味を含んでいた“ecology”という単語は、人間と自然を「一体視」し、両者の「共生」をめざす社会運動を示す言葉としても用いられるようになった。さらに“ecology”が含む「全体論的な志向（holistic orientation）」や「統一体（wholes）」という意味合いから、やはり欧米の視点からしばしば「単一性」、「一体化」という言葉で説明されてきた東洋もしくはアジアの文化や宗教とのつながりが事後的に連想されるようになっていく。一九七〇年代になると、日本人は自然と一体化しているという考え方が「日本人論」でしばしば主張され、そうした論をもとに日本人の自然に対する「特別な愛着」を裏付けるような事柄が、日本人理解の場面で選択的に意識されるようになったと考えられる。

日本人論と欧米的「エコ」の言説との間に発生したこうした循環は「原始部族のなかに超越的な「他者」」を探し求める（ブラムウェル 一九九二、三七二頁）というエコロジストたちを突き動かすもう一つの衝動と重なり合い、非西洋的な「エコロジカルな他者」としての日本人像がより強固に確立されていく。

以上のような背景を経て、一九八〇―九〇年代にアラスカという「ウィルダネス」を訪ね歩いた日本人であり、動物写真家である「星野道夫」を語る言葉は、“zen”や近代的自然保護、エコロジーといった既存の概念と不可分なまでに結び付いた。その結果、星野の人物像を実像とは乖離した形で規定するに至ったと考えられるのである。

三　星野が見た「アラスカ」

1　ラスト・フロンティアの神話

バリー・ロペスが星野に宛てた追悼文の中で、星野を「自然をとらえた画像をコンピューターで加工し、またどの画像が加工されたものかを表示しないことで一般の人々を騙すような行為に対して、積極的に異議を表明する少数の写真家集団」（Lopez 1997, p. 38）の一人として強調した理由は、こうして理解することができるだろう。

確かに、ロペスの言うように、星野は、アラスカの風景や野生動物の写真を人が容易に踏み込めないアラスカの奥地に実際に入り込んで撮影していたという点において、動物写真家の伝統的使命に忠実な、「正しい」写真家だったと言えるかも知れない。特にロペスのような欧米人の目からすれば、日本人の野生動物写真家である星野は、日本的な自然観と“zen”の美意識に支えられた生まれながらのエコロジストとして自然保護に積極的であるはずだし、またそうでなくてはならなかった。

しかし、ロペスの思いとは裏腹に、当の星野本人は自然写真のデジタル加工に反対する人々の急先鋒としての自覚を、それほど強くは持っていなかったと思われる。少なくとも、写真のデジタル加工の問題について自身の文章の中で直接的に語ったことはないし、プロの動物写真家の一人として現代社会における動物写真の使命について熱弁をふるうこともなかった。先述のように、星野は職業としての動物写真家をアラスカに滞在するための理由として、後付け的に選択したという面がある。星野がアラスカの厳しい自然の中で何日も、時には何週間も野営を続けながら撮影に挑んだのは、動物写真家としてのプライドや誠実さ以上に、星野がアラスカに移り住んだ最大の目的が、アラスカの原野の只中に身を置くこと自体だったからだと思われる。

このことは、星野が初めてシシュマレフ村に滞在した時に「写真を撮ることにはほとんど興味がなかった」（星野 一九九五a、二七頁）と述べていることからも裏付けられる。大学卒業後、アラスカに本格的に移住するきっかけになったのは、彼が二二歳の時に経験した中学時代からの親友Tの突然の死であった。星野とTは「見知らぬ遥かな土地」（星野ほか 一九九八、五〇頁）をいつか見に行くのだという漠然とした憧れを分かち合った数少ない友人同士だった。ある夜、Tは一週間後に山に登ると言って星野にカメラとピッケルを借りに来る。そして、Tは登頂した信州の山中で予想もできない山の噴火に遭い、突然命を落とすのである。「今考えると、その出来事は自分の青春にひとつのピリオドを打ったように思う。〔…〕将来が何もわからないのに、とにかくもう一度アラスカに戻らなければならないと思った」（同書、五二頁）。

Tの死から一年が過ぎ、「好きなことをやっていこう」と決意した星野の胸の中で突如、二一歳の時に行ったアラスカの存在が大きく膨らんでいく。やがて大学を卒業した星野は「写真という仕事を選び、再びアラスカに渡った」（同頁）。そして、その地で二〇年近い歳月を過ごした星野は、ある時、その歳月が「Tの魂と共にアラスカを旅していた」日々でもあったことに気付き、深い感慨を覚えたのである（同書、五三頁）。

『ナショナル・ジオグラフィック』の思想

星野の最初のアラスカ行きを促したのは、ナショナル・ジオグラフィック・ソサエティから刊行された『アラスカ』（Keating 1969）という一冊の写真集である。中でも、写真集に掲載されたある一枚の空撮写真に、それを毎回繰り返し見なければ気が済まないというほど強烈に惹きつけられる。

一枚の写真がいつのころからか気にかかっていた。本を開くたびに、このページをめくらないと気がすまない。アラスカ北極圏にある、小さなエスキモーの村の空撮の写真だった。キャプションに、Shishmarefという村の名前が書かれている。ベーリング海と北極海がぶつかる海域に浮かぶ小さな島で、夕陽が海に沈もうとするところを逆光で撮ったいい写真だった。どうしてここに人間の生活があるのだろう。そんな思いをおこさせる、まさに荒涼とした風景だった。この村を訪ねてみたいと思った。（星野 一九九五a、五頁）

一冊の写真集からアラスカへの憧れを募らせていた当時の星野は、その意味で、当初は、無人の「ラスト・フロンティア」という既存のアラスカ・イメージから出発した多くの人間の一人に過ぎなかったと言うこともできる。

自分が本を読んでいるそのとき、あるいは東京で電車に乗っているとき、同じ時間に、北海道のどこかの山の斜面を、クマが歩いている、確実に。〔…〕そして、子どもじみた考えなんですけれども、自分がまったくいない、消えた状態で、上からそっとでもいいから、山のなかを歩いているクマを見てみたいなあ、と思った。今この瞬間、クマは自分とは関係なく、どこか山のなかを歩いている。それを見たい。（星野ほか 一九九八、一六五—一六六頁）

これは星野が一〇代の頃に北への漠然とした憧れを持ち始めたきっかけとなった体験を回想したものだが、こうした記述からも、若い頃の星野を突き動かしていたのが「本当の意味での野生、原始自然というものをぼくは見たかった」（星野 一九九五b、一〇八頁）という漠然とした欲求だったことが窺える。

アラスカの北米の一部としての歴史は、一八六七年、クリミア戦争で経済的に疲弊したロシアが領土の一部を合衆国政府に七二〇万ドルで譲渡したことにはじまる。当時、アメリカ国内におけるアラスカの一般的イメージは何の役にも立たない雪深い荒地というものであり、売却交渉に関わった国務長官ウィリアム・スワードは「雪と氷の巨大な塊を買った」などと揶揄したほどだった（Nash 2001, p. 281）。しかし、一八七〇年代に入ると、アラスカに対するこうした否定的なイメージは次第に変化を見せていく。特にアラスカの新しいイメージの普及に一役買ったのが、ナチュラリストであるジョン・ミューアの旅行記だった。

のちに『カリフォルニアの山々（*The Mountains of California*）』（一八九四年）、『国立公園（*Our National Parks*）』（一九〇一年）などの紀行文の出版でその名を知られるようになるミューアは、一八七九年に最初のアラスカ旅行に旅立って以来、アラスカの大自然の魅力を伝える記事を新聞や雑誌に次々と発表していく。それらの記事の中で、ミューアは純粋（pure）で誰の目にも触れたことがないアラスカの風景の筆舌に尽くしがたい荘厳さや美しさを繰り返し述べ、その厳しい自然が持つ荒削りな野蛮さにこそ、文明化された土地には見られない価値がある、と主張して多くの読者の心を摑んだ(Kollin 2001, pp. 28-29)。

こうした時流の変化を反映して、一八八〇年代にパシフィック・コースト蒸気船会社（PCSC）が一般向けのアラスカ行きクルーズ・ツアーを売り出すと、アラスカは観光地として大いに人気を集めるようになる(Nash 1981, p. 7)。とりわけ、アラスカの知名度を飛躍的に高めたのが、一八九七年にカナダ、ユーコン準州のクロンダイクに始まるゴールド・ラッシュであり、それを境に盛んに読まれるようになった極北の地をテーマとする冒険譚の数々だった。

中でも人気を博したのが、ほかでもない作家ジャック・ロンドンである。一八九七年の夏、一攫千金を夢見てゴールド・ラッシュに沸くユーコンに旅立ったロンドンは、移動も含めて現地に一年ほど滞在したものの、黄金はいっこうに見つからず、挙げ句の果てには壊血病に侵されて、一八九八年六月に志半ばでカリフォルニアへの帰途についた。旅立つ前からすでに病床についていた養父は帰った頃にはすでに亡くなっており、ロンドンは旅の疲れを癒す間もなく、家族の生活を支えるために働き口を探さなくてはならなくなる。しかし、いくら探しても仕事にありつけなかったロンドンは、学生時代から得意としていた著述業で生計を立てようと考えた。雑誌社に送りつけた原稿は来る日も来る日も突き返されたが、同年一二月になって、ある雑誌にようやく採用された短編「凍路を旅する者へ(To the Man on the Trail)」で、ようやく作家になるきっかけを摑む。

作品が少しずつ売れるようになったロンドンは、一九〇〇年四月に発表した初の短編集『狼の息子(*The Son of the Wolf*)』で「北方のキプリング」という呼び名を得るなど、極北の地での冒険ものを書くことで作家としての最初の足掛かりを築いた。特に一九〇三年に発表した中編『野性の呼び声

（*The Call of the Wild*）』は出版社の予想に反して大成功を収め、その後発表した『白い牙（*White Fang*）』（一九〇七年）もベストセラーとなる。こうして、クロンダイクでは黄金を見つけることができなかったロンドンは、彼の地から物語の種という別の黄金を持ち帰ったのである（Lawlor 2000, pp. 111-119; Tavernier-Courbin 1994; 信岡 二〇〇七）。

拡張するアメリカとNGS

このように、当時アラスカが有していた「資源」は、原油や森林といった天然資源に限られない。ロデリック・ナッシュの言うように「国立公園や天然記念物、また同類の保護区」は「アラスカを梱包し保存する制度的な「容器」」であり、商品としての「アラスカ」を消費したのが、アラスカの外からやってくる旅行者たちや「書斎の顧客（an armchair clientele）」と呼ばれる人々、すなわちアラスカの原野もしくは「ウィルダネス」を写真や本、イラストつきの雑誌記事などを通じて鑑賞する人々だった（Nash 1981, p. 3）。

アラスカのような「未知の領域」を美的・知的に鑑賞する一手段として世紀転換期を中心に驚異的な発展を遂げたのが、星野道夫をアラスカに導いた写真集『アラスカ』の出版元であるナショナル・ジオグラフィック・ソサエティ（National Geographic Society）（以下、NGS）と、その機関誌として創刊された雑誌『ナショナル・ジオグラフィック（*National Geographic Magazine*）』である（一九五九年に *National Geographic* と改題）。

NGSという組織は、一八八八年に法律家である初代会長ガーディナー・グリーン・ハバードにより、当初は地理学のプロフェッショナル集団として、わずか二〇九人の会員によって創設された。設立以来、細々と運営を続けていたNGSは、会員の増強や機関誌の部数拡大に苦戦し続け、一九〇〇年代に入る頃には一人のアシスタントも雇えないほど困窮してしまう。そうした中、三代目会長ギルバート・H・グロブナーが敢行した大改革により、NGSは「一般に地理に関心のあるすべての人々」を巻き込んだアマチュア集団として再編される。「地理的知識の増強と普及」をスローガンに掲げたグロブナーは、素人（layman）にとって「地理学が未知の数量や、境界線、氷成堆積物、浸食や氷河、風道であった」時代を反省し、『ナショナル・ジオグラフィック』誌の編集方針を、専門家ではなく一般読者の興味に沿うものへと改革していった（Grosvenor 1915, p. 319）。

そうした努力の結果、NGSの会員数は一九一四年には約三四万人にまで増加し、『ナショナル・ジオグラフィック』誌もNGSの会員増加と共に着実に部数を伸ばしていく。NGSはその後も継続的に規模を拡大し続け、一九五五年には会員数二二〇万人、一九九〇年代には一〇〇〇万人を越す大組織へと成長し、『ナショナル・ジオグラフィック』誌も一九九〇年代までに全世界で約三七〇〇万部もの売り上げを誇る巨大メディアへと変貌を遂げていった（原田 一九八六、二八頁、Lutz and Collins 1993, pp. 37-38）。

歴史学者スーザン・シャルテンは、二〇世紀初期におけるNGSの飛躍的な組織拡大の要因を、ギルバート・H・グロブナーの「カリスマ的リーダーシップ」（Schulten 2000, p. 6）や、American Geographical Society（AGS）、Association of American Geographers（AAG）といった地理の専門家集団として組織された同時代の他の地理学会とは異なり、一般読者の興味を重視した「アマチュアリズム」との対比のみに帰する従来の解釈を否定している。その根拠として、シャルテンは、一九〇五年にNGSの大衆化に反目してNGSから分離する形で設立されたAAGの会員が、にもかかわらずAAG設立後もNGSとの関係を保ち続けたことや、一九〇五年以降の『ナショナル・ジオグラフィック』誌の編集者一六人のうち七人がAAGの会員でもあったという事実をあげる。その上で、グロブナー就任以前から継続して見られる『ナショナル・ジオグラフィック』誌の記事内容の傾向を調査し、世紀転換期におけるNGSの急速な発展には、むしろ一八九八年の米西戦争以後に高まりをみせたアメリカの拡張主義（expansionism）の欲望が深く関わっていたと分析している。

具体的には、米西戦争が開始された一八九八年から一九〇五年にかけて、一八九八年以前には記事の対象にすらならなかったキューバやフィリピン、プエルトリコに関する内容が急増していることが指摘される。[5] 一九世紀末以降、アメリカはその拡張範囲を国外にまで広げ、ハワイ統合や米西戦争を経て、国外に次々と新しい領土を獲得していった。その中で「アメリカの新しい領土の最新の情報」(ibid., p. 13) を伝えるという使命を担った『ナショナル・ジオグラフィック』誌は、この時期、アメリカの「拡張主義的イデオロギーを正当化し、または強化するような記事」(Tuason 1999, p. 39) を集中的に掲載していく。

> 『ナショナル・ジオグラフィック』誌は、フィリピンにおけるアメリカの存在について、その進歩的な側面を一貫して強調した。〔…〕写真は、キューバやフィリピンを見慣れた場所――すなわち、より清潔で近代的であり、豊富な資源に恵まれ、より商業的に洗練された場所――として表すと同時に、これらの領土を地理的にも文化的にも十分に離れた、脅威とならない場所として示したのである。(Schulten 2000, p. 20)

新たな支配地からの距離感と、その親近性とを同時に表象する方法は、本国の人々が「異質なもの」に抱きがちな脅威を和らげるとともに、拡張と征服というアメリカ帝国主義の二つの欲求を満たすものとして機能した。特に、これらの記事の中で示された拡張主義的思想は、主に二つの理念、すなわち一八九〇年代半ば以後高まりつつあった海外の新たな市場への需要と、「地球上のいわゆるより弱小な人種（the so-called weaker races of the earth）」に進歩と物質的繁栄をもたらすという人道的な責任を果たすとの名目によって支えられていた（Tuason 1999, p. 39）。つまり、『ナショナル・ジオグラフィック』誌の記事を通じて、読者はこれらの外国の地はより「原始的（primitive）」であり、ゆえにアメリカによる「改善（improvement）」を待望する地域であるという認識を習得したのである（Schulten 2000, p. 23）。

一八六七年にロシアからアメリカに譲渡されて以後、今日に至るまでアラスカに常に付きまとってきた「最後のフロンティア（the Last Frontier）」というイメージは、この米西戦争以後のアメリカの拡張主義的言説と密接な結びつきを持っていた。『ナショナル・ジオグラフィック』誌に「私は今後二五年間のうちにフィリピン諸島の農業や他の産業においてある発展が見られること、それは過去一〇年から一五年の間のアラスカの発展がそうだったように、合衆国とフィリピンにとって著しい恩恵をもたらすだろうと予測することをためらわない」（Taft 1908, p. 148）という記述が見られるように、アラスカはしばしばフィリピンなどの新領土と同格に位置づけられる。アラスカや北極地方（the Arctic）が、米西戦争以後に獲得された島々と並んで、『ナショナル・ジオグラフィック』誌の主要記事でこの時期再三取り上げられていることからも、拡張するアメリカのイメージの中でアラスカが非常に重要な位置を占めていたことが窺える（Schulten 2000, p. 13）。

融和するアラスカという幻想

こうした歴史的経緯を背景として、時を経て一九六九年にナショナル・ジオグラフィック・ソサエティから刊行された写真集『アラスカ』は、世紀転換期以来、拡張するアメリカのアイデンティティを支える「無人のフロンティア」としてイメージされ続けてきたアラスカを、むしろ逆手に取るような形で構成されている。

> 何よりもアラスカの人々はアラスカについて話すのが好きだ。ある者は、郷愁をこめて古き良き時代、すなわち消えつつあるフロンティアの過去を追憶する。また別の者は、今日の厄介な問題——工業的発展や自然保護、道路の不足、先住民の土地返還問題——に関する懸念を口にする。〔…〕そして、誰もが「本物の」アラスカについて語るのである。(Keating 1969, p. 8)

『ナショナル・ジオグラフィック』誌の特別版として刊行された写真集『アラスカ』において「本物のアラスカ (the *real* Alaska)」は、白人を中心とする入植者たちのみならず、極北の地で生きる先住民たちと、急速に近代化を進めるアラスカの「現在」によって表現されていた。一九六九年当時『ナショナル・ジオグラフィック』誌の編集長だったギルバート・H・グロブナーは「その二〇八の色彩に富んだページこそがアラスカである (its 208 colorful pages *are* Alaska)」(ibid., p. 5) と述べ、この写真集がアラスカの測り知れない美しさや大きさ、多様性を余すところなく表現しているとの自信を覗かせている。

そのページ上に展開されていたのは、未踏の大地を切り開く冒険家の物語ではなく、白人や先住民を含めたアラスカの住人たちの日常生活であり、スノーモービルや旅客機、ヘリコプター、大規模な製紙工場に原油採掘場、石油パイプラインに空軍のミサイル基地といった近代的設備を写しこんだ写真の数々である。

写真集『アラスカ』は『ナショナル・ジオグラフィック』誌独特の手法である近代化という「進歩」を称揚し、かつ伝統と近代という二つの世界を意図的に対比する方法を、その構成においてしばしば用いている（Lutz and Collins 1993, pp. 110-115）。列を成すスノーモービルの脇に小さく添えられた犬橇の写真や、ウミアックというセイウチの皮で作られたエスキモーの伝統的なボートに据えられたエンジン（Keating 1969, p. 196）などはその一例だが、そうした古きものと新しきものの対比の上に『ナショナル・ジオグラフィック』誌特有のオプティミズムが重なりあう。

村人全員の寝場所を確保できないほど設備が不足し、貧しかったタイオネック・インディアンは、居留地近くに石油が掘り当てられたことで居留地内の土地を石油会社に連邦政府経由で貸し出す取り決めをし、それにより莫大な利益を獲得した結果、村には近代的な家々が立ち並ぶようになった――こうしたエピソードは、石油によってもたらされた先住民部族の成功物語の一つである（ibid., pp. 81-82）。あるいは、革ジャンにジーンズ姿の若者の写真の脇には、エスキモーの若者の多くが白人世界に憧れている、というキャプションが記される（ibid., p. 197）。

とりわけアラスカ先住民の写真表象においてしばしば強調されたのが、彼らの「笑顔」である。「微笑みは他者を理想化する上で一つの鍵となる」（Lutz and Collins 1993, p. 96）。こうした認識に加えて「あらゆる不快な、もしくは甚だしく危機的な事柄を避ける」[6]（Grosvenor 1915, p. 319）という二〇世紀初頭に明文化された『ナショナル・ジオグラフィック』誌の編集方針に基づいて、貧困や高い失業率、若年層の自殺、アルコール依存症、苛烈な人種差別、長年の同化政策による先住民の言語や伝統文化の衰退といった、先住民社会においておそらく当時すでに典型的に見出されていたであろう諸問題については、この写真集ではまったくと言っていいほど触れられていない。その写真集の最後を飾るのは、白人の女性教師が笑顔の先住民の子どもに楽しげに耳打ちする姿である。このような構成によって、西欧文化と先住民社会、あるいは近代と伝統の平和的共生が、読者に鮮やかに印象付けられることになった。

2 自然保護への疑い

写真集『アラスカ』は、未踏の原野としての「ラスト・フロンティア」という一九世紀末に定着したアラスカのイメージを、いわば逆説的に利用する形で、近代的設備に溢れた日常生活の場としてのアラスカの姿を強調して読者に鮮烈な印象を残した。考えてみれば、写真集にシシュマレフ村の写真を見つけた若き日の星野道夫が抱いた「どうしてここに人間の生活があるのだろう」（星野 一九九五b、五頁）という素朴な感想は、本来、人が住んでいるとは思えない場所に人がいるという、まさに『ナショナル・ジオグラフィック』的な驚きの表現だったと言える。

初期の頃には「どこかで切符を買い、壮大な映画を見に来ていたような遠い自然」（星野 一九九六、一八三頁）としてアラスカを捉えていた星野は、しかしシシュマレフ村での三ヵ月間の生活を経験し、さらにその後アラスカに本格的に拠点を構えて現地の人々やその生活と直に触れあううちに、以前は見えなかったアラスカのもう一つの姿に気づいていく。

ぼくは少しずつ新しい旅を始めていた。〔…〕未踏の大自然……そう信じてきたこの土地の広がりが今は違って見えた。ひっそりと消えてゆこうとする人々を追いかけ、少し立ち止まってふり向いてもらい、その声に耳を傾けていると、風景はこれまでとは違う何かを語りだそうとしていることが感じられるようになった。人間が足を踏みいれたことがないと畏敬をもって見おろしていた原野は、じつはたくさんの人々が通りすぎ、さまざまな物語に満ちていた。（星野 一九九五a、三一八—三一九頁）

アラスカと関わり始めて約二〇年後に語られたこの言葉からは、星野が長い旅路の果てにアラスカへの認識を大きく変容させた過程が読み取れる。星野の目に新たに見えてきたのは、極北の先住民たちによって刻まれた目に見えない無数の「足跡」であった。

北アメリカとユーラシアが陸続きだった約一万八千年前、干上がったベーリング海を渡り、インディアンの祖先の最初の人々が北方アジアからアラスカにやって来た。最後の氷河期がやっと終わろうとする頃である。悠久な時の流れと共に、彼らは北アメリカ大陸をゆっくりと南下しながら広がってゆくが、その中に南東アラスカの海岸にとどまった人々がいた。後にトーテムポールの文化を築きあげた、クリンギット族とハイダ族である。

〔…〕トーテムポールに刻まれた不思議な模様は、遠い彼らの祖先と伝説の記憶である。が、それは後世まで残る石の文化ではなく、歳月の中で消えてゆく木の文化であった。（星野 一九九五b、一三二頁）

先住民の消えてしまった「木の文化」の中でも、星野が特に興味を持ったのが、アサバスカン・インディアンのカリブーフェンスだった。一九世紀にアラスカに銃が入ってくるより前の時代、群で移動するカリブーを弓と槍で狩っていたアサバスカン・インディアンは、いつのころからか、山の斜面や谷にカリブーの季節移動のルートを想定し、巨大なV字状の柵を作ってカリブーを待ち伏せするという、あまりにのんびりしたスケールの大きな狩猟法を行っていた。「二十世紀になり、極北のインディアンが近代と出会う中でその存在さえも忘れ去られていった」（星野 一九九九a、五五頁）そのカリブーフェンスの痕跡を原野の中に探し出すことに、一時期の星野は夢中になる。「かつて人々はどんな目で世界を見ていたのか」（星野 一九九六、二一頁）を知りたいという星野の欲求は、やがてワタリガラスを主人公とする創世神話がクリンギット族、ハイダ族、アサバスカン・インディアン、エスキモーという異なる伝統を持つ人々によって、なぜ共有されているのか、という謎を解明しようとする「晩年」の旅につながっていく。

消えゆく文化への共感

先住民たちがかつて見ていたであろう風景を探す旅は、しかし同時に、本土からの入植者による迫害にさらされてきた彼らの長い苦難の歴史に触れることを意味した。初めてシシュマレフ村を訪れてから八年後の一九八一年、かつて日々を共に過ごしたエスキモーの家族と再会する機会を得た星野は、懐かしい顔に出会う喜びもつかの間、エスキモーが直面する厳しい現実を目の当たりにすることになる。

　ケイトがいない。だれに聞いてもしかとは答えてくれない。〔…〕翌朝、シュアリィが話してくれた。ケイトは死んだのだ。詳しいことはわからないが、村を出てから酒と薬におぼれたとのことだ。その後、今から何年か前に村に帰ってきてから自殺したらしい。十年《〔ママ〕》前、あんなにすてきな娘だったケイトと自殺が、どうしてもぼくの頭の中で結びつかなかった。（星野 一九九五a、四八頁）

　このショッキングな出来事は、学生時代のある記憶を呼び覚ました。「アラスカ大学の学生だったころ、Rというエスキモーの友人がいた。〔…〕気が優しく、鷹揚で、とてもいい奴だった」。しかし、Rは、ある年の夏休み、酔いつぶれている間にけんかをして人を刺し殺し、三五年の実刑判決を受けてしまう。「ケイトにしてもRにしても、いったいどうしてこういうことになるのかという疑問がぬぐい去れない。アルコール中毒や薬《やく》の背後にあるものはなんなのだろう」（同書、五〇頁）。
　このRの思い出は、さらに別の死の記憶に結びついていく。「一九八五年三月二一日、ユーコン川流域のエスキモー村、アラカナク。この日、一人の若者が村外れのツンドラに歩き出て、きれいに自分の胸を撃ち抜いた。〔…〕ルイス・エドマン、二二歳」（星野 一九九一、七九頁）。この優秀な先住民の若者の死後、約一年四ヵ月の間に、同じ村の八人の若者が次々に生命を絶っていった。「人はだれも、ある日突然死のうとは思わない。ある日突然人を愛することがないように。個々の若者に、それぞれの理由があったのだろう。けれども、どこかで、どうしても重なり合う灰色の部分を見ようとせずにはいられない」（同書、八二頁）。

先住民の若者たちを襲っていた苦悩の要因の一つは、白人社会と先住民社会の狭間で自己の拠り所を失うことによる不安と絶望だった。

今のエスキモーの若者たちが抱えるさまざまな問題の原因のひとつは、九〇パーセントに達する失業率である。せっかく学校教育を受けながら、仕事もなく、社会からドロップアウトしてゆく若者の数は少なくない。そしてさまざまな社会福祉制度は、彼らに自信や誇りを失わせていった。アル中、自殺、家庭内暴力……どちらの社会にも属することができず、心の中で流浪する若者たちの姿が見えてくる。（星野 一九九三、二一二頁）

星野が目撃した先住民たちの「今」の苦しみの多くは、一九世紀以来、合衆国政府が先住民に対して行ってきた一連の同化政策を発端とするものだった。星野は、友人であり、クリンギット族の言葉を知る数少ない古老のエスターという女性から、同化政策の一環として行われた寄宿学校制度や英語教育が彼女の心の中に今なお消えない傷を残していることを聞かされている。

「おばあさんに言われたことを今でもはっきり覚えている。どれだけ時代が変わろうと、どんなに顔を洗っても、おまえのクリンギットインディアンの血は落ちはしないと……」

一九〇〇年代の初めから約半世紀続いたアラスカ先住民に対する同化政策の目的は、エスキモーやインディアンをアメリカ人に仕立ててゆくことだった。シャーマニズムは否定され、子どもたちは村から遠く離れた寄宿学校に送られ、そこでは自分たちの民族の言葉を使うと体罰が加えられた。〔…〕ぼくはそのことを歴史としては知っていたが、その時代が今もどれだけ深い傷を人々の心に残しているのか、エスターに会うまで何も理解していなかった。（星野　一九九九a、三二一―三二三頁）

同化政策の中で言語を徹底的に奪われた先住民部族は、民族としてのまとまりやアイデンティティを喪失するだけでなく、対話のための手段を失うことで世代間の断絶が進み、長年積み上げてきた知恵や伝統の伝承が途絶えるという恒久的な危機にさらされることになった。

徹底した英語教育の中で、文化の核である言語を失ってゆくということは、〔…〕固有の文化に対する自信喪失にどれほど大きくつながっていったことだろうか。〔…〕

「若い者も何か話したらどうだ！」

一瞬、小屋の中が静まり返った。張りつめたような時間のなかで、誰かが話し始めるのを皆が待っていた。

十五、六歳の少年がすっと立ち上がった。

「僕はエルダーたちが話すのをじっと聴いていた。自分たちの言葉なのに何もわからない。でもじっと聴いていた。何も理解できないけど、その響きを聴いているだけで気持ちがいい……」

（星野　一九九三、一一〇頁）

　ある時、アサバスカン・インディアンのポトラッチと呼ばれる儀式に特別に参加することを許された星野は、死者の記憶をインディアン語で語る年寄りと、その言葉を理解できない若者との心の交流を間近に見ながら、言葉とともに消えてしまうかも知れない一つの「文化」の存在について、このように書き記している。

土地の帰属をめぐる対立

　こうした同化政策の爪痕の他、先住民たちを苦悩させていたもう一つの要因が、一九七〇年代に突如持ちあがったアラスカ州内の土地所有の問題だった。一九五九年にアラスカが準州から米国四九番目の州に昇格した時から、アラスカの資源開発をめぐる軋轢はすでに始まっていたが、その後、州昇格法によってアラスカの三分の一が州に委譲されることになったのに伴い、州は具体的な土地の選択に着手する。その選択がアラスカの先住民の存在を事実上無視する形で進んでいったため、アラスカ各地で州側の主張と一八六七年にロシアから譲渡された際に定められた「先住民の土着権」との対立が日に日に激しさを増すことになる。

　一九六八年に北極圏で油田が発見され、石油を運ぶパイプラインの建設が計画されると、用地買収の過程で浮上した先住民による土地の権利問題を早急に解決すべく一九七一年に議会を通過したのが「アラスカ原住民土地請求条例（Alaska Native Claims Settlement Act）」（ＡＮＣＳＡ）である。この条例によって、それまで土地の「所有」という概念自体を持たなかった先住民に、アラスカ全土の約一〇パーセントと言われる土地が複雑な線引きのもとに割り当てられ、約一〇億ドルの賠償金と引き換えに、先住民がアラスカ全土に持っていた先住権の放棄が決定された。

先住民たちに割り当てられた土地は、厳密には、その地域の先住民共同体が運営する会社組織の所有とされ、先住民の一人一人はその株主になるという形式が取られた。しかし、経営の経験などまったくない先住民組織の多くは、その大半が経営難に陥り、さらにANCSAには二〇年間のモラトリアムが過ぎた一九九一年から分配された土地に税金が課せられる内容が盛り込まれていたため、税金の支払いができない場合には土地の所有権が他の者に譲渡される恐れがあった。こうした背景から、この条例は実は最初から先住民の土地奪取を前提にしていたのではないか、という疑念が生まれ、以後、資源開発と土地所有をめぐって世論を二分する論争が長きにわたって繰り返されることになる（星野 一九九九a、二五一―二五三頁、Kollin 2001, p. 123）。

そうした中、一部の自然保護団体などが主導するアラスカの原生自然保護のための活動がようやく結実する形で、一九八〇年に「アラスカ国有地保全法（Alaska National Interest Lands Conservation Act）」（ANILCA）が可決された。これによって、約八〇〇〇万エーカー（約三万二〇〇〇平方キロ）の「北極圏野生動物保護区（Arctic National Wildlife Refuge）」と呼ばれるエリアを含む一億四〇〇〇万エーカー（約四二万平方キロ）余りの土地が、連邦政府管理下にある自然保護地域として指定されることになる（星野 一九九七a、一七二頁）。こうして華々しい勝利を飾ったかに見えたアラスカの自然保護の波も、しかし別の視点から見れば、実はまったく異なる意味を持っていたことが星野のエッセイの中で指摘されている。

アラスカで展開される「自然保護」の矛盾を表出させる出来事の一例として星野が記しているの

は、星野の友人であるセス・カントナーとその家族にまつわる「物語」である。

セスの両親ハウイとアーナが、西部北極圏を流れるコバック川流域でブッシュ（原野）の生活に入ったのは一九六四年。〔…〕

両親は去り、原野はセスの時代となった。今はしっかりした家がコバック川を見下ろす丘に建ち、恋人のステイシーと共に暮らしている。しかし、時代も大きく変わろうとしていた。

「以前この家は、火をつけて燃やしてしまう土地管理局のリストに入っていたんだ。今でも状況はそんなに変わらないさ。連邦政府の連中は、いつか僕たちをこの土地から追い出すだろうな」〔…〕

〔…〕開発の流れの中で、政府は自然保護派の矛先を変えるためか、新たに三二万四〇〇〇平方キロに及ぶ土地を国立公園に指定する。

セスの家は、気がつくとコバック国立公園という境界線の中に入っていた。（星野 一九九九a、二五三―二五五頁）

カントナー一家は、厳密に言えばアラスカの外から移住してきた白人であり、その意味ではアラスカ先住民とまったく同列に語ることはできないかも知れない。しかし、星野が「この家族ほど、コバック川流域のエスキモーに慕われ、尊敬された白人もいない」（同書、二五三頁）と述べているように、狩猟を中心とした自給自足の生活を淡々と営んできた一家は、その意味で多くの先住民と同質の問題を共有していた。

北極圏の油田開発について三〇年近く続けられてきた論争を語るにあたって、星野が次に引き合いに出すのが、カリブーの狩猟に大きく依存するグッチン・インディアンの存在である。

開発か自然保護かという、アメリカ中を揺るがした論争の中でさえ、グッチンインディアンの人々は忘れられ続けていた。油田開発に反対するシエラクラブをはじめとするさまざまな環境保護団体も、それは白人の視点に立った自然保護運動だった。グッチンインディアンの人々は心のどこかでそのズレを感じ続けていただろう。だからこそ極北の原野から自分たちの声で叫ばなければならなかったのだ。〝ちょっと待ってくれ。おれたちの想いは、あなたたちの考えている自然保護とは少しちがうんだ。おれたちは季節と共に通り過ぎてゆくカリブーを殺し、カリブーと共に生きている。自然は見て楽しむものではなく、おれたちの存在そのものなんだ〟（星野 一九九七a、一五六頁。強調は引用者）

一九世紀以来の北米における自然保護や環境保全の「歴史」記述でしばしば用いられる「保全（conservation）」と「保存（preservation）」の対立、または「資源活用」と「美的景観の保存」の対立という図式は、別の角度から見れば、むしろそうした対立を「装う」ことで、開発派と景観保存派双方の要求を満たすために生み出された詭弁ですらあった。「保全」と「保存」の「共犯関係」のもとに成り立つような、いわゆるアングロ・サクソン的な「自然保護」の枠組みの外に先住民たちは追いやられ、自分たちの与り知らぬところで決定された法律や制度によって、その生き方を翻弄されてきたのである。

動物を見ること、食べること

このように、先住民を中心とするアラスカの人々が抱える様々な痛みや苦しみを繰り返し目にする中で、星野は一九世紀以降の近代的「自然保護」の思想や、それを基盤として一九六〇年代以降に欧米の白人社会を中心に発展した「環境保全」、「エコロジー運動」等の理念に対して、次第に懐疑的になっていく。

「ぼくは狩猟民の心とは一体何なのだろうかと、ずっと考え続けていた。自然保護とか、動物愛護という言葉には何も魅かれたことはなかったが、狩猟民のもつ自然との関わりの中には、ひとつの大切な答があるような気がしていた」（星野 一九九五b、一九八―一九九頁）。この発言からも読み取れるように、星野は、関野吉晴の言うように「アラスカや自然をこよなく愛した。しかし、都会に座して自然を讃え、その保護を訴える人とは一線を画していた」（関野 二〇〇三、六二頁）のである。

中でも、アラスカに居住する「狩猟民のもつ自然との関わり、世界観」（星野 一九九五b、一九八頁）に常に興味を抱いていた星野は、狩猟民たちとの関わりの中で実際に見聞きした出来事の中でも、既存の自然保護や「エコ」のイメージからはみ出すような事柄に、特に魅かれていたようである。

いつだったか、早春のベーリング海の流氷で、南から渡ってきたケワタガモの大群を、エスキモーの人々と見たことがあった。春の訪れを告げるその編隊の美しさにぼくは見とれ、そのわきで、彼らは舌なめずりをしながら銃をかまえている。頭の中は久しぶりのダックスープの味で一

杯なのである。この自然観の違いが可笑しかった。（同頁）

星野は北方狩猟民たちの、見方によっては俗っぽいとも言える動物との素朴な関わりを新鮮な驚きと愛おしさにも似た憧れを持って見つめた。「ロッジの近くを時々カリブーの群れが通り過ぎてゆくでしょう。観光客の人々が何て美しいのでしょうと見ている時、私はどうしても銃に弾を込めて撃ちたくなってしまうの。だって、秋のカリブーは本当においしそうなんだから……それを言うと、みんなが目を丸くして黙ってしまうの」（星野 一九九三、一二四―一二六頁）。このカリブーのエピソードを星野に話したウイローという若い女性は、星野と友人関係にあったジョーンズ家の娘である。

星野曰く、かつてアラスカには二種類の人々がやってきた。一方は、教育者、宣教師、生物学者、金鉱師といった、自分が元いたところと同じ生活様式や価値観を維持しようとした人々。もう一方は、アラスカという土地にすでにあった生活様式、価値観を学び、それを引き継ごうとした人々である（同書、一二三頁）。この分類に従えば、ジョーンズ家は後者に属する。白人でありながら、生まれた時から狩猟生活を営む家庭で育ち、精神的には完全にエスキモーであるウイローの体験談に、星野は深い共感を持って耳を傾けた。

一九九四年七月に行われた池澤夏樹とのインタヴューの中で、星野は次のように述べている。

星野　〔…〕老人たちと話してみても、彼らはカリブーがどこから来てどこへ行くのか、クジラがどこから来てどこへ行くのか、誰も知らない。〔…〕ある意味では、食べ物がやってくるという意識なんですよね。自分たちを生かしてくれるための食べ物は向こうからやってきてくれる、それは観念的なものではなくて、ほんとうにそう感じているんじゃないかって。そうすると、自然との関わりかたというのもほんとうに「食べたい」というか、その命を自分のものにしたいという関わりになるような気がするんですね。（池澤 二〇〇〇、一〇二頁）

自然や動物を「美しいもの」として鑑賞することこそが洗練された「保護」の形である、という考え方から始まった近代的自然保護は、狩猟民たちによる、食べるからこそ、食べたいからこそ感謝し、大切にしたくなるという人間と動物の関わり方と対比されることで、我々の前に一つの相対化された価値観として新たに立ち現れる。

星野は、「エコ」の枠組みからはみ出すような狩猟民の価値観の他にも、自然界のエコロジカルなバランスや秩序という観念を覆《くつがえ》すような野生動物たちの意外な行動に目を向けた。その一つが、食べるためではなく、おそらく遊びのような感覚でカリブー殺しを続ける狼の逸話である。

「ニック、オオカミは殺しのための殺しをすると思うかい？　つまり獲物を食べるのではなく、生命を奪うためためだけのハンティングのことさ。一度そんな場面に出くわしたことがあるんだよ」

僕は何年か前、早春のツンドラで見た、生まれたばかりのカリブーの子を次から次へと殺しながら走るオオカミの姿を思い出していた。

「オレはあると思う。きっと、死はやつらにとって芸術なのさ。それは人間のもつ狭い善悪の世界の問題ではないんだ。そして、そのことは少しもオオカミの存在を低くするものではない。それがオオカミなんだ……」（星野 一九九三、二一七頁）

星野は友人ニック・ジャンとの会話の中でふと思い出した出来事についてジャンが述べた感想を聞いて、心の中で深く頷《うなず》いたことだろう。

狩猟民の実像

一九九四年二月に行われた湯川豊によるインタヴューにおいて、やはり狼のエピソードとして星野が「とても好き」（星野ほか 一九九八、七三頁）な話として取り上げているのが、列車に轢かれたムースの死体を探して歩く狼の話である。星野曰く、フェアバンクスからジュノーまでアラスカ鉄道が走っているが、雪のないところに行きたがる習性を持つムースは、しばしば線路沿いに出てきてしまう。鉄道側はムースが去るのを待つわけにはいかないため、ムースを轢き殺して先に進むほかない。それを知る狼が獲物を求めて線路沿いをチェックして歩く、というのである。

「すごいハンターであるオオカミが、なんで自分で狩らないのか、オオカミの正道からはずれてるじゃないかって思われるかもしれないけれど、〔…〕獲物を獲ってそれで自分の生命を養おうとすれば、いかに楽に早く獲るか、それしかないような気がするんです」。そう述べた上で、星野はこの逸話から、自然の中ではいわば狼と同列の立場で獲物を狩って生活を営むアラスカ狩猟民の価値観に思いを馳せる。「本当の狩猟民もオオカミと重なる部分があって、白人のハンティングのモラルとかルールとは違うと思うんですね。狩猟民のモラルはもっと別のところにある。だから白人の考え方とはかみ合わない部分というのをいつも感じるんです」（同頁）。

このように、「無駄な狩りをしない」エコロジストとして描かれがちな野生動物、ひいては人間の狩猟民の行動規範について、星野は実体験をもとに問題の核心を突くような鋭い反証をさりげなく提示したのである。

この逸話で語られたような「本当の狩猟民」として星野が特別な尊敬を寄せたのが、星野のエッセイの中にも繰り返し登場するエスキモーの猟師クリアランス・ウッドだった。「クリアランスという男は、最高級のライフルを使い、最新の乗り物を駆使しながら、彼のなかには昔の狩人の気持ちがまったくそのまま残っている。そこがすごいと思うんです」（同書、六七頁）。クリアランスという人物についてそう分析した後で、星野はさらに次のように述べている。

そういうクリアランスは、高性能ライフルを手にした優秀な猟師ですから、時として動物を殺しすぎるかもしれません。とにかく、ものすごくたくさん獲りますから。〔…〕しかしまた、こういう事情を考えなくちゃいけないと思うんです。昔のエスキモーは、たとえばカリブーの群れが来たとき、雌をはずして雄だけを獲ったとか、弱いものだけを獲ったとか、ちゃんと動物を選んで、狩りをしてきたというような話がよくいわれますね。ぼくは、ほんとにそうだったろうか、そんな余裕があっただろうかと思うんです。

カリブーにしろ渡り鳥にしろ、何万という集団がワーッと来て、次の瞬間はみんな立ち去っていなくなる。無になるんです。〔…〕大群が来て、次に無になる。そんなときに選んでいる余裕はなかったんじゃないかと思うんです。獲れるときには、獲れるだけ獲るというのが本当だったと思うんです。（同書、六七—六八頁）

星野は、狩猟に関して先住民が優遇されることに不快感を示す一部の白人ハンターらが、狩猟を規制する法律を盾に、エスキモーは無駄に殺しすぎるなどと非難することを疑問視し、むしろエスキモーらが獲り過ぎてもやむを得ないような歴史的背景を持っていることを考慮する必要性を説く。「気持ちとしてはできるかぎりたくさん獲っておきたい。〔…〕その本能をいまだにもっているとしたら、弓矢がライフルに変わろうとも、来たものはぜんぶ撃っちゃうと思うんですよ。〔…〕クリアランスのような男を見ていると、狩猟民というものの本当の姿が、現代に生きていることからくるゆがみがあるとしても、くっきり見えてくるような気がするんです」（同書、六八頁）。こうした発想は、星野が狼の行動に見出した「生存のための狩猟」という、まさにぎりぎりの行為としての狩りと同じ意味を有するものと思われる。

星野は、クリアランスとの出会いを通じて狩猟の「残酷さ」に思いをめぐらせた。

星野　ムースを捕った時にインディアンの人たちが解体していくシーンって、ほんとうに見ていて飽きないんですよ。ナイフで身体を少しずつ裂いていって、皮を剝いで、〔…〕もちろん血もどっと出てきたりする。そういう一つひとつのシーンを見ていると、ほんとうにおもしろい。彼らはあんなに巨大なムースを一本のナイフで愛おしむようにきれいに解体していくんですね。〔…〕時々白人のハンターなんかでムースやカリブーを捕って、骨の継ぎ目をはずすのに斧を使う人がいるんですが、ぼくはそれはぜんぜん違うことのような気がするんですよね。それは方法の違いかもしれないけど、大きな隔たりがあるような気がします。（池澤 二〇〇〇、一〇六―一〇七頁）

同じ動物を狩るという行為でも、白人と先住民の間では狩猟というものの意味がまったく異なることを直感した星野は、動物を殺すこと自体が「残酷」であるわけではない、という可能性に気付く。そして、欧米的な「アニマル・ウェルフェア」などの概念に見られるような、残酷ではない、すなわち苦痛の少ない「殺し方」の模索を重視する思想と対峙する形で、むしろ殺した「後」の解体という作業に見られる別の形の残酷さ、すなわち獲物の身体を「モノ」として捉え、斧で骨の継ぎ目を乱暴に切り離して構わないと考えるような、白人ハンター側に見られるもう一つの「残酷さ」に読者の注意を向けさせる。こうした観点によって、欧米的な動物保護の思想が依拠する、単純に「殺すこと」と「残酷さ」を直結させるような思想の狭さや不十分さが、次第に浮き彫りになっていくのである。

求められたエコロジスト像

星野がその文章の中でしばしばのぞかせる非「エコ」的とも言える現象や価値観に対する関心は、テレビや本などで見聞きされる自然や「生態系（ecosystem）」の一般的なイメージ、あるいは一九六〇年代後半以降に全米で広く流通した「エコロジカルな他者」の象徴としてステレオタイプ化されたネイティヴ・アメリカンのイメージに対する疑念の表明でもあっただろう。

一九六〇年代終わり頃に北米で顕在化した環境保護の動きは、第二次世界大戦後の急速な経済成長を経て、今度は自分たちの生活の質の向上を図るアメリカ中産階級層の運動として再編成された。この時期の独特の傾向を示しているのが、マスメディアを通じての大規模な啓発活動であり、世間の環境保全への意識をより高める目的で考案された記号的なシンボルの数々である。そのうち最も有名になったのが、森林火災の予防を訴えるために米森林局（the US Forest Service）が用いたスモーキーベア（Smoky Bear）であり、一九七一年に「キープ・アメリカ・ビューティフル（Keep America Beautiful, Inc.）」という環境保護団体がゴミ削減の啓発活動のために用いた「泣くインディアン（Crying Indian）」のイメージだった（Krech 1999, pp. 15-16; Rothman 2000, pp. 125-129）。

「泣くインディアン」のポスター

特に、アイアン・アイズ・コディー（一九〇四―九九年）という映画俳優が演じた、河川や道路に投げ捨てられたゴミを見て涙を流すインディアンのイメージは、公共広告としてポスターや看板に掲示され、またテレビコマーシャルとして流されたことで、全米で知らない者はいないというほど有名になった。この「泣くインディアン」[7]のように、アメリカ最初のエコロジストまたは自然保護論者として記号化された北米先住民のイメージを、シェパード・クレッチ三世は「エコロジカル・インディアン（the Ecological Indian）」と名付け、その歴史的起源について考察している（Krech 1999）。クレッチによると、エコロジカル・インディアンの起源は、大航海時代にヨーロッパ人が夢想した「高貴な野蛮人（the Noble Savages）」のイメージまで遡る。この「高貴な野蛮人」のイメージに自然保護者やエコロジストとしての性格が付け加えられ、公民権運動と環境汚染問題に揺れる時代を背景にメディアに登場したのが、「泣くインディアン」のイメージだった。

「泣くインディアン」をきっかけに北米中に広まった「エコロジカ

ル・インディアン」の図像は、先住民族の権利回復運動におけるイメージ戦略の一環としても活用されていく。すなわち、一九七〇年代頃を境に先住民運動が北米も含め世界的に活発化する中、「世界各地の狩猟採集社会が自己イメージを自ら作り、発信するようになった」（スチュアート編 二〇〇三、一四頁）。その一例としてスチュアート・ヘンリが挙げているのが、極北の先住民であるイヌイトが政府との交渉に際して用いた「エコロジスト」としての自己イメージである。

極北の先住民であるイヌイトのリーダーは、政府との交渉の場や議会などで、新たに創り出した「イヌイト」のイメージを効果的に展開することによって、ヌナブト準州をかちとることに成功した。こうした新たなイメージは、「私たち〔イヌイト〕は、大地、湖沼と海、鳥獣と一体になっている。私たちは環境の一部であり、環境は私たちの一部である」（ヌナブト準州設置法案を採決するカナダ下院でのイヌイト議員の発言から）や、「イヌイトの文化は大地と不可分な関係によって成立している」という発言にみられるように、「自然と共生する」「自然保護の元祖」としてのイヌイト像であった。（同書、一四―一五頁）

こうした政治的戦略は、古くから狩猟採集民たちにつきまとってきた「未開」、「野蛮」といったネガティヴなイメージ、すなわち「見境のない性交、裸、道徳の欠如、生食、共食い、未熟さといった獣性」（同書、二五三頁）などのイメージを払拭する目的で、意図的に取り入れられた面もある。

エコロジカル・インディアンのイメージ形成には、一九六〇年代以降一般に広く普及した「生態系（ecosystem）」の概念も大きく影響している。当時「生態系」のイメージは、特定のエリアにおける動植物の関係性という本来の中立的な意味を超えて、生物が一定の秩序のもとに調和した状態で共生するという、ある種のユートピア的な観念として受け入れられつつあった。「人間は、あらゆる場面で混乱を生み出す要因となる。彼がどこに足を踏み入れようと、そこにある自然の調和はたちまち不調和へと変化する。既存の配置の安定を保ってきた均整や調和は、たちどころに壊される」(Marsh 1965, p. 36)。一九世紀半ば、アメリカ自然保護思想の父と呼ばれるジョージ・P・マーシュはそう記しているが、マーシュ以降も多くの人々が、人と自然を相反するものとして対比させ、それらが干渉し合わない限り自然本来の秩序は守られるという二分法的な世界観を信奉していた。

こうした自然界の「秩序」を当然視する世界観の起源について、生物学者ダニエル・B・ボトキンは、ある興味深い指摘を行っている。ボトキンは、著書『不調和な調和(*Discordant Harmonies*)』(一九九〇年)の前書きで、一九七〇年代以降に実施された、自然を保護し、管理するための政策や、その根拠を提供した生態学の理論において、たびたび「事実と明らかに矛盾する観念」が優勢を占めるという奇妙な現象が起こり続けたと指摘する。ボトキンによれば、現実と矛盾する観念が政策や学問の場面で優先されたのは、科学者や立法者、政策を運営する役人の具体的活動の背後に「信念や神話、想定、あるいは時計や樹木、天体といったものに関係する、象徴や比喩」の影響が隠れていたからである(Botkin 1990, p. vii)。

自然の秩序についてのイメージ

「人間にまったく影響されていない自然の性質とはどんなものなのか」(Botkin 1990, p. vii)という古来の問いは、二〇世紀までに「人間に影響されなければ一定の秩序を保ち、影響されたとしても、その影響が取り除かれさえすれば元の一定の状態を回復し、その一定の状態こそが望ましく理想的な自然の姿である」という「自然界の均衡（Balance of Nature）」（ibid., p. 229）のイメージに基づいて説明されるようになった。そうした二〇世紀的な自然観を規定する「均衡を保つ自然」像の原点は、一七―一八世紀ヨーロッパで普及した「機械としての自然（a mechanistic nature）」（ibid., p. 105）のビジョンにある。

> 星や惑星は、宇宙のルールに従って、まるでゼンマイ仕掛けのように動いた。そして、地球もそうしたルールに従ったのだ。〔…〕物理学に始まる近代科学の発展は、比喩の変化のみならず、より深いレベルでは、原理の解釈に変化をもたらした。つまり、偉大なる芸術家によって創られた有機体としてではなく、偉大なる技術者が開発した立派な機械として地球をとらえるようになったのである。（ibid., p. 103）

このように、西洋の歴史の中で形作られた「構造的な秩序、バランス、不変性」を保つ「機械としての自然」というイメージは、やがて年月を経て、自然に対する人間のあらゆる介入を「侵害（abuse）」と見なす感性の源泉と化し、そこから「我々が存在するところに自然は存在しない」という一九世紀以来のアメリカ的「ウィルダネス」の概念を支えるパラドキシカルな二分法が確立されることになる（Cronon, ed. 1996, pp. 71-80）。

二〇世紀後半に入ると、狩猟採集民としての先住民は、こうした経緯の中で創造された「調和と秩序」の象徴としての自然や「生態系」なるものと先住民族の存在が不可分であるという主張を通して、自然や生態系のイメージが内包する「調和」や「秩序」のイメージを民族としての自己規定に取り込むことに成功した。だが、それと引き換えに、彼らは別の困難を背負いこむ。つまり、一定の秩序と調和に満ちた自然という西洋的な思想の系譜の中で構築されたイメージを、政治的戦略として先住民の「生来」の性質として主張した結果、そうした西洋的観念からはみ出す狩猟採集民独自の価値観や世界観が居場所をなくすことになったのである。

西洋的自然観が政治的戦略によって狩猟採集民の精神世界に「内面化」されることで、彼ら本来の文化や価値観と西洋起源のそれとの区別はより曖昧になり、狩猟採集民が独自に培《つちか》ってきた伝統的価値観や哲学の側は、知らず知らずのうちに西洋的価値観に侵食され、失われる危機にさらされることになった。

さらに「エコロジスト」としての自己規定は、狩猟採集民自身にとって、また別の形の逆風も生み出した。その一つが、一九六〇年代末にポール・マーティンという地質年代学者が発表した学説である。マーティンは、約一万一〇〇〇年前の更新世において、ごく短期間に多数の動物種が絶滅したのは「人類が、そして人類だけが」その原因である、と主張した。この「エコロジカル・インディアン」のイメージを真っ向から否定するような学説は、研究者の間で激しい議論を巻き起こしたが、北米ネイティヴ・アメリカンの現在の社会的地位の低さは祖先の罪深い行動に対する当然の報いである、などと主張する一部の保守派からは大いに歓迎された。

一九九〇年代に、このマーティンの主張を再検討したシェパード・クレッチ三世は、人類学や考古学、気象学などの知識と照らし合わせた上で、更新世の動物種の大絶滅は、人類の影響以外に、気候や生活環境の変動など、複数の要因が重なり合う中で引き起こされた可能性が高く、マーティンの学説は状況を極端に単純化している、と指摘する（Krech 1999, pp. 29-43）。一方、クレッチによる事例の再検討が示唆しているように、一九六〇―七〇年代という時代は、北米のネイティヴ・アメリカンに対する風当たりがまだ強く、だからこそ先住民側は「エコロジカル・インディアン」として肯定的な自己イメージを振り撒くことを戦略的に強いられていた。そうしたイメージ戦略へのある種の報復として、学問の分野からの「反証」がなされ、以来、先住民側と学問的権威を有するエリート層との間で「エコロジカル・インディアン」のイメージの「正しさ」をめぐる議論の堂々巡りが展開することになる。

だが、クレッチの提示する「エコロジカル・インディアン」の問題を考える上で改めて意識されなくてはならないのは、先住民、または狩猟採集民と呼ばれる人々の生活形態やそれに根ざした価値観を、近代的な自然保護の観点から、あるいは現代的な意味で「エコであるか否か」という基準から判断すること自体の暴力性である。例えば、クレッチは「アラスカのイヌイトが、一九七〇年代に殺した数百のカリブーの一部しか利用せず、残った死体を腐って膨れ上がるままに放置していたのを見て、白人ハンターが（自分たちもかつて同じようなやり方をしていたのだが）カリブーの群れの危機を訴えて抗議した」（ibid., p. 216）という状況を批判的に取り上げている。

しかし、こうした行動を狩猟民がなぜ取るのかについては、狩猟民の歴史や伝統、あるいはその独自の世界観や価値基準への考慮なしには到底理解し切れるものではなく、近代西洋の基準からはそう簡単に肯定も否定もできないという点が、何より最初に意識されなくてはならないだろう。つまり、先住民と呼ばれる人々は「エコロジストであるか否か」という問いかけの外側に位置しており、ある文化における基準を異なる文化的背景のもとに生じた状況への判断に安易に応用することの危険性を、狩猟採集民、または先住民の「エコ的」性質の有無をめぐる議論は分かりやすい形で表出させている。

その意味で、星野道夫という人物は、西洋的な「エコ」の言説が内包する暴力性に、かなり早い段階で気付いていた数少ない人物の一人だったと言える。狩猟民の世界に欧米の「エコ」の価値観を安易に当てはめることの無意味さを狩猟民たちとの直接の関わりを通して直感していた星野は、だからこそ「自然保護とか、動物愛護という言葉には何も魅かれたことはなかった」のであり、そのかわりに「狩猟民の心とは一体何なのだろうか」（星野　一九九五b、一九八頁）という素朴な問いに導かれて、アラスカの各地をわたり歩いたのである。

アラスカを生きる人々

アラスカにおける星野の第一義的な関心は、そこに住む動植物以上に、それらに拠って生活を営む狩猟採集民の生き方だった。「たとえばぼくは南極には興味がないんですよね。人が暮らしていないからだと思うんです。アラスカにひかれるのは、やっぱり人が暮らしているからなんです」（星野ほか一九九八、一三三頁）。こうした言葉からも読み取れるように、星野の興味は何よりもまずアラスカに住む人々に向けられていた。その上で、彼らの生活になくてはならないアラスカの自然というものがあり、それに対して彼らがどう関わってきたのかという自然とのつながりや、動植物をはじめとする自然自体への興味が付随して形成されていったと考えられる。

この点については、ある時、星野のインタヴュアーである湯川豊の「星野さんの撮ったカリブーでもグリズリーでも、たしかに動物の生態がちゃんと捉えられているから生態写真という局面はあるんだけれども、その向こう側に、何というか……アラスカを舞台にした生命の体系とか循環というようなことがある」（同頁）という発言に対する、星野の答えが参考になるだろう。

星野　ぼくは生物学者でも人類学者でもなくて、ごくふつうの人間が誰でももつような思いがあって、それはいってみれば、どうして人間はここにいるのか、そしてどういう方向に行こうとしているか、ということだと思うんです。人間という種の不思議さ。自分が生きてることの不思議さっていうのかな。そういう意識がいつもどこかにあるような気がします。（同頁）

星野は「生態系」や「自然」といった言葉を期待するような質問に対して、「人への興味」をあえて強調していた節がある。アラスカに渡って一二年目の一九八九年に『週刊朝日』の連載記事を引き受けた経緯については「アラスカがすごく遠い秘境というんじゃなく、同じ人間が住んでいる場所であることを伝えるために、「アラスカの人びとのことを書きたいと思った」（同書、一三一―一三二頁）と述べている。こうした記述にも、狩猟民という「人」にはじまるアラスカへの興味という星野の一貫した姿勢が表れている。

星野は、アラスカの「自然」というものを見ていくにあたって、あくまで「先住民」と呼ばれる人々の視点から世界を見ることにこだわった人物だった。星野のそうした信念は、ハイダ族と呼ばれる一族のトーテムポールに関するエピソードにも表れている。「二〇世紀になり、強国の博物館が世界中の歴史的な美術品の収集にのりだす時代が始まった。〔…〕〔ハイダ族は〕その神聖な場所を朽ち果ててゆくままにさせておきたいとし、人類史にとって貴重なトーテムポールを何とか保存してゆこうとする外部からの圧力さえかたくなに拒否していったのだ」（星野　一九九六、三八―三九頁）。朽ち果てるままに残されたトーテムポールを探してクイーンシャーロット島に渡った星野は、そこで目にした光景に目を奪われる。

一〇メートル四方の深いくぼ地の上を、四本の苔むした丸太がまるで天井のようにかかり、その下でシカはのんびりと草を食べている。ぼくはその風景に釘付けとなった。そこはかつてのハイダ族の住居跡だったのだ。人間が消え去り、自然が少しずつ、そして確実にその場所を取り戻してゆく。悲しいというのではない。ただ、「ああ、そうなのか」という、ひれ伏すような感慨があった。（星野　一九九五b、一三六頁）

こうした記述に対して、寮美千子は、星野を特集した『ユリイカ』二〇〇三年一二月号に寄せた文章の中で、星野のエッセイに見られる描写の美しさに感銘を受けながらも、次のような批判を行っている。

星野道夫の言葉は美しい。そして神秘的だ。それゆえ、わたしの不安と違和感は、決定的なものになる。星野道夫がいわんとすることはわかる。とても深淵で魅力的に響く。けれど、ほんとうにそういいきってしまっていいのだろうか。
大英博物館が、まるで盗賊のように、世界の珍しいものを博物学的に集めた、あのやり方は確かにひどい。〔…〕つまり「目に見えないものの価値」への敬意がないのだ。〔…〕

しかし、だからといって「朽ち果てるまま」にすることが、ほんとうにいちばんいいことだろうか。それが真実、本来の所有者たちの心と魂に敬意を払うことになるのだろうか。(寮 二〇〇三、一二八―一二九頁)

そう述べた上で、寮は、一例として、明治末期に来日した英国人医師マンローが集めたアイヌ民具のコレクションをあげる。現在、国立スコットランド博物館に所蔵されているこのコレクションは、医師として無償でアイヌの人々を診療し、アイヌの人々からも深く信頼されていたマンローのアイヌ文化に対する敬意と理解の賜物だった。そのコレクションをベースにして二〇〇二年に「海を渡ったアイヌの工芸」という展覧会が開催された際、アイヌの伝統工芸を現在に復活させようとする人々によって、博物館に所蔵された工芸品をもとにレプリカが制作された。「徹底的に破壊されたアイヌの伝統は、マンロー・コレクションの存在によって時を超え新たな形で甦った」(同書、一二九頁)。

寮はマンローのコレクションを例にして「「物」さえあれば、再生の可能性が残される。そこから、失われた精神を取り戻すことも、むずかしくはあるが不可能ではない」とし、「そのようすがとなる物を単に「目に見えるものでしかないから」と、その世代で失ってしまってほんとうにいいのだろうか」(同頁)と疑念を投げかける。そうして、星野がハイダ族について発した「目に見えるものに価値を置く社会と、見えないものに価値を置くことができる社会の違いをぼくは思った。そしてたまらなく後者の思想に魅かれるのだった」(星野 一九九六、三九頁)という言葉に、異議を唱えるのである。

「文化遺産」という西欧的概念

寮の批判は、星野が依拠していたものとはやや異なる基準からの判断であるという意味において、やや的外れなものかも知れない。寮によれば、ハイダ族のトーテムポールは「現在そこに生きる人々だけのものではなく、未来の子孫のものでもあるのに。いや、人類すべての遺産でもあるはず」なのに、その「本来の所有者だからといって、文化遺産を朽ち果てるに任せることは、〔…〕所有者の、それも「いま現在の所有者」の心を満たすためのエゴ」（寮 二〇〇三、一二九頁）ということになる。

だが、そもそもハイダ族のトーテムポールを人類の「文化遺産」と見なすような視点自体が、ハイダ族の視点から見れば、西洋の「誰か」によって決められた見知らぬ価値観であり、ハイダ族がその価値観を共有しなくてはならない理由はどこにも存在しない。同様の意味で、ハイダ族の「今」の選択を人類全体の利益から考えて「エゴ」と見なすような感覚は、ハイダ族にはまったくあずかり知らぬ観念ということになるだろう。

寮は、星野がハイダ族のトーテムポールを「目に見えるものでしかない」から朽ち果ててもよいと考えていたと解釈しているようだが、この見方も星野が本来意図したこととは方向がずれている。星野はアラスカでの経験や先住民たちとの交流の中から、「物」自体が何かを記憶しているのではなく、その「物」を見るための物語や視点が失われた時に「物」の意味や生命も同時に失われるという厳しい現実を目の当たりにしてきた。だからこそ、ハイダ族の潔いとも言える選択と自己決定に深い共感と尊敬の念を覚えたのである。

西洋による先住民遺産の「奪取」の問題は、相手の文化に対する敬意の有無ではなく、自分たちの所有物ではない「物」を本来のコンテクストから切り離してしまうことの暴力性にある。ハイダ族の視点から見れば、トーテムポールを朽ち果てさせることも含めたプロセス全体が彼らの「文化」なのであり、そうしたプロセスすべてに意味があることを、星野はハイダ族の住居跡を目にした時、ほとんど直感的に理解したに違いない。「たとえ形は同じでも、トーテムポールは何も語りかけてはこない。それを刻んだ人々の心の中で、ものがたりが消えてしまっているからだ」（星野 一九九五b、一三三頁）。

現在のインディアンの村で作られた新しいトーテムポールを見て、星野はあまりに生活が変わってしまった人々にとってトーテムポールが何の意味も宿していないことを感じ取った。「クジラもクマもワシも、ずっと遠くへ行ってしまったのだ」（同頁）。星野のこの実感をどう解釈するかについては個々に意見が分かれるところだが、星野自身は、こうした喪失感を積み重ねる中で、失われつつある先住民の物語を少しでも記憶に残そうと僻地の村を訪ね歩き、古老たちの話に積極的に耳を傾けていったのである。

3 「不在」の描き方

こうして星野が構築した「アラスカ観」において、ある意味で画期的な発見とも言えるのが、アラスカの「広さ」に加えて、その「広さ」に付随して生じる途方もない「脆さ」だった。星野がアラスカの「広さ」と「脆さ」の関係に気付いたのは、やはり現地の狩猟民の生活に間近に接触したためである。

星野は、ある時、先住民が伝統的に行っているクジラ漁に特別に参加することを許される。春の凍ったベーリング海で行われる伝統的漁法によるクジラ漁では、リードと呼ばれる氷の亀裂の大きさがすべてである。「リードが大き過ぎても小さ過ぎても成り立たない。それどころか、氷は常に動き続け、目の前でリードそのものが消えてしまうことがある」。つまりクジラ漁とは、リードの大きさも含め、風や波、気温、また捕獲する人間の技能やタイミング等、「さまざまな自然条件」が重なって初めて可能になる（星野 一九九五b、一九八―一九九頁）。こうした狩りの不安定さや難しさを、星野は「狩猟生活が引き受けなければならない偶然性」（同書、一九九頁）と表現している。この偶然性は、狩りに依存する者にとっては、その「生存の不確実性」（星野 一九九五a、三〇八頁）とも直結するものだろう。

カリブーの移動ルートといっても、はっきりとした道があるわけではなく、ルートそのものが毎年少しずつ違う。ある年はまったく異なるルートをとるのかもしれない。広大な原野のどこを通っていっても不思議ではないのである。〔…〕

「最後に残ったヤマアラシも食べてしまった……あと四、五日で死ぬ……そんなある日、カリブーの群れがやってきた……」

ハメルは満面に笑みをたたえてそう言った。まるで今カリブーがやってきたかのようにうれしそうだった。（同書、三〇八―三〇九頁）

このハメルというグッチン・インディアンの老人と同じように、星野も広い原野でカメラを構え、来ないかも知れないカリブーの群れをひたすら待ち続けた。「気の遠くなるような原野の広がりの中、生命が動いている気配は何もなかった。〔…〕これから一ヵ月待っても、一頭のカリブーにさえ出合えないかもしれない。そして、明日、数万頭のカリブーが通り過ぎてゆくかもしれないのだ」（星野　一九九三、二一一頁）。こうしたアラスカの「気の遠くなるような大地の広がり」（星野　一九九九a、一九一頁）の中で、星野は、そこに生きる人間も含めたあらゆる生命の、広さと隣り合わせの「脆さ」に気付いていく。

広さと脆さへの無自覚

「脆さ」の表現として、読書好きの星野があげているのが、例えばジャック・ロンドンの「火のおこし方」という短編小説の一場面である。

原野に暮らす主人公が、一日行程のところでキャンプをしている友人のもとへ出かけるだけの話である。〔…〕突然川の氷が割れ、彼はひざまでぬらしてしまう。火を起こさなければと思う。〔…〕だんだん手の自由も失われてくる。歯でマッチをくわえて火をつけようとするが、煙が鼻に入ってせきこみ、火は消えてしまう。死にもの狂いになった彼はマッチの束を手のひらにはさんですろうとするが、一度に燃えあがり手をやけどする。〔…〕狂乱状態になって夢中で走りだすが、何回もつまずきながらとうとう倒れてしまう。〔…〕そして、やがて死が訪れるというだけの短編である。（星野　一九九三、三八―三九頁）

このある意味で恐ろしい物語のあらすじを、星野は小気味よい筆致で淡々とまとめあげていく。「小さなつまずきから、寒さにどんどん追い込まれてゆくという現実は、〔…〕アラスカの生活の中で変わってはいない」（同書、三九頁）。そうしたアラスカの自然の厳しい「現実」を、星野自身もグレイシャーベイをカヤックで渡る旅の中で実際に経験していた。

ぼくは陸に上がるとき、この地域の激しい潮の干満に備えて、カヤックのロープを必ず木か石に結びつけるのが身についた習慣になっている。しかし、なぜかこの日だけは違った。〔…〕虫の知らせというべきか、急にカヤックのことが気になりはじめた。〔…〕浜辺に着いてがくぜんとした。不安は的中し、カヤックは今や岸から手の届かないところにぽっかりと浮いている。〔…〕ためらっている暇などない。そのまま水に飛びこんだ。一瞬、息が止まらんばかりの異常な冷たさだった。ロープの先をつかむや、岸に泳ぎ着いた。〔…〕この旅を始める前、土地の人から言われた。

「この海に落ちたら十五分でおしまいだ」

それを身をもって体験してしまった。（星野 一九九五a、一五一―一五四頁）

アラスカの厳しい自然の広がりの中では、人間の命だけでなく、数万頭とも言われる巨大なカリブーの群でさえ、その思いもかけない脆さを表出させる。

カリブーの主要食物である地衣類は、公害基準のバロメーターになるほど大気汚染に弱い。その成長速度はきわめて遅く、一度破壊されると、わずか数センチの大きさに再生するのに五十～百年かかるといわれている。これは、生存のためにカリブーが広大な土地を必要とする、一つの大きな理由だろう。（星野 一九九九a、一九三頁）

このような「微妙なバランスで保たれた本当に脆い自然」（同頁）が少しでも傷つけられ、失われると、再生には気が遠くなる程の時間がかかるし、生存に必要とされる面積が余りに広大であるがゆえに、太古からの食物連鎖のつながりなど、たちどころに途絶えてしまう恐れがある。

ところが、アラスカの「広さ」とそれに伴う「脆さ」は、とりわけアラスカの外で生活する多くの人々には、それほど明確な実感として伝わっていない。この点に関して、動物写真家のパトリシア・コーフィールドは、かつて自分が野生動物写真を撮り始めた時、すべての写真は「ありのままに」撮られたものだと信じていた当時の自分の「無知」を、ユーモアを交えて綴っている。

ほとんどの野生動物は、大小かかわらず人間を恐れる（また、それについて文句を言えるわけでもない）。追い詰められていたり、飢えていたりしない限り、大きな肉食獣でさえ逃げようとした。〔…〕ゆえに、何らかの人の手を借りなければ、私が撮れる映像は私の立っている場所から離れて、木の向こう側へ逃げていく彼らの背中ばかり、ということになる。（Caulfield 1967, p. 61）

動物の後ろ姿が撮れればまだよい方で、大抵の場合、いかに野生動物の撮影に適した場所だとされていても（コーフィールドは、野生動物が多数生息する、ダム建設で水没の危機に瀕した湖に浮かぶ小島という「最良」の撮影環境を得ていた）、実際には動物の姿を目の端で捉えることさえ難しく、まして「ＭＧＭのシンボルであるライオンのように、虎が目の前で、ポーズをとって獰猛な唸り声をあげる」ところを撮ることなどありえない（ibid., p. 60）、とコーフィールドは皮肉たっぷりに述べている。

コーフィールドほど極端な理想を思い描いた動物写真家は、この記述がなされた一九六〇年代においても珍しかったかも知れない。しかし、野生動物写真を撮影した経験のない多くの一般人は、いまだに野生の環境での動物との「遭遇」について、コーフィールドが抱いていた「誤解」とかなり近いイメージを持っているのではないだろうか。

描き切れない生命の「不在」

アラスカの広さと、それに伴う途方もない不確実性について、アラスカの「外」の人間は意外なほど自覚が薄いということは、星野自身、アラスカでの生活に実際に飛び込んでみて初めて理解した現実でもあった。「いちばん初めは、アラスカ全体をまとめようなんて思ったこともあったんですが、アラスカにいればいるほど、アラスカの大きさが分かってきて、もっとテーマを絞らなきゃできないと考えたんです」（星野ほか　一九九八、一二五頁）。アラスカに移り住んで二年目にカリブーの季節移動を初めて見た時には、「この土地の広さを、私はその時初めて実感した」（星野　一九九九a、六六頁）と述べている。

こうした記述にもあるように、「アラスカの本当の大きさ」（同書、二六六頁）は、そこに実際に生活したことのある者にしか分からない部分が多分にあるということが、星野のエッセイで随所に示されている。そうした「広さ」への実感は、次のようなエピソードでも表現される。


ニックが山の斜面に何かを見つけたようだった。双眼鏡を忘れてきてしまったので、私たちはそのたびにライフルのスコープ（照準器）をのぞいていた。

「ブラックベアだな。ツンドラの実を食べている」

紅葉の中にポツンと黒い点が見え、たしかに少しずつ動いている。〔…〕風景の中に溶け込んでしまいそうな小さなクマの姿を、私たちは飽きることなく眺めていた。一見荒涼とした世界に、生命はどこかで確実に息づいている。一頭のクマを見たことで、あたりの空間は突然ひとつの意味を帯びてくる。それが極北の自然だった。（星野 一九九三、二一三—二一四頁）

荒涼とした原野の中を、ただの黒い点となって移動するクマの異様な存在感は、言い換えれば、それだけアラスカの荒野が生き物の「不在」によって占められていることを意味する。「クマはアラスカで広範囲に生息している。しかし、その姿をどこでも見られるわけではない」（星野 一九九九a、一九五頁）。アラスカに野生動物が比較的多く生息するという事実は、その動物を目にする機会が多いということを直ちに意味するものではない。「カリブーの季節移動に出会うことは〔…〕最終的には賭けになる。〔…〕私はベースキャンプをつくり、この広大なアラスカ北極圏の中で、点で待つしかない」（同書、一九一頁）。

アラスカの広さに対するこのどうしようもない無力感は、だからこそ、そこで奇跡的に出会えた生命への限りない愛おしさと比例する。「原野にクマがポツンといるのを見た時、やっぱり感動してしまう。〔…〕自然を見ていて気持ちがほっとしたりするのは、クマそのものを見てではなく、小鳥そのものの動きを見てではなく、そこにクマや小鳥が生きていることの不思議さ、つまり〔…〕自分が生きていることの不思議さにつながっているような気がするんですよね」（池澤 二〇〇〇、一二四頁）。こうした実感を伴って眺められるアラスカの広がりは、しかしアラスカの地元住民によってもなかなか実感されることはない、という考えてみれば当たり前の、しかしやはり驚きを禁じ得ない事実が、もう一方で明らかにされる。「アラスカに生きる人々でさえ、この谷を見ることはないだろう。巨大なカリブーの群れがさまよい、オオカミが徘徊する土地を見ることなく、一生を終えてゆくのだろう」（星野 一九九九ａ、二三一頁）。

こうしたアラスカのような土地における生き物の途方もない「不在」は、特に都市の生活ではかなりの確率で忘却されがちな事実である。その最大の要因が、星野が生業とする動物写真そのものにあるという事実は、皮肉な巡り合わせかも知れない。「野生動物写真（wildlife photography）」がふりまく「弊害」について、ビル・マキベンは次のように述べている。

長い期間、自然番組や自然雑誌の写真に触れているうちに、私たちは何か輝かしいものを期待する状態で森に辿りつき、駐車場で、互いに交尾したり殺し合ったりと魅力的な光景を展開する動物の唸り声がないと驚くようになる。〔…〕そして、おそらくさらに悪いことに、動物を写したイメージが絶え間なく流通することで、この世界で何か間違ったことが実際に起きている、という感覚が弱められてしまう。あなたがアメリカシロヅルを写した何千枚もの写真を目にしていたとしたら――それは実際に野生地帯に生息するアメリカシロヅルの一〇倍もの数だ――、アメリカシロヅルが減少しているという事実など伝わるだろうか。(McKibben 1997, p. 53)

貴重な野生動物の姿を写真として「保存」する行為が世界中の動物写真家によって繰り返されることで、人間のイメージや想像力の世界は、むしろ動物の姿で飽和していく。マキベンが指摘するように、多くの野生動物が絶滅しようとしているという「現実」は、写真の脇に小さく添えられた解説で説明されていたとしても、写真自体が発する「メッセージ」と矛盾するものとなり、動物の数の減少や「不在」は、写真の鑑賞者の想像力の中でますます忘却されていく。

「バブーンがもういなくなっている空っぽの木の写真を見せる者はいない」(ibid.)。マキベンのこの言葉が言い当てているように、写真というものは本来、何かの「不在」を表現するのには不向きなメディアである。ごく少数生息するバブーンが写真に収められ、キャプションなどで現在彼らがどれほどひどい窮状に陥っているかを説明したとしても、バブーンが「いる」という写真のメッセージの本質は打ち消しがたい(ibid.)。

そして、動物写真が宿命的に引き起こしてしまう知覚の歪み、すなわち原野の途方もない広さがもたらす「不在」を忘却させるという作用を少しでも是正する意味で星野が取り入れたのが、被写体である動物の姿を見失いそうなほど広く取られた、あの写真の「余白」だったのではないだろうか。

「クマかもしれない」

パイロットがつぶやくと、上空からまっすぐ近づいていった。
一頭のハイイログマが、生命のかけらさえも見えない白い世界で、何かを考えているかのように、ポツンと座っている。獲物を狙っているのでも、歩いているのでもない。ただそこに、ポツンと腰をおろしている。〔…〕アラスカの広さを知るのは、この時である。（星野　一九九九ａ、二六七―二六八頁）

「写真では表現できないことをたくさん」（星野　一九八六、一七三頁）伝えるために星野が始めた文章もその表現だったのかも知れない。星野は動物が目の前に「存在しない」ことの意味について触れている。

グレイシャーベアはついに姿を現しはしなかった。それでよかった。グレイシャーベアがこの世界のどこかにいること、その気配をぼくは感じていたからだ。見ることと、理解することは違う。たとえぼくが餌付けをしてグレー《〔ママ〕》シャーベアをおびき寄せても、それは本当に見たことにはならない。しかし、たとえ目には見えなくても、木や、岩や、風の中に、グレイシャーベアを感じ、それを理解することができる。あらゆるものが私たちの前に引きずり出され、あらゆる神秘が壊され続けた今、見えなかったことはまた深い意味を持っているのだ。（星野　一九九六、四三頁）

星野がアラスカを表現する上で、池澤夏樹の言うように最初から「文章が用いられるのは当然」

（池澤　二〇〇〇、五八頁）と考えていたかどうかは定かではない。だが、少なくとも文章を用いることで、星野は自分なりの「アラスカ」を表現するためのもう一つの手段を得た。その星野が描くアラスカの姿は、読み手である我々が知らぬ間に学習してしまっていた「アラスカとはこういうもの」という根拠のないイメージや思い込みの類を、ひたひたと、まるで水のように浸食していくのである。

4　都市的思考の罠

星野が文章や、あるいは写真の中の極端な「余白」によって表現しようとしたと思われるアラスカの圧倒的な「広さ」の中で、存在することがほとんど奇跡のように思える動物の命は、しかしアラスカという土地では、あたかも「生え変わる爪」（星野　一九九三、二〇四頁）のように、大地の上で日常的に失われ、また再生していく命でもある。

いつかニックと話した「大げさではない死」のことを考えていた。オオカミに追われ、危うく逃げ失せたカリブーが、その五分後には何もなかったようにツンドラの草を食べている。死はあれほど近かったのに、カリブーはもうすっかり忘れているのだろうか。動物たちにとって、死とはそれほど小さなことなのだろうか。そのことを、クリアランスは知っているような気がしてならなかった。（同書、二二四―二二五頁）

「最後の猟師」と呼ばれるクリアランス・ウッドがカリブーを手際よく捌《さば》く姿を見ながら、星野は、自分も含めた人間にとっての「死」が意味するものと、原野を生きる動物にとっての「死」との間に大きな隔たりがあることに戸惑い、同時に強く惹きつけられていく。「個の死が、淡々として、大げさではないということ。それは生命の軽さとは違うのだろう。きっと、それこそが大地に根ざした存在の証なのかもしれない」（同書、二〇五頁）。

本でもテレビでもないアラスカ

こうしたアラスカという土地で自分がそれまで持っていた価値観と違うものに触れた時の驚きや不思議さを、星野は文章の中で繰り返し表現している。そもそも、星野がアラスカを含む北の世界に興味を抱くようになったきっかけは、自分の知らない世界で大きな動物が当たり前のように生きているという事実に、えも言われぬ「不思議さ」を感じたからだった。

星野　〔…〕ある時不思議に思ったのは、北海道のクマのことだったんです。自分はこうして東京で暮らし、毎日電車に乗って学校に通っている、それと同じ時に北海道にクマが生きている、ということがすごく不思議に思えた。〔…〕ぼくらが行かなければずっとクマは誰にも見られずにそこで食べているわけですよ。でもぼくらが出会えない、見えないところで、動物はいつも日々暮らしているわけで、すごく子供じみているかもしれないですが、それを動物に気づかれずに見てみたいと思った。（池澤 二〇〇〇、九三―九四頁）

星野が感じた「不思議さ」は、自分も含めた「誰の為でもなく、それ自身の存在のために自然が息づいている」(星野 一九九九a、二六八頁)ということへの驚きと感動にあった。

しかし、星野がしばしば言及する「不思議さ」は、一方で、現実の自然から切り離された人間が持ちがちな、「都市の感性」とでも呼びうるものと密接な関わりを持っている。アラスカという土地は、ロシアから北米の領土の一部として譲渡されて以後、その場所が「何のために」あるのかという存在理由を常に問われ続けた土地でもあった。その存在理由とは、ある時は未踏の地での「冒険」であり、またある時は黄金や石油、あるいは荒々しい自然の「美しさ」であるように、時代によって変化していったが、今日に至るまで、その存在に何らかの「理由」が求められ続けていることに変わりはない。

アラスカに限らず、どこの場所でも、自然やそこで営まれる人々の生活というものは、あらゆる理由付けを超えたところに存在するはずである。にもかかわらず、特に一九世紀末の北米で近代的「自然保護」の意識が形成されると、自然は「保護される」ための何らかの理由や付加価値を持つことを求められるようになった。そうして、白人の中産階級層を中心に「見て楽しむための自然」の価値が強調された結果、アラスカの原野やそこに生息する動植物は「誰かのため」に未踏の原野の「スペクタクル」を提供する場として想定されるようになったのである。

そうした「見られるための自然」という価値の見出し方は、見方を変えれば、誰も見ることがなければ存在価値はない、という別の解釈にもつながる。その価値観のもとに行われたのが、星野がエッセイの中でも取り上げた、毎夏アラスカのカミシャック湾に流れ込むマクニール川で鮭を獲るクマを観察しに集まる人々がもたらす「経済効果」についての調査である。「世界でも例のないこの川の存在価値が、どうして経済的利潤で計ることができるのだろうか」。そう主張する星野は、川を訪れた人々が「本でも、テレビでもない世界」（同書、一九八頁）を実際に体験することの貴重さと、鮭を獲るクマを「観光資源」としてしか見ることのできない価値観の貧しさを訴える。

このように、星野は、写真や文章を通じてアラスカでの体験を伝えながら、そうした媒介物を通じて伝達された知識が常に不完全であるという事実を誰よりも強く意識していた人物でもあった。「ぼくはドウの話に耳を傾けていた。〔…〕そのひとつひとつの不思議な体験をぼくはどうしても文字にすることが出来ない。なぜならそれはドウが語ることによってのみ力をもつ物語だからである」（星野一九九六、七八頁）。このような意識は、本からの知識ではなく、実際に体験しなければ分からないことの連続だったアラスカでの日々の積み重ねによって強固に裏付けられたものでもあった。「百パーセント安全な旅などありはしない。アラスカではどんなことでも、自分自身で経験し、学びとっていかなければならない。結果がどうであれ、それだけがこの土地を理解するための方法だ」（星野一九九五a、一八〇頁）。

こうした強い確信とともに、星野は「自分がこれまで生きてきた世界の価値観、それを崩してくれる何か」（同書、六頁）を見つけたい、「かつて人々はどんな目で世界を見ていたのかを知りたかった」（星野一九九六、二一頁）という欲求のもと、時に過酷な環境に身を置き、アラスカでの経験を鍛え続けていった。それは、都市の感性の中で生まれ育った星野が、荒涼としたアラスカでの人々の生活に感じずにはいられなかった「不思議さ」を、アラスカの人々の眼差しを体感的に理解する努力を積み重ねることで克服しようとする過程だったとも言える。

「ふつう」の感覚への敬意

だが、アラスカの生活に否応なく感じてしまう「不思議さ」を克服したいという欲求は、そうした努力をいかに積み重ねたとしても、決して乗り越えられない壁が常に存在し続けるという、もう一つの自覚の裏返しでもあった。

そのことを裏付けるように、星野の文章には、未知の相手を理解しようとする際に感じるどうしようもない「分からなさ」が様々な形で描き込まれている。

星野　〔…〕ふと考えてみると、今一千年前と何も変わらない世界をカリブーが長い旅をしているわけです。〔…〕なんとかそれをインディアンの人たちやエスキモーの人たちの目で見ることができたらなあという憧れがある。ぼくがカリブーに惹かれ、写真を撮りつづけていることを話すと、彼らはずっと聞いていてはくれるものの、ものすごく大きな壁を感じるんです。彼らにとってのカリブーとぼくのカリブーはぜんぜん違うんですね。それはほんとうにどうしていいかわからなくなるぐらいの違いなんです。（池澤 二〇〇〇、一〇〇―一〇一頁）

この「どうしていいかわからなくなるぐらいの違い」について、星野はまた別の機会に次のように表現している。

星野　たとえばムースの狩猟であれカリブーの狩猟であれ、目の前で、最初から見ていくんですよ。今までそこに生きていたものを撃って、それが死んでいくまでをね。〔…〕舌を切って、心

臓を切って、解体を始める前にちょっとお尻の部分を食べたりする。〔…〕
　そういう感覚は、アラスカの人にはふつうの感覚なんですが、たとえばクジラ猟の問題にしても外部にはなかなか分かってもらえないんじゃないでしょうか。〔…〕相手は巨大だし、なかなか獲れないものだし、それを獲ったときに彼らのあいだに流れる神聖な感情は、グリーンピースであれ何であれほとんど想像できないのではないかと思います。（星野ほか 一九九八、七七頁。強調は引用者）

アラスカの人々にとっての「ふつう」の感覚を彼らと同じ形では「共有」できないことを星野は強く意識し続けていた。星野は、原野の中でまるでエスキモーのような生活を送る白人たちについて「ものすごく自然にそうなっているという感じなんです。だから自分たちのその暮らしを他人に話そうとか、広めようとかいう意識はまるでなくて、最後の最後まで表舞台には絶対出てこない人たちなんです」（同書、一四二頁）と熱を込めて解説する。アラスカではある意味で「特異」な存在である自らを恥じるかのように、友人たちの「当たり前」という感覚に特別な敬意を寄せるのである。

　こうした「不思議さ」に加え、もう一つの都市の感性としてあげられるのが、アラスカのような未知の領域を「理解」したいという強い衝動である。例えば、今日的な「見て楽しむための自然」という観念を拡散する上で大きな原動力となった『ナショナル・ジオグラフィック』誌は、そうした「理解すること（understanding）」への衝動を多分に表出するメディアでもあった。「『ナショナル・ジオグラフィック』誌に掲載された米国に関する、あるいは合衆国の主要都市に関する重要な連載記事は、米国市民、または海外の会員が我々の国家について理解する上で、注目すべき貢献を果たしている」

(Grosvenor 1936, p. 130. 強調は引用者)。こうした衝動が、例えば写真集『アラスカ』が描いた無人のフロンティアの神話を突き崩そうとするかのような「本物のアラスカ (the *real* Alaska)」を表現する試み、そしてそれを見たいという読者の欲望と結びついているのではないだろうか。

『ナショナル・ジオグラフィック』誌が創刊された一九世紀末において、ジョン・ミューアやサミュエル・H・ヤングといったナチュラリスト、あるいは多くの科学者が、この未知の領域に関する正確かつ科学的な知識を蓄積することを目指して、北米の新しい領土であるアラスカに旅立った。この時から、アラスカという土地はエキスパートとして位置づけられる知識人のための場所となり、未踏の新領地は、理解の名のもとに都市の人々に「知識」として共有されることで、いわば知的に支配されていく (Kollin 2001, pp. 23-57)。

アラスカという土地を知的に支配したいという欲求は、極北の自然と折り合うためには、体力に加え、相応の知識や経験が求められることから、時代を経るにつれ、極北の自然を熟知した「エキスパート」と、都市住人を中心とする自然について無知な「素人」との極端な二極化を進めることにもなった。

敗北する都市

そうして「分かっている」我々と「分かっていない」彼らとの区別が明確にされる中で、次第に、都市からの訪問者による自然の中での死というものが、いわば都市の恥ずべき敗北として、まさに不様な現象として描かれるようになる。その描写の代表格とも言えるのが、ジャック・ロンドンの『野性の呼び声』に描かれた、ハル、チャールズ、マーセデスという三人の男女による犬橇《いぬぞり》での旅の顛末だろう。

氷が溶けて割れやすくなっているので、これ以上旅を続けるのはやめたほうがいい、というジョン・ソーントンの忠告に対して、ハルは、ホワイト・リバーまで自分たちはたどりつけまいと言われたが、「見ろ、このとおり、ちゃんとたどりついたぜ」（ロンドン 二〇〇七、一三一頁）と勝ち誇った口調で返す。しかし、橇がさらに四分の一マイルほど進んだ時、悲劇が起こる。


ふいに、橇の後部がまるでわだちにでもはまったようにがくりと落ちこみ、〔…〕マーセデスの悲鳴がここまで響いてきた。チャールズがこちらへ駆けもどろうとするように、向きなおって、一歩、踏みだすのが見えたが、そのせつな、そのあたりの氷が橇ごとそっくり陥没して、犬たちも人間も、ともに見えなくなった。（同書、一三六頁）

この突然の最期に至るまでの三人は、朝の荷造りに膨大な時間を費やし、荷物の積み方も、橇に積める荷物の量も、それを引くのに必要な犬の数も、旅の道中での餌の配分も、何も分かっていなかった。男たちはきつい仕事をなすりつけ合っては揉め、唯一の女性であるマーセデスは犬や人に形ばかりの優しさを示しては金切り声をあげて泣き叫び、重すぎる橇から降りようとしないで、男たちに女性として丁重に扱われない不満を訴えてばかりいた。

この場面は、ロンドンの反資本主義的なメッセージを伝えるものであると同時に、無知ゆえに自然に敗北した都市の「負け犬」たちの悲惨な末路を象徴する場面ともなっている。ほとんど戯画化された三人の描写はロンドン独特の皮肉とユーモアの賜物だが、こうした場面が『野性の呼び声』の中で延々と描かれているところを見ても、都市の「素人」たちの目に余る行動は、ツーリズムの振興にともなって北への旅人が急増する中で、当時も一般的に見られる現象になっていたのだろう。

都市の想像力の中で次第に定着していった原野の中での人の「死」に対するネガティヴなイメージは、一九九六年に星野がテントで就寝中ヒグマに襲われて死亡するという事件に対して広まった否定的な見方とも決して無関係ではない。とりわけ争点となったのは、星野が危険と言われるフィールドでの取材で、しばしば護身用の銃を持たずに行動していた点である。

先に引用した寮美千子は「クマの中には人を襲うものもいることを自覚し、そういうクマが襲ってくる場合のことを想定し武器（銃など）を携帯すべきであった」、「銃などで反撃していれば、生還しえたであろう」という動物学者の門崎允昭の言葉（門崎・犬飼 二〇〇〇）を引用して、「星野道夫の死は、熊と人、ぎりぎりのところで命をやりとりしたのではなく、失わなくてもよかったはずの場面で大切な命を失ってしまったということになってしまう。もしもそうだとすれば、それはあまりにも残念で、悔しく悲しい事実だ」（寮 二〇〇三、一三二―一三三頁）と嘆いている。星野の友人ニック・ジャンも、銃を持ちたがらない星野を見て「友人たちは、それがどれほど危険なことか分かっていないと思い、時に悲しげに頭を振った」と回想し、「世界の善というものを心から信じていて、自分が傷つけようとしなければ、相手も同じように返してくれる」という星野の思いが彼を死に追いやった、と悔やんでいる（Jans 1998, p. 18）。

さらに、死の直前に星野を取材していたドキュメンタリー映画作家の龍村仁は、星野の死について次のように述べている。

龍村　〔…〕たとえばあの日同行していたアメリカ人の若い写真家が「到着した日からクマがテントに近づいてきて、星野と自分と案内人のイゴールとでいろいろなものを投げつけたが、そのクマはなかなか逃げなかった」ということを言っています。またロシアのテレビ局のお偉方が突然ヘリコプターでそこに降り立ってクマの撮影をして帰ったのですが、彼らはクマに関する知識がなくて食べ物を平気で外に置いておいたためにクマにヘリコプターを襲われるという事件もあった。それで若い写真家は怖がって、星野の隣に張っていたテントを翌日には小屋の上に移動してしまう。星野はその下で寝ていたんですね。〔…〕

そうするとこの死は星野道夫の判断ミスであり、誤りであったとみることもできるわけですね。（池澤 二〇〇〇、二九四―二九五頁）

このように考えた場合、星野の死は、クマの凶暴さへの判断ミスと銃を含めた武器を持たなかったことが原因であり、池澤夏樹の「星野が死んだことの意味と星野が生きていたことの意味は、やはり神話のレベルでとらえなおさなければならない」（同書、二九四頁）という主張は、龍村の言うように「心の慰めになる代わりに夢の世界というか抽象的な感じがして、このパラドックスを受け止めがたい」（同書、二九五頁）ものとなるだろう。

だが、星野自身は、まるで自分の判断の是非を人前で吟味するかのように、銃を持たないことについての自身の見解を生前繰り返し文章で述べていた。

いつか、ライフルを持って長期の撮影にはいったことがある。じつに安心だった。けれども、どこかで自分の行動がとても大胆になっていたような気がする。最終的には銃で自分を守れるという気持ちが、自然の生活の中でいろいろなことを忘れさせていた。不安、恐れ、謙虚さ、そして自然に対する畏怖のようなものだ。ぼくは、今日でも人間が本質的にもっている、野生動物に対する狩猟本能というものを肯定しているのだけれども、自分の目的と銃の問題は、なかなか噛みあわないような気がしている。(星野 一九九五a、二一八頁)

繰り返しになるが、星野の死の原因やその意味をめぐっては専門家の間でも意見が分かれ、今後も完全な決着を見ることはないだろう。現段階で指摘し得るのは、星野はアラスカのクマについての経験を豊富に持つ写真家であり、カムチャッカ半島クリル湖畔周辺のヒグマの生態や個別の状態については当時正確な情報を得る機会が限られていた可能性を考慮すべきだという点である。無論、龍村の指摘のように、現地でクマの危険を事前に予測するための材料は十分にあった可能性があるが、それは星野の経験の範囲では、危険だが今すぐ死に直結するものには見えなかったのかも知れない。事実、星野がロシアのカムチャツカを訪れたのはこの時が初めてであり、自然という不確かなものに対する判断には各自の経験の差が大きく影響してしまう。

分からないアラスカへの興味

さらに、いかに多くの経験を積もうとも、経験の積み重ねを超えた「何か」が自然の中では常に起こり得るというのも、また真実である。特にクリル湖畔周辺は、多くの観光客が訪れるアメリカの国立公園と同様に「人間とクマとのナチュラル・ディスタンス」(星野 一九九五a、二一七頁) が予想外に狂っている危険な状態にあったことが、星野の死後に指摘されている。アメリカの国立公園について、生前の星野は「規則さえないならば、〔…〕銃を持ってはいりたい」（同書、二一八頁）と本音を漏らしているが、クリル湖畔周辺が同様の異常な状態にあることが事前にはっきり分かっていたなら、星野の行動もまた違ったものになっていたかも知れない。

銃を持たないという自らの選択について、星野は別の機会に次のように述べている。

ぼくは後にグリズリーのライフサイクルを追う中で、多くのクマとのかかわりをもった。それにしても彼らはなんと的確にその場の感情を人に対して表現していたことだろう。その瞬間、もし落ちついてクマが考えていることを読めたとすれば、きっとたくさんの無意味な引き金を引かずにすむことになるのではないだろうか。ほんとうに危険な状況と、そうでない状況を判断するということはむずかしいことだが、とても大切なことだ。（同書、一二四―一二五頁）

星野は銃を持たないリスクよりも、銃を持つことでクマの本当の姿、あるいは恐ろしさをまったく考えなくなることの方を恐れたと言える。特に星野は一般論に頼らず、実際にどうなのかを常に自分の目で見て判断することにこだわった人物であり、それこそがアラスカまでわざわざやってきた最大の理由でもあった。

「銃を持つべきだ」という現地の「常識」に従わなかったのは、星野の明らかな失策だったかも知れない。しかし、星野が「常識」とされるものにあえて頼らず、自らの体験を通じて判断することに重きを置き、そうした志自体が星野をアラスカにまで渡らせた理由である以上、その結果としての死は、ある意味で仕方のないものだったと言える。「一般論ではなく自分の判断に頼る」という姿勢を育てたのはアラスカでの経験だったのだから。ニック・ジャンの言うように、おそらく星野の友人の誰もが「銃がないと危ない」と口を揃えて言い続け、銃を持たないリスクを十分に知りつつ、その忠告にあえて背き続けた星野が、二〇年近くもの間、アラスカの原野の中で無事に生き延びてきたのも事実なのである。

「銃を持たない場合、万が一という問題がある。けれども、その万が一をいつも考えながら行動することはできない」。こうした覚悟のもとに、星野は「自分で大丈夫と思ったならば、その中で最善をつくして行動するしかない」(同書、二一八頁)と述べる。このような考えを前にして、銃を持つか持たないか、どちらが正しいか、と言ってみたところで、結局のところ、すべて結果論でしかない。その意味で、星野の最後の行動が「間違い」だったと結論づけてしまうには、十分に検証されていない問題がまだいくつも残されている気がしてならない。

以上の考察を経た後で、星野のアラスカ行きと深い関わりを持つ『ナショナル・ジオグラフィック』という出版物の存在意義を再考するならば、この雑誌は、いわば一般の読者に分かりやすい記事内容を通じて、未知の領域について「分かった」という快楽を与えることで、自然との近しい関係を失った都市住民が潜在的に抱くようになった自然への無知という都市の「恥」を覆い隠すように機能してきたメディアだと言える。もともとはそうした『ナショナル・ジオグラフィック』的な自然観、アラスカ観から出発した星野は、しかしアラスカで実際に生活する中で、「都市の人」である自らの中に無自覚に埋め込まれていた、未知の存在について雑誌や本などの媒介物を通じて「分かった」と言ってしまう感性の存在に、言い知れぬ違和感を持つようになったと考えられる。

その違和感を軸に、自分なりにアラスカを「知る」ための旅にのめり込んでいった星野の「知りたい」という欲求は、しかし相手と自らとを絶対的に分かつ「分からない」という壁によって、しばしば無情にはね返された。

「ケニス、今日ハメルの話を聞いていて、よくわからないことがあったんだ。ずっと昔、人々が飢餓にみまわれたころのシャーマンの話なんだけど……」

ケニスはじっとぼくを見つめながら、「それは説明することができない」と微笑をもって言った。

「ミチオ、おまえはおれたちの言葉を話すことができない。だからしかたがないんだ」

それは優しく拒絶するような言いかただった。(同書、三一八頁)

アラスカの人々の精神世界の中にある、自分には決して触れることのできない「聖域」の存在に、星野は多くの人々と近しく交わる中で、より敏感になっていった。「「ミチオ、アラスカの原野の匂いって、それを体験した者でないとわからないよな……。〔…〕」アルの心の中に、ぼくが知らない、そして踏み込むこともできない聖域があった。ぼくがアルに魅かれ続けたのは、きっとそのためだった」(星野 一九九七a、二〇六頁)。

だが、こうした心の中の「聖域」は、年月を重ねるにつれて、星野自身の中にも少しずつ育っていった。その実感は、ザトウクジラを撮影する旅に東京で暮らす友人が同行した後に語られた、次のようなエピソードに込められている。

突然、一頭のクジラが目の前の海面から飛び上がったのだ。〔…〕目の前で起きた光景に、友人は言葉を失っていた。〔…〕ずっと後になってから、彼女はこんなふうに語っていた。

「東京での仕事は忙しかったけれど、本当に行って良かった。何が良かったかって？　それはね、私が東京であわただしく働いている時、その同じ瞬間、もしかするとアラスカの海でクジラが飛び上がっているかもしれない、それを知ったこと……東京に帰って、あの旅のことをどんなふうに伝えようかと考えたのだけれど、やっぱり無理だった。結局何も話すことができなかった……」（星野　一九九五b、一二九―一三一頁）

最後の台詞は、星野の友人が漏らした感想であると同時に、星野自身の実感でもあったと考えられる。都会からかけ離れた自然の中に身を置き、そこから都会に立ち戻った者にしか分からない、どうしても伝わらない「何か」がある、という思いをいつしか日常的に抱くようになっていた星野は、その感覚に決して苛立つことなく、むしろその新しい状態を受け入れることに喜びすら感じていたのだろう。つまり、アラスカの友人たちとの間に生じる「分からなさ」という壁に繰り返しはね返される中で、かつてアラスカに対して感じていた「不思議さ」から自由になっていったのである。

そうした成長の証が、アラスカを訪れてから一二年目の一九八九年に星野が下した、アラスカに家を買い、定住する、という決意だった。「いつしか、自分にとってアラスカという土地のもつ特殊性が薄れ、この土地に暮らし、関わってゆくのだと決めた事実の方が、より意味をもつようになってきた。〔…〕その土地に根を下ろしてゆこうとするならば、そこがどんな場所であろうと、きっと違う風景が見えてくるに違いない」（星野 一九九三、二五頁）。そう記した星野は、次のような思いも述べている。

星野　〔…〕自分で銃を持つことがないから動物を殺したことがないんです。でもそれはハンティングに関して否定的な見かたをしていたわけではなくて、そうする必要がまったくなかっただけなんですね。〔…〕でも今、少しずつ気持ちが変わってきていて、どうしてなのかはわからないのですが、今ぼくはムースを殺せるような気がするんですね。自分でもちょっと驚いているんです。（池澤 二〇〇〇、一〇四頁）

星野は、この時「この土地に冒険を求めてやって来て、生活を見つけた」（星野 一九九三、二〇七頁）友人ニック・ジャンと同じような視点を獲得しかけていたのだろう。アラスカでの新しい生活の行方を見届ける前に、不意に人生を終えてしまったことは、星野の友人たちと同じく、星野のエッセイの読者である我々にとっても、非常に複雑な思いを抱かせる出来事だと言うほかない。

5　問いかけるアラスカ

このように、アラスカの「分からなさ」を常に意識し続けていた星野は、アラスカのエキスパートではなく、アマチュアであることに終生こだわった人物でもあった。

チンパンジーの森に入ってゆくジェーンは、当時研究者として必要な生物学の学位さえなかった。そのかわり、メンドリのたまごで頭を悩ませていた頃の自然に対する想いをもっていた。〔…〕その後ジェーンはケンブリッジ大学で動物行動学の博士号は取ったが、彼女の中には今もアマチュアリズムの精神が強く生きている。（星野 一九九九a、三七―三八頁）

これは、チンパンジー研究の第一人者であるジェーン・グドールをアフリカに訪ねた際の記述である。星野は、アフリカとアラスカという違いはあれ、同じ大自然に向き合うグドールのアマチュアリズムに深く共感している。この「アマチュアリズム」へのこだわりは、彼の文章の中に書き込まれたアラスカについての無数の問いかけによっても表現される。「エスキモーの社会で養子というケースがこんなに多いのはなぜなのだろう」、「アルコール中毒や薬の背後にあるものはなんなのだろう」（星野 一九九五a、二九―三〇、五〇頁）、「なぜコクガンはシロフクロウのそばに営巣したのだろう」（星野 一九九一、四五頁）、「植物たちの声、森の声を私たちは聞くことができるだろうか」、「あらゆる自然にたましいを吹き込み、もう一度私たちの物語を取り戻すことはできるだろうか」（星野 一九九六、九九頁）。

見過ごされる「分からなさ」

星野は、アラスカの自然やそこでの暮らしについて、問いを常に投げかけ続けた。しかし、その大半は答えを出されることはなかった。星野はむしろ次のような見解を示している。

混沌とした時代の中で、人間が抱えるさまざまな問題をつきつめてゆくと、私たちはある無力感におそわれる。それは正しいひとつの答が見つからないからである。が、こうも思うのだ。正しい答など初めから存在しないのだと……。そう考えると少しホッとする。正しい答をださなくてもよいというのは、なぜかホッとするものだ。（星野 一九九七a、一六〇―一六一頁）

この時、写真集『アラスカ』の結びの一文である「私は本物のアラスカを見た――その美しい大地を（I had seen the *real* Alaska — the Beautiful Land）」（Keating 1969, p. 202）という一種の勝利宣言とも取れる言葉は、星野がかつてジャンに発した「どうして分かったんだい？（how did you know?）」という問いかけと明確な対比を成す。前者が都市に住む人間に宿命づけられた自然に対する「敗北」を否定する言葉だとすれば、後者は「分からない」ことを素直に相手に露呈することで、都市の敗北をむしろ能動的に受け入れようとする成熟した態度を示すものだからである。

そこには、都市の人間としての自らを恥じ、分からない自分を押し隠そうとする卑屈な態度は微塵も感じられない。そうした謙虚さや忍耐強さ、あるいは他者に対する敬意と類まれな素直さを携えて、星野はアラスカという「異文化」を誠実に渡り歩き、現地の多くの人々に愛され、やがてアラスカの一部として根を下ろすための精神的な許可を得ることができたのではないだろうか。

言い換えれば、星野は、自身の経験をもとに、都市に住む人々がアラスカという未知なる存在を思った以上に「分かっていない」ことを様々な手段を通じて伝えようとした。アラスカの「分からなさ」を伝えるために星野が慎重に言葉を吟味しつつ書き上げた文章を読んで、直ちに「分かった」と言ってしまうような慣習が、おそらくは都市の人々が宿命的に抱えるもう一つの「病」なのだろう。池澤夏樹は、星野と都市に住む自分たちとの関係を次のように描写している。

星野は狩猟者であるかもしれない。彼はまずもって自然の中に入ってゆき、実に謙虚に自然に学び、その結果獲物を得て、その成果に感謝する。〔…〕その儀式がシャッターを切ることであり、後にわれわれはカリブーの肉をではなく林間に佇むカリブーの姿を、(村で待っている狩猟者の家族のように)食べるのだ。(池澤 二〇〇〇、五五—五六頁)

この作家らしい美しい比喩を用いた表現は、しかし同時に星野が成し遂げた、もしくは成し遂げようとしていた「仕事」の中身について、誤解を招く危険性も孕んでいる。星野がアラスカでの実体験を通じて会得し、都市の読者に伝えようとしたメッセージの中核は、写真などを通じてカリブーを見ることと、カリブーを実際に獲って食べることが「どうしていいかわからなくなるぐらい」(同書、一〇一頁)違うということだったはずであり、「対象にたいするじつに神聖な感情〔…〕」というのは、その場にいない人にはほとんど想像できない」(星野ほか 一九九八、七八頁)という発見を伝えることだったはずである。その「分からない」ことや「違い」について語り続けた星野を評して、池澤は「自分の命を楽しんでいる動物側の気持ちもわかるし、それを捕って食べなければいけない人間の側もわかる」(池澤 二〇〇〇、二二三頁)人だと言い、星野が説明する狩猟という行為の意味について「今ぼくは星野さんの言うことが実によくわかる」(同書、九九頁)と、ふとした拍子に言ってしまう。
あるいは、星野が撮った写真について、池澤は「かわいいアザラシの赤ん坊をかわいいと思って見ているだけでも星野の考えは染み込んでくる」（同書、三二四頁）と述べる。だが、これも犠牲になった動物への祈りという「無言の悲しみに、もし私たちが耳をすますことができなければ、たとえ一生野山を歩きまわろうとも、机の上で考え続けても、人間と自然との関わりを本当に理解することはできない」（星野　一九九五b、二〇〇頁）という星野の考えとは矛盾する内容を含んでいるのではないだろうか。

無論、これらの言葉は、星野を語る上で編み出された池澤独特の比喩であり、言葉の文《あや》の類である以上、文章の端々をあげつらうのは、いささか理不尽かも知れない。だが、こうした表現の微妙な行き違いこそが、星野が長い旅路の中でようやくつかみ取り、形に残そうとした感性や思想の核となる部分を、むしろかき消すように作用しているのだとすれば、微細な誤りについて無視を決め込むわけにはいかないだろう。

星野とアラスカ、そして都市に住む我々との間に絶対的に存在する「距離」を無自覚に読み飛ばし、見過ごすような習慣は、おそらくは池澤に限らず、都市を拠点とするあらゆる人間の生活に溶け込んでいる。「そこに星野がいるということは、自分の眼の延長、自分の感受性の延長がそこにあるということだ。自然について思う時、「自然」にカメラを向ける星野に感情移入すれば、星野の眼前に広がる「自然」を実感できた」（佐野　二〇〇五、三六四頁）。

希望を見る力

このような「実感」、あるいは星野や自然が「分かる」という感覚をさかんに強調したくなる欲求の背後には、星野が見た、あるいは伝えようとした世界が自分には結局「分からない」という不全感や絶望感が隠されているように思える。池澤はアラスカの星野の自宅を訪れた経験を次のように振り返っている。

外の雪景色を見て、トウヒやシラカバやアスペンの疎林を見て、ここはアラスカだと思うのはいいけれども、その一方でここはまだアラスカではないという声が聞こえてくる。かつてアンカレッジのトランジットの時、凍てついた空港の風景をターミナル・ビルの中から見ながらここはアラスカだと思い、すぐにいやここはまだまだアラスカではないと思い直した。それと五十歩百歩ではないか。自分は非アラスカ的なカプセルの中からアラスカを見ているにすぎない。（池澤 二〇〇〇、七五頁）

池澤は、星野について綴った文章の中で、分かりたいという意欲と、分からないという虚無感の間の振幅を随所に表出させている。その振幅は、同じく星野について香山リカが綴った「アラスカの自然や人々の暮らしを撮ったり書いたりする星野に私が感じていたなにかというのも、この「輪に入り込みたい」という強烈な願望と「それができない」という虚無感だった」（香山 二〇〇三、一四四頁）という雑感とも通じるものだろう。

池澤が主張するように「亡き星野がしてきたことを讃え、彼の姿勢に学ぶ」（池澤 二〇〇〇、四三頁）のであれば、そうした虚無感やニヒリズムに浸りこむのは無意味である。この時、意識されるべきなのは、アラスカを表現することで星野が伝えようとしたこと、すなわち、自身と他者の間に存在するどうにもならない「分からなさ」を見据え、「分からない」という状態に耐えることの重要性ではないだろうか。どうしようもない壁の存在自体と真摯に向き合うことで、実は他者と対話するための回路が初めて開かれる。星野のアラスカでの経験は、そうした過程の連続だったはずである。

さらにもう一つ、星野に学ぶべきことがあるとすれば、それは彼の「希望を見る」という才能だろう。

自殺やアル中、あるいは年寄りとのギャップや油田開発の問題などを見るときには、ふたつの見方があると思うんです。ひとつはやはり否定的な見方ですが、もうひとつは必要悪という考え方。ひとりの人間におきかえてみても、スランプに陥っているときというのは逆にいえば可能性を秘めている時期ですね。次に変わっていく可能性に溢れている。だからぼくもそういうふうに彼らの今を見てあげたいと思っているんです。（星野ほか 一九九八、一七七頁）

これは、おそらく単なる楽観主義とは異なるものである。というのは、この言葉は、星野の友人たちが人生の中で垣間見せる、それこそ死を思うほどの絶望を味わった上で、ふとした瞬間に彼らが放つ不思議な明るさをたびたび目撃した星野が、ようやくたどりついた実感だったからである。「ぼくはボブと出会い、闇の中で薄明かりを見たように、ある希望をもつことができた。いや、きっとボブだけではない。行く先が何も見えぬ時代という荒海の中で、新しい舵を取るたくさんの人々が生まれているはずである。アラスカを旅し、そんな人々に会ってゆきたい」（星野 一九九七a、一九四頁）。

かつて酒とドラッグに溺れ、警官による凄惨なリンチを受けてフェアバンクスを追いだされたボブは、その後、宅地開発の対象になっていたクリンギット・インディアンの墓地の墓守となる。墓場を守ることで白人社会に受け入れられ、癒されていったボブの姿に、星野はアラスカとそこに住む人々が進んでいくまだ見ぬ未来に思いを馳せた。

こうして、星野は「あらゆるものが変わり続けてしまうということの悲しみ」(同書、二〇六頁)を感じると共に、アラスカの近代化を含む避けようのない変化を、むしろ肯定的に受け入れようとしていた。その姿勢は、次のような記述にも表れている。

シャーマニズムの時代は遠く去り、二十世紀初めまでにはキリスト教がそれにとって代わった。私たちがシャーマニズムに対するある種のノスタルジアをもって白人の宣教の歴史を非難するのは簡単なことかもしれない。〔…〕が、人々がシャーマニズムの呪縛から逃れられたのもまた事実なのである。〔…〕犬ゾリがスノーモービルに変わったのは人がその豊かさを選んだのだ。ただ、豊かさとは、いつもあるパラドックスを内包しているだけなのだ。昔は良かったというノスタルジアからは何も生まれてはこない。(同書、二二五頁)

アラスカの未来に希望を持つことは、星野にとって、アラスカの過去を取り戻すこと、あるいはその伝統を保存することではなく、否応ない変化の中で、より良い方向性を選び取ろうとする人々を見守り続けることだった。「出口が八方ふさがりのような気がしてしまう状況の中で、人びとが必死により良い方向を捜してゆこうとする姿にはいつも打たれます」(星野 一九九五b、五〇頁)。その意味で、珠玉の言葉の数々を残してこの世を去っていった星野の足跡を辿る我々の旅は、まだ当分終わりそうにない。

それは、その旅が星野の背中を追うだけでなく、彼の途切れた足跡の先をどうつないでいくか、という、また別の課題へとつながっているからだろう。我々自身も含め、現代に生きるすべての人々は、いまだ長い旅の途上にある。そして、目の前の踏み固められていない新雪を前に、どのような一歩を踏み出すのかを、星野は写真やエッセイを通じて我々に問い続けているように思える。

第Ⅲ章

快楽としての動物保護

イルカをめぐる現代的神話

ヨハネス・ヨンストン『博物誌』（1650-53年）にある座礁したクジラの図

一　なぜイルカなのか

1　映画『ザ・コーヴ』の上映中止騒動

二〇一〇年四月、日本で一本のアメリカ映画をめぐって騒動が起こった。事の発端は、二〇〇九年秋、和歌山県太地《たいじ》町で伝統的に行われるイルカ漁を告発したドキュメンタリー映画『ザ・コーヴ』が東京国際映画祭で上映されたことに遡る。日本のある地域で「密かに」続けられてきたイルカ漁の野蛮さと残酷さを告発したとされるこの映画は、二〇〇九年一月に第二五回サンダンス映画祭で観客賞を受賞するなど、主要な賞を立て続けに獲得し、話題になっていた（溝上二〇一一、二二頁）。同年一〇月には東京国際映画祭で上映される運びとなったが、隠し撮りという手法や、観客の誤解を招きかねない編集・演出方法、イルカの血に染まった入り江を映し出すラストシーンなどをめぐって、東京での上映を待たずして日本の各方面で波紋を呼んだ。

翌二〇一〇年三月に、この映画が第八二回アカデミー賞長編ドキュメンタリー映画賞を受賞すると、事態はさらに複雑な様相を呈してくる。前年の東京国際映画祭での上映を受け、太地町漁業協同組合からは弁護士を通じて配給会社に抗議文が送られ、漁民の肖像権侵害や事実誤認等を理由に『ザ・コーヴ』の上映中止が要求されていた。その抗議に呼応する形で、日本の配給会社側は日本公開に向けて、映画に登場する漁師の顔にモザイクをかけ、テロップで注釈を入れるなどの措置を講じる。しかし、四月に入ると、この映画を「反日的」とする右派団体が電話や街頭での抗議活動を繰り返すようになった。最終的に『ザ・コーヴ』は当初の予定よりやや遅い七月三日から全国で順次公開されることになったが、一連の「上映中止騒動」を経て、上映館数が大幅に減らされるなど、混乱はその後も尾を引くことになる（上映中止騒動の詳細については、「特集　映画『ザ・コーヴ』上映中止騒動」、『創』二〇一〇年八月号などを参照）。

顔の見えない日本人漁師

アメリカのルイ・シホヨス監督による『ザ・コーヴ』のあらすじは、次のようにまとめることができる。

謎のアメリカ人たちがマスクで顔を隠し、太地町を車で走る。彼らが太地町に来たのは、そこでイルカの虐殺が行なわれていることを、映像を通じて世界に告発するためだ。〔…〕イルカ猟の現場となっている入り江は鉄条網が張り巡らされ、立ち入りが禁じられている。入ろうとすると、地元の漁民たちが体を張って阻止してくる。そこへ潜入するためにフリーダイビングの達人が呼ばれ、秘密裏に撮影するための機材をハリウッド映画の特殊効果技師に作ってもらい、多くの機材を日本に運ぶため、大きなトランクを所持しているコンサート・スタッフが招集された。

彼らが現場を視察し、作戦を練り、ついにそれは決行される。太地町のイルカ猟の様子が暴かれるのだ。小さな入り江が真っ赤な血に染まり、その中で漁師たちはそれでもイルカを銛《もり》で突いたり叩いたりする――。（つなぶち 二〇〇九、四八頁）

この映画については、日本国内でも様々な批判がなされてきた。中でも取り沙汰されるのが、事実の歪曲や表現の誇張とも言える場面が随所に見られる点である。例えば、この映画では、撮影クルーが地元の警察に「立ち入り禁止区域に入らないように」と注意を受ける場面が描かれている。実際には、クルーらが侵入を禁止された小道には「落石注意」の立て看板があり、また別の立ち入り禁止場所の山林には「鳥獣保護区」と書かれた看板が置かれていたのだが、日本語の読めない欧米の観客たちには、進入禁止のための柵や鉄条網が、あたかもイルカの追い込み漁が「秘密の儀式」として隠蔽されていることを示す「証拠」のように見えてくる(一方、イルカ漁を批判する欧米の環境保護団体の関係者から見れば、こうした看板は、落石の危険もない場所に設置されているなど、人の侵入を阻むことをそもそもの目的としている)。

別のシーンでは、日本の警官が不得意な英語を使って撮影クルーに必死に話しかける様子が映し出される。このシーンでも、イルカ漁の「秘密」を守ろうとする警察組織が外国人クルーたちを追い払おうとしているかのような表現がなされている(山田 二〇一〇、七八頁)。こうした日本語を理解できない観客の誤解を誘発するようなもう一つの仕掛けが、映画の後半部分に、イルカ売買の現場と勘違いされかねない形で挿入された築地市場でのマグロ売買の模様である(吉岡・野中 二〇一〇、五九頁)。

このような編集方法の問題に加えて、もう一つの問題点として指摘されたのが、この映画がイルカ漁の問題を単純な勧善懲悪の物語として描き出している、という点である。

『ザ・コーヴ』が、典型的な善悪の物語になっていることは明白だろう。〔…〕主人公の活動家リチャード・オバリーとその環境保護団体のチームは、人目を避けるように密かに行われているイルカ漁という悪事を暴き、この太地町の実態を国際捕鯨委員会（ＩＷＣ）に告発するヒーローとして描かれている。オバリーには、そのヴォイス・オーヴァーによって自らの経歴、動機、内面を語り、他者についてコメントする特権が与えられている。〔…〕太地町の漁民にはこれらの描写がまったくと言ってよいほど与えられていない。その代わりに、彼らは沈黙を守りながら、警察権力に頼りつつ姑息に事態を回避しようとするものとして描かれている。（藤木 二〇一一、一一八頁）

太地町の漁師たちは、映画の表現上「沈黙」させられ、顔や姿が見えにくい存在になっている。日本語版制作に際しては、プライバシー保護の観点から顔にモザイク加工が施されたため、映像上の「沈黙」がさらに助長される、という皮肉な状況も生まれた。「監督にとって、モザイクがかかることはさほど都合が悪くないのでは。というのは、モザイクをかければかけるほど、漁師たちは顔の見えない存在になっていく。むしろ悪役に仕立てやすくなるわけです」（森・綿井・想田・是枝 二〇一〇、九六頁）。もともと太地のイルカ漁は「オープンに」行われていたが、外国人活動家らの「執拗な撮影」のため次第に隠れて行わざるを得ない状況に追い込まれていった、という経緯が複数の論者によって指摘されている（粕谷・加藤・関口 二〇一〇、一九一頁）。

もともとは、浜辺で解体してたんです。当たり前のように、それこそ魚を解体するのと同じようにイルカを解体してたんです。それを白人たちが来て、プラカードを持ってきたり撮影したりするということで、漁民たちも嫌になって「浜辺で解体するのは止めよう」と。それで今は見えないところで解体しています。もともと隠してないんですよ。白人が来なかったら、そのまま浜辺で優雅に昔からやってることなんです。（鈴木・綿井・安岡・針谷・吉岡 二〇一〇、四六頁）

この発言をした吉岡逸夫によると、太地町民たちと反捕鯨を訴える外国人たちとの闘いは長く、外国人たちが太地町に度々訪れるようになってからこの発言までに、実に一〇年以上の時間が経過している。太地の漁師たちは「映画で訴えられる以前にもうウンザリ」しており、「しゃべればしゃべるほど映画の宣伝になるし、騒ぎが大きくなればなるほど、反捕鯨のグループを喜ばせることになる」ので、近年は表だって声をあげることはほとんどないという（吉岡 二〇一〇、一〇二―一〇三頁）。

こうした欧米人への不信感と、何を言っても相手の宣伝になるだけという諦めの気持ちから、太地の漁師の声と姿はますます隠され、それがさらに欧米人にとっては見えにくい相手の「不気味な雰囲気」（藤木 二〇一二、一八頁）を強めるという悪循環が生まれている。

2　反捕鯨運動のメディア戦略

映画の演出上の問題に加え、『ザ・コーヴ』をめぐる上映騒動が日本で持ちあがった、もう一つの背景としては、この映画が米アカデミー賞をはじめとする欧米圏の数々の映画賞を受賞したことがあげられる。度重なる受賞により、この映画は国際社会で広く注目を集め、舞台となった太地町、ひいては日本という国自体の国際的イメージに多大な影響を与えた。その影響力の大きさに脅威を感じた多くの日本人が日本での上映開始に際して抗議活動を繰り広げたのである。

『ザ・コーヴ』が国際的な注目を集めたもう一つの要因としては、アメリカで二〇〇八年一一月から放送が開始されたリアリティ・ショー「ホエール・ウォーズ（Whale Wars）」シリーズの成功がある。北米に本部を置く非営利環境保護団体シー・シェパードが展開する南極海での反捕鯨キャンペーンやボランティア・クルーたちの活動を取材した人気シリーズである（二〇一五年の段階で「シーズン7」まで放送）。この番組の成功を通じて、反捕鯨運動そのものがメディア・ショー化される動きが加速し、最も話題を集めた二〇一〇年前後には「アニマル・プラネット」のホームページでDVDやマグカップ、Tシャツなどの関連グッズが販売されるなど、マスメディアを巻き込んだ一種の総合娯楽産業として活性化した。

イルカ追い込み漁への圧力

このシリーズの「主役」であり、反捕鯨運動の一翼を担う環境保護団体「シー・シェパード（Sea Shepherd Conservation Society）」は、『ザ・コーヴ』の制作にも一役買っている。例えば、この映画の「主演」とも言えるリック（リチャード）・オバリーは、かつて人気を集めたアメリカのテレビ・ドラマ『わんぱくフリッパー』制作時の調教師の一人だった。

ある時、オバリーは、五頭いたフリッパー役のイルカのうちの一頭が劣悪な境遇に疲れ果てた末、「意図的に呼吸を止め」て自殺を図った、という衝撃的な出来事に遭遇する。それをきっかけに調教師としての地位を捨て、その後の人生をイルカの解放運動に投じたとされる（つなぶち 二〇〇九、四八頁）。その後、オバリーは、ポール・ワトソンを代表とするシー・シェパードが二〇〇三年に行った反イルカ漁キャンペーンに協力し、ワトソンも『ザ・コーヴ』にコメンテーターとして出演する。『ザ・コーヴ』が米アカデミー賞を受賞した際には、クルーたちが「おめでとう　ザ・コーヴ（Congratulations the Cove）」と書かれた横断幕を掲げる写真がシー・シェパードの公式ホームページ上に公開された（佐々木 二〇一〇、二三八頁）。

イルカ漁が行われている太地町は、以前から日本有数の沿岸捕鯨基地として知られていた。自治体としての太地町は、町の公式ホームページ（http://www.town.taiji.wakayama.jp/［二〇二〇年六月三〇日閲覧］）などで「古式捕鯨発祥の地」としてPRを積極的に行ってきた。しかし、それが逆に仇となったのか、インターネットの普及に伴って、太地町は『ザ・コーヴ』の公開よりはるか前から、欧米の反捕鯨活動家たちに「狙われた町」として、漁網を切られるといった襲撃を度々受けてきていた。鯨の町として一部の活動家らの間ですでに「悪名高い」場所となっていた太地のイルカ漁は、今度は近年の反捕鯨運動が陥りつつある一種の行き詰まりを打破するための新たな攻撃対象として選択され、保護活動のさらなる喧伝のために利用されているという面がある。

こうして、国際的な反捕鯨運動の文脈からも注目された『ザ・コーヴ』の余波は、公開後も様々な形で継続している。二〇一五年四月には、国内一五三の動物園や水族館などが属する「日本動物園水族館協会」（JAZA）が、太地町でのイルカ追い込み漁がイルカの入手方法として倫理規定に反しているとの理由から、「世界動物園水族館協会」（WAZA）の会員資格を一時停止された。WAZAの会員でなくなるとそのネットワークを通じて海外の施設と希少種のやり取りをするなどの連携に支障が出るため、ＪＡＺＡは加盟施設と共に追い込み漁による野生イルカの入手について再検討を迫られ、最終的にＷＡＺＡへの残留を決定している。

このＪＡＺＡの決定を受けて、同年七月にＷＡＺＡ会員資格の一時停止措置は解除されたが、日本の水族館の一部がＪＡＺＡからの離脱を表明するなど、混乱が広がった（経緯の詳細については、『朝日新聞』二〇一五年五月一〇日、二一日、二八日、七月一〇日（いずれも朝刊）の各記事を参照）。国際的圧力に対抗する意味からか、二〇一七年五月には水産庁がイルカ漁の捕獲許可の対象種を九種類から一一種類に拡大する措置を取り、太地町の漁協関係者から歓迎された、との報道もある（『朝日新聞』二〇一七年五月一三日（朝刊））。

こうした事態がすべて『ザ・コーヴ』によって引き起こされたとは言い難く、後述するように、捕鯨を含む多岐にわたる問題が複雑に絡み合った結果と見るべきだろう。しかし、『ザ・コーヴ』のようなドキュメンタリー映画を含むイルカやクジラをめぐる様々なメディア戦略が、表現の領域を超えて現実社会にいかに多大な影響を与え得るのかを、これらの出来事は如実に物語っている。今後も続くであろう『ザ・コーヴ』の余波の行方を、我々は注意深く見守る必要がある。

3　なぜイルカが問題か

しかし、ここでいくつかの素朴な疑問が浮かび上がってくる。地球上には実に多様な生物が存在するが、主に欧米人によって示されるクジラやイルカを保護することへの並々ならぬ熱意は、他の動物と比べても突出していると感じられる。「ホエール・ウォーズ」や『ザ・コーヴ』の成功に象徴されるように、メディア展開を軸に保護運動の商業化や娯楽産業化が大規模に進展した例は、他にあまり見ないのではないだろうか。

個体数の減少が危惧される生物種は世界にあまた存在するが、そのすべてが平等な扱いを受けているわけではないことについては、すでにいくつかの報告がある。例えば、カナダの生物学者アーネスト・スモールは、保護の対象となる生物は人間の好みや経済的利益をもたらすか否かなどで選択される傾向があり、人間の赤ん坊のような可愛さや、ぬいぐるみ的な愛らしさを持つ大型哺乳類は注目を集めやすいが、無脊椎動物や昆虫類など、小型で、人間にはあまり魅力的に見えない生物種は、ごく低い関心しか集めないと指摘している（Small 2012）。

また、オーストラリアのパトリシア・A・フレミングとフィリップ・W・ベイトマンは、オーストラリアの哺乳類動物相についての研究は対象となる種によって関心が大きく偏る傾向があり、そうした偏りは保護活動のあり方や研究上の資金の配分にも影響している、と述べる（Fleming and Bateman 2016）。以上の指摘にも、科学的客観性に支えられていると考えられがちな動物保護や自然科学の領域でさえ、人間の美意識や商業的価値、文化的バイアスから決して自由ではないことが窺える。

文化批評から見た捕鯨

そうした中で、ノルウェーの人類学者アルネ・カランは、クジラ類を含むいくつかの限られた動物種（特に哺乳類）だけが他の動物と比べて影響力の強いシンボルとして機能するのはなぜか、という問題を長年追求してきた（Kalland 2009, p. 16）。カランは、文化批評（cultural critique）の観点から、表象としてのクジラ類や捕鯨、あるいはそれらを取り巻く言説体系を研究し、野生動物保護にまつわる議論ではクジラやイルカが極めて特異な象徴的役割を担ってきたことを指摘する（ibid., pp. 15-16）。とりわけ、反捕鯨派と捕鯨推進派の双方がクジラ類や捕鯨を語る上で駆使しているレトリックやメタファー、物語（narrative）の構造に注目し、現実とは異なる表象としてのクジラやイルカがどのように構築され、社会の中でどのように機能しているのかが分析されている。

本章は、このカランの観点を、ある意味で引き継いでいる。なかでも些細に見えて実は重視すべきだと思われるのは、『ザ・コーヴ』がクジラではなく、イルカを主題とした映画だという点である。後述するように、イルカとクジラは生物分類学上は厳密な形で分けることはできず、両者の区別はあくまで文化的、観念的なものとされる。それゆえ、『ザ・コーヴ』についての分析や研究は、しばしば「国際捕鯨委員会（International Whaling Commission）」（ＩＷＣ）を中心に展開される、いわゆる捕鯨問題と関連付けて議論される場合が多かった。

だが、捕鯨問題をテーマにした映画を作るのなら、「ホエール・ウォーズ」の姉妹編のような反捕鯨活動をダイレクトに扱う作品を制作すればよい。確かに『ザ・コーヴ』がイルカを題材にしたのは、「ホエール・ウォーズ」のように洋上での困難な取材を重ねるよりも、日本の太地町という陸上の限られた地域での取材を主にする方が手間も費用もかからない、という実利的な理由だったのかも知れない。しかし、表象としてのイルカとクジラは、歴史上互いに重なり合いながらも、それぞれに異なる発展の系譜を有し、それが今日のイルカとクジラに対する認識にも大いに影響を及ぼしている。イルカとクジラの表象レベルでの差異を明確に意識する時、『ザ・コーヴ』という映画は、イルカが題材だったからこそ、これほどまでに強い社会的インパクトを持ち得たと考えられるのである。

以上の前提に立つ時、『ザ・コーヴ』の日本上映に際して吉岡忍が発した「僕は映画を見ていて、〔二つの文化に対する〕理解がまったくないことに逆に驚くわけです。〔…〕唯一言っているのは、イルカは非常に理性的で人間に非常に近くて、牛や馬とは違うということだけ。それは一つの見方だとは認めるけれど、それを映画にするのは何なんだろうと思う」（吉岡・野中 二〇一〇、六〇頁）という疑問は、極めて示唆に富んでいる。吉岡は、さらに次のようにも述べている。

僕はもうひとつ、『ザ・コーヴ』という映画の背後には、製作者たちも漁師たちもあまり気がついていないと思うけれど、ものすごく大きな思想的な問題が潜んでいるような気がしているんです。それは彼らが、「イルカが大事だ」と言っていることの意味は何なのかということです。映画によれば、「イルカやクジラは、人間の理性や感受性に近い、非常に高等な動物だから特別なんだ」という見方ですよね。しかし、いつ、どのようなプロセスを経て、そのような認識に達してきたのかについて、あの映画は語っていないんですよ。（同書、六三頁。強調は引用者）

以下では、吉岡が提示したこれらの疑問に可能な限り答えるべく、欧米社会がイルカ保護に見せる熱狂の背後にある思想的枠組みを様々な角度から検証する。次節では、クジラとイルカの表象上の差異について歴史的な観点からたどり、その上で、欧米での動物保護をめぐる近代的思想の形成過程を、特に西洋の人種主義との関連から論じていく。その後、一九六〇年代のアメリカで興隆したカウンターカルチャー運動と環境保護思想との関わりについて論じ、イルカをめぐる現代の特異な言説や表象の生成過程をたどることにしよう。

二　イメージの系譜学

1　神話の中のイルカとクジラ

クジラ、イルカなどのクジラ類は人間と同じ哺乳綱に属すクジラ目に分類され、クジラ目はさらにヒゲクジラ類（亜目）とハクジラ類（亜目）に分けられる。このうちヒゲクジラ類は概して体が大きく、上顎に発達させたヒゲ板（クジラヒゲ）で海中の小動物を濾過して効率的に捕食する。主にシロナガスクジラやザトウクジラ、コククジラ、ホッキョククジラなどの一四種類が知られている。

それに対して、ハクジラ類は口の中に歯が生えているグループで、マッコウクジラやシャチ、ハンドウイルカ[1]やカマイルカなど、約七二種類が認められている。ハクジラ類には小型種が多く、最大種と最小種の隔たりが大きいのが特徴で、体長が四～五メートル程度の小さい種類のものが便宜的に「イルカ」と称されている。同様に「クジラ」という名称も、クジラ目全般、あるいは主に大型のヒゲクジラ類をさす俗称である（石川 二〇一一、一六―二〇頁、村山 二〇〇九、四―一二頁、村山 二〇一一、一五―一九頁）。

このように「科学的な分類学とは無関係」であるため、海洋生物学者の粕谷俊雄はイルカとクジラの区別について「すっきりと答えるのはむずかしい」と述べている（粕谷 二〇一一、一八―一九頁）。それゆえ、これまでイルカとクジラに関する諸問題を取り上げる際には、「鯨＝イルカ観」（三浦 二〇〇九）などと両者をひとまとめにして扱うことも多かった。その一方で、粕谷は「クジラとイルカの区別を強いて求めるとすれば、それは民族の記憶のなかに求めるしかない」（粕谷 二〇一一、一九頁）とも述べており、少なくともイメージや表象の領域では、イルカとクジラは別の系譜に属することを示唆している。この点について、クジラ類学者の村山司は「太古のヨーロッパの世界ではイルカとクジラは別な生き物として捉えられていた」（村山 二〇〇九、四頁）と指摘する。そして、西洋古来の表象としてのイルカやクジラのあり方は、現代人のイルカやクジラに対する認識や扱い方にも少なからぬ影響を及ぼしている面がある。

古代ギリシャのクジラ類

ここから、主に西洋における表象としてのイルカとクジラの歴史的変遷を概観していきたい。

ある海辺。長く続いた海岸線を歩いていると、なにやら巨大なものが浜に打ち上げられている。ゴロンと横たわる見たこともない姿・形だ。それより、なんという大きさだろう！　いったいこれは何だろう。よく見ると動物らしい。もし食べられるのなら、その大きなからだは食料として十分だ。なんだか油もたくさん持っているようだ……。

少し乱暴な想像だが、人間とクジラとの最初の出会いは、こんな具合だっただろう。（村山 二〇〇九、六二頁）

村山は、人とクジラの最初の出会いをこのように空想している。実際にこのとおりの状況だったかどうかは定かではないが、考古学的調査に基づけば、世界各地の海岸でクジラやイルカの骨が人骨と一緒に発見されるなど、人類が太古の昔からクジラやイルカを食用にしていたことは、ある程度明らかになっていると言えるだろう。大型のクジラについては、当初はおそらく座礁した個体だけを食用にしていたが、舟の発明によって沿岸付近での捕鯨も徐々に行われるようになった（河島 二〇一一、一〇頁）。

人類学者の秋道智彌によると、クジラ類の図像表現の中で最も古いと思われるのは、ノルウェー北部で発見された紀元前五〇〇〇年頃の岩壁画である。捕鯨の図としては、スカンジナビア半島のロドイの岩壁画に見られる紀元前三〇〇〇年頃のペトログリフが知られている。[2] ノルウェーでは、こうした岩壁画が一〇個所ほどで見つかっているが、描かれているのはすべて小型のハクジラ類（シャチ、ネズミイルカ、ハンドウイルカなど）で、大型のヒゲクジラ類が見られない点は興味深い（秋道 一九九四、三九頁）。

このように、人類とクジラ類の関わりは古くから存在していたが、人による積極的な捕獲という意味では、今日イルカと称される小型種の方が大型のクジラの捕獲に先んじていたと考えられる。[3] 生息域に関して言えば、イルカと呼ばれる種の多くは大きな回遊をしないが、クジラと呼ばれる種の多くは、一部を除いて、高緯度の海域から低緯度の海域に至る地球規模の回遊を行う（村山 二〇〇九、一六―一七頁）。大規模な回遊を行うヒゲクジラ類のうち、沿岸を回遊するコククジラは比較的観測例も多く、回遊の特徴もある程度知られている。しかしそれ以外の種の回遊や移動については、現在もほとんど分かっていない（村山 二〇一一、四七頁）。こうした生態の違いからも、太古から大型のヒゲクジラ類よりイルカを含む小型のハクジラ類の方が、人間にとってより身近な存在だったことは想像に難くない。

西洋におけるイルカとクジラについての認識の違いは、紀元前二〇〇〇年前後の古代ギリシャの遺物からも確認することができる。E・J・シュライパーによると、古代ギリシャでは花瓶や硬貨、建造物の装飾としてクジラ類が用いられたが、特にイルカは図像的モチーフの題材として多用されている（シュライパー 一九六五、四頁）。中でも、クレタ島ミノア文明を代表するクノッソス宮殿、東翼のフレスコ画（前一六〇〇年頃）に描かれたイルカは有名である（ダンス 二〇一四、一〇頁）。このイルカは、様式化されて平面的ではあるものの、比較的実物に近い形で描かれているのが見て取れる。

それに対して、クジラの図像はイルカと比べるとかなり様相を異にしている。英語でクジラ目を意味する"cetacean"は「海の怪物」を示すギリシャ語の「ケートス（Ketos）」（ラテン語"Cetus". 星座のくじら座も表す）が語源とされる。ギリシャ神話では、生贄《いけにえ》として岩に鎖で縛られた王女アンドロメダを英雄ペルセウスが救う場面に海の怪物ケートスが登場するが、この怪物がクジラだとされる。しかし、この場面を描いた紀元前六世紀頃の壺絵に描かれたケートスは、鱗《うろこ》や牙や角、長い尾を持ち、大きな目をした、かなり奇怪な化け物になっている。

イルカの友愛と怪物クジラ

このように、ギリシャ神話の世界におけるイルカとクジラは、図像としての描かれ方は対照的だが、図像のみならず、この時代にイルカとクジラについて残された逸話や記録の類もまた対照的である。

ギリシャ神話でイルカが登場する逸話としては、竪琴の名手アリオンの物語がよく知られている。

コリントス王に寵愛されたアリオンは竪琴の技で大きな富を得るが、それを妬《ねた》んだ彼の従僕が船乗りと共謀してアリオンを殺そうとする。殺される前にアリオンは歌を歌わせてほしいと懇願し、竪琴の音と歌声を響かせるとイルカたちがアリオンの船の周りに集まってくる。アリオンは海中に飛び込み、イルカたちは彼を背に乗せてコリントス王のもとに運び、そのうちの一頭はアリオンのために陸地までやってきて死ぬのである（ヒュギーヌス 二〇〇五、二六五頁）。

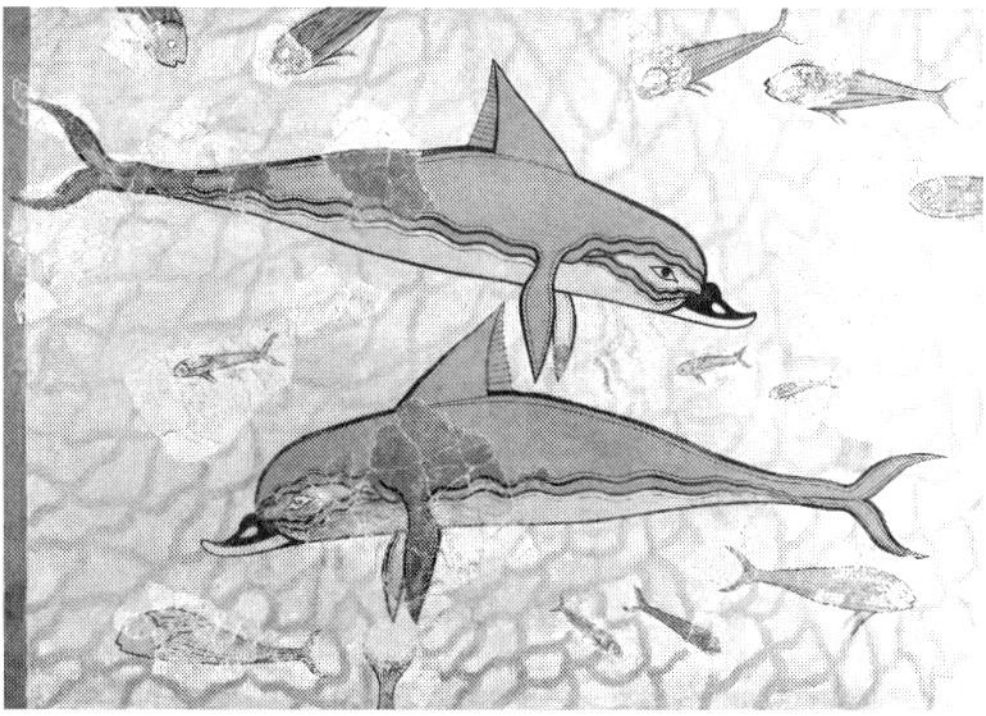

クノッソス宮殿のイルカのフレスコ画

紀元前530年頃のカエレ式ヒュドリア（水甕）に描かれたケートス（周囲にはイルカが描かれている）

古代ローマの大プリニウス（二三―七九年）は、このアリオンの神話を彷彿とさせるエピソードを『博物誌（*Naturalis Historia*）』（七七年）に記している。ある少年が湾を訪ねると、イルカは彼のもとに跳びあがり、少年の手からパンを食べた。イルカは少年を背に乗せ、日々、湾を横切って学校まで往復した。数年後、少年が病死した後も同じ場所を訪れ続けたイルカは、やがて死んでしまう。あるいは、別の逸話として、恋着する少年が立ち去ろうとした時、岸の方へ懸命に追いすがり、砂の上で息絶えるイルカの話もある。これらの事例から、プリニウスは「竪琴の達人アリオンの話もまんざら嘘でないことが分かる」（プリニウス 二〇一二、三九八頁）と述べている。

プリニウスは、イルカについて、すべての動物の中で最も泳ぎが速く、いつもつがいで海にいて、子どもへの愛情が深い生き物である、と言う。それに対して、クジラはインド洋で最も大きな「海の怪物」であり、クジラが起こす波はどんな波よりも大きいので、海自体が荒れ狂っているように見える、と述べている[4]（同書、三九四頁）。

2　神話から博物学へ

このように、古代ギリシャ・ローマにおいて、クジラは、村山司も指摘するように、得体の知れない巨大で恐ろしい怪物として認識されていたのに対して、イルカは、総じて愛情が深く、人間には友好的で身近な動物と見られていたようである（村山 二〇〇九、第Ⅱ章）。

怪物としてのクジラ像は、ルネサンス以降もヨーロッパで広く受け継がれていった。例えば、コン

ゲスナー『動物誌』のクジラ図

ラート・ゲスナー（一五一六―六五年）の『動物誌（*Historiae Animalium*）』（一五五一―五八年）に見られる木版画のクジラ図は、ルネサンス期のクジラ認識を物語る図像として、しばしば取り上げられる。秋道智彌によると、ゲスナーの時代もクジラは、海で人間を襲う恐ろしい存在だと考えられていた（秋道 一九九四、四七頁）。確かに、ゲスナーのクジラ図は、鱗や鋭く突き出た牙を持ち、噴気孔は角のように長く突き出して、首の後ろに飾りヒレのようなものが見られるなど、実在する生物とは思えないような奇怪な姿をしている。

ただし、ゲスナーのこの図は、北方の博物史家オラウス・マグヌス（一四九〇―一五五七年）による図を参照しながら描かれたとも言われ、ゲスナーの伝記を著したハンス・フィッシャーは、ゲスナー自身もこの絵が実在の生物を正確に描いたものかどうかを疑っていたと指摘している（フィッシャー 一九九四、六七頁）。とはいえ、当時のヨーロッパでは、クジラに関する知識も、またクジラに直接遭遇する機会もおそらく非常に限られていたため、ゲスナーのクジラ像は複数の博物誌の中で度々引用され、怪物としてのイメージがヨーロッパ全土に広まっていったと考えられる（博物誌の図像学的系譜については、中丸 二〇一六などを参照)。

ゲスナーの動物学は、その多くを古代ギリシャのアリストテレスの研究に拠っていたと言われる。アリストテレスは動物学の三大著作『動物誌』、『動物部分論』、『動物発生論』を記したことで名高いが、当時すでに今日の脊椎動物にあたる哺乳類、鳥類、爬虫類、両生類、魚類を有血動物として一つの動物群にまとめるなど、現在から見ても非常に進んだ生物分類を行っていた(同書、五〇頁)。また、魚類を胎生の陸上動物(哺乳類)と区別し、さらにイルカとクジラを含むクジラ類が水生の哺乳類であることをすでに認識し、乳で子を養育する胎生動物(哺乳類)として分類するなど、クジラ類が水生の哺乳類であることをすでに認識していたことに驚かされる(アリストテレス 一九六八―六九、(上)一一、九一、一九五―一九六頁)(アリストテレスの認識を反映したためか、ゲスナーのクジラ図には四つの乳房が描かれている)。

ルネサンスから近代のクジラ類図像

その後の西洋社会では、この先進的な分類法はどういうわけか忘れられ、クジラ類は魚類として分類されるのが通例になっていったようである。例えば、スウェーデンの博物学者カール・フォン・リンネ(一七〇七―七八年)が一七三五年に刊行した『自然の体系(*Systema Naturae*)』初版では、イッカクやセミクジラ、イルカは魚類(Pisces)の中の平尾目(Plagiuri)として分類されている(千葉県立中央博物館編 二〇〇八)。初版から大幅に頁数を増やして一七五八年に刊行された第一〇版で、クジラとイルカはようやく哺乳綱(Mammalia)のクジラ目(Cete)に分類し直される(西村 一九九九、(上)二六―二七頁)。この段階に至って、今日につながる自然科学としてのクジラ類学が始まったと言うことができる。

リンネが生きた一八世紀は、ヨーロッパでは博物学が全盛を迎えた時代である。一七世紀にイギリスとオランダが新興の海洋貿易国家として台頭し始めると、両国の主要都市に海外から珍しい動植物の標本が次々に流れ込み、王侯貴族のみならず一般の富裕層までもが舶来珍品のコレクションに没頭し始めた。その流れを引き継いで、一八世紀にはヨーロッパ全体で「博物学フィーバー」が巻き起こる。博物珍品の収集趣味は、やがて身の回りにある動植物や鉱物への知的興味に移行し、とりわけ医師や薬種商人らの間では、薬剤として研究する目的で植物の収集・研究がさかんになった。さらに、同じ知識層である聖職者の間でも博物学的知識への関心が高まっていく（西村 一九九七、一七—一八頁）。

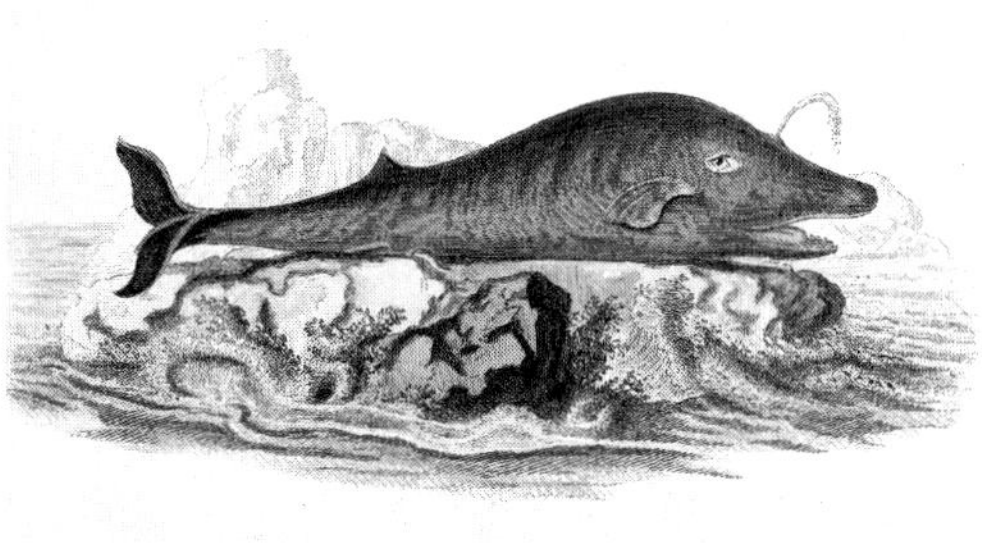
シュレーバー『哺乳類誌』に掲載されたクジラ図

一七—一九世紀に描かれたクジラの図像は、なぜか陸地に乗り上げたものが多い（秋道 一九九四、五二頁）。これは、おそらくクジラのような大型の水生動物を仔細に観察して描写する機会が当時は座礁して岸に打ち上げられた場合に限られていたからだろう。[5] 例えば、一七世紀半ばに刊行されたヨハネス・ヨンストン（一六〇三—七五年）の『博物誌（*Historiae Naturalis, De Quadrupedibus*）』（一六五〇—五三年）には、座礁した個体を描いたと思われる、かなり実物に近いクジラ図を確認することができる。[6] あるいは、一八世紀に刊行されたヨハン・クリスティアン・フォン・シュレーバー（一七三九—一八一〇年）の『哺乳類誌（*Die Säugthiere in Abbildungen nach der Natur, mit Beschreibungen)*』（一七七四―一八〇四年）に掲載されたクジラ図（I・E・イーレ原図）は、前述のゲスナーの図と比べると、ある程度写実的な描写になっている印象を受ける。[7]

では、イルカについての認識やその図像は歴史的にどのような変遷をたどったのだろうか。アリストテレス『動物誌』には、イルカは胎生で乳房を二つ持ち、その乳房も四足動物のようにはっきりしておらず、両脇に一つずつある溝のようなものから乳が流れ出る、という描写がある。イルカの子は親につきまとい、泳ぎながら乳を吸う（アリストテレス 一九六八―六九、(上)四九頁）。また、おとなしくて馴れやすく、水陸のあらゆる動物の中で一番速く泳ぐとされる。アリストテレスは、死んだ小さいイルカを背中で持ち上げながら泳ぐ大きなイルカの群のエピソードをあげて、イルカの社会性や愛情深い性質にも触れている（同書、(下)一一三―一一四頁）。

デューラー《イルカに乗るアリオン》（1514年頃）

イルカの図像が古代ギリシャ以降どのような変遷をたどったのかは、イルカに特化した研究が少ないため、現時点では詳細は不明である。とはいえ、一六世紀初頭にアルブレヒト・デューラー（一四七一―一五二八年）がギリシャ神話のアリオンと共に描いた水彩画のイルカは、角や牙、鱗を持つ、まるで竜のような生き物として登場する。あるいは、一六世紀半ばにピーテル・ブリューゲル（一五二五―六九年）が制作したアリオンとイルカの銅版画には、蛇のように尾をくねらせ、豚のような鼻を持つ奇妙な動物が描かれている。一方、先述のヨンストンの『博物誌』には、ハクジラ類らしく尖った小さい歯を持つ、胎生の、かなり写実的なイルカの図を見ることができる。

こうした点から見て、少なくとも古代ギリシャ・ローマ時代の沿岸部では、イルカについてもある程度は実物に即したイメージが共有されていたが、中世からルネサンス期にかけて、沿岸部以外の地域で架空の動物としてのイルカ像が一般に流布したと想像される。そうした状況が生み出された背景

ブリューゲル《巻き上がる突風の中の３艘の帆船とイルカの上に座すアリオン》（1561-62 年頃）

ヨンストン『博物誌』のイルカ図

としては、やはりイルカも水生動物であるため、沿岸部のごく限られた地域の人々以外、身近に遭遇する機会がほとんどなく、それゆえ神話などの描写をもとに想像上の生き物として描く他なかったということがあったのかも知れない。いずれにせよ、中世から一八世紀頃に至るまでの西洋におけるイルカ像の変遷を理解するには、さらに多くの資料を探索・整理する必要があるだろう。

3　資源としてのイルカとクジラ

こうしたクジラやイルカの図像の変遷は、実社会における人間とクジラやイルカとの関わりの変化とも明確に呼応していたようである。特にクジラに関しては、一六世紀以降の捕鯨産業の発展が表象の領域にも少なからぬ影響を及ぼしたと考えられる。

ヨーロッパを中心とする捕鯨の歴史を振り返ると、古代ギリシャ人やローマ人は少なくとも大型のクジラの捕獲にはさほど関心を持っていなかった、という指摘がある（シュライパー 一九六五、四頁）。西洋で捕鯨が始まった正確な時期は定かではないが、E・J・シュライパーによると、八九〇年頃にノルウェーに捕鯨夫が存在したことを示す記述が存在している（同書、六頁）。一方、洋上での積極的な捕獲という意味では、沿岸捕鯨を最初に組織的に発展させたのはバスク人たちだった。イベリア半島のビスケイ湾沿いに住むバスク人は、七世紀から九世紀頃[8]に捕鯨をはじめ、造船・航海術の発達とともにその漁場を広げていった。当時主に捕獲の対象となったのは沿岸性のヒゲクジラ類であるセミクジラで、肉は食料に、油はランプや羊毛・革製品加工に、ヒゲは鞭や傘の骨、女性用のコルセットなどに利用された。[9]

九世紀頃にバスク人たちはノルマン人の造船技術を取り入れて船を大型化させ、一三―一四世紀頃には捕鯨の操業域は大西洋にまで拡大された。一六世紀前半になると、現在のカナダ東海岸にあるニューファウンドランド島近海まで捕鯨船を進出させている。捕獲圧による個体数の減少や大航海時代の到来に伴って、一六世紀末から一七世紀にかけてバスク系捕鯨は急速に衰退していったが、その技術はフランス、イギリス、オランダ、アメリカに伝えられ、一七―一九世紀にかけて世界的広まりを見せる帆船式大型遠洋捕鯨の基礎を提供した（森田 一九九四、二二―二六頁、小松 二〇〇五、一〇七頁）。

一方、大航海時代に南回り航路で新大陸を発見したスペインとポルトガルに後れを取ったイギリスとオランダは、対抗して北極海経由で新航路を開拓しようとする中で、偶然ホッキョククジラの好漁場を発見する。一六一一年にはイギリスが現在のノルウェー領スピッツベルゲン島に捕鯨基地を設立し、これにオランダ、デンマーク、ドイツ、フランスも追随した。だが、このホッキョククジラ捕鯨も、大規模捕獲の影響で、わずか一〇〇年足らずで漁場が枯渇してしまう（同書、一〇八頁）。

やがて、捕鯨の舞台は西へと移動し、一七世紀中頃から北米大西洋岸が中心地となった。一八世紀以降は、遠洋で母船から小型のボートで近づき、手投げの銛《もり》で捕殺する「アメリカ式帆船捕鯨」がさかんになる。この時代の獲物は、セミクジラではなく、ハクジラ類であるマッコウクジラに移っていた。マッコウクジラの油は灯油や機械油として重用され、油から作られた蠟燭はアメリカの輸出物として大いに評判を呼んだ。当初、海上では皮を取り、陸地に持ち帰ってから採油していたが、一八世紀中頃からは大型化した船の上で採油まで行われるようになった。そのため、洋上での操業は長期化し、食料や水を補給しつつ、数年に及ぶ長期航海となることもしばしばだった。乗組員は低賃金で命の危険を伴う作業を求められ、一度捕鯨が始まると、捕獲、解体、加工と、不眠不休の作業が続く劣悪な労働環境に置かれた（同書、一〇九―一一四頁、森田 一九九四、一〇八―一一〇頁）。

近代捕鯨とクジラ類像

その過酷なアメリカ式帆船捕鯨の模様を小説の中で緻密に描き出したのが、ハーマン・メルヴィル（一八一九―九一年）である。代表作『白鯨（*Moby Dick*）』（一八五一年）で、船長エイハブが追い求めるマッコウクジラは、しばしば邪悪で悪魔的な動物として表現される。例えば「群を離れた隠者のような白鯨」であるモービィ・ディックは、語り手イシュメールから「あの兇悪な怪物」と称され（メルヴィル 二〇〇六、㊤三三八頁）、その「怖るべき獰猛さ、悪がしこさ、邪悪さ」は捕鯨者たちに「異常な恐怖感」を与えたと言われている（同書、㊤三三九頁）。

メルヴィルが提示した怪物クジラのイメージは、ギリシャ神話のケートスを想起させるだけでなく、『旧約聖書』の「創世記」、「ヨブ記」、「ヨナ書」に記された大魚リヴァイアサン（リバイアサン、レビアタン）のイメージとも呼応する。リヴァイアサンは、ワニや海蛇を示す場合もあるが、「ヨブ記」の「彼は深い淵を煮えたぎる鍋のように沸き上がらせ／海をるつぼにする」（四一・二三。新共同訳）といった記述から、リヴァイアサンはクジラであるとの説が広く受け入れられている。

『旧約聖書』のクジラにまつわるもう一つの有名な逸話が、預言者ヨナを呑み込んだ大魚の話である。神の言葉から逃れようとしたヨナは、タルシシュ行きの船に乗り込むが、嵐に捕らわれてしまう。荒れる海を収めるため、ヨナは自分を海に投げ込ませる。主は巨大な魚に命じてヨナを呑み込ませたが、三日三晩魚の腹の中にいたヨナは陸地に吐き出された（「ヨナ書」二・一、一一。新共同訳）。この大きな魚がクジラだとされるが、ヨナがクジラに呑まれ、吐き出される過程は、キリストとその復活を象徴しており、巨大な口は地獄への門に、腹は地獄や墓にたとえられる。こうした描写から、中世にはクジラは悪魔の化身と見なされ、船乗りの間では凶暴な自然のシンボルとも見なされた（荒俣 一九八八、三九九頁）。このような宗教的象徴としてのクジラ像が一九世紀の過酷な捕鯨船のイメージと結びつき、地獄からの使者としてのクジラ像が作家メルヴィルによって造形されたのである。

近代捕鯨産業が発展する中で、クジラについてはまた新たな見方が形成されていく。森田勝昭が指摘するように、一八世紀以降の近代捕鯨の主な目的は鯨油にあった。そのため、クジラは生き物というより油を提供する資源と見なされるようになり、その把握の仕方も次第に資源として数値化されていく。特に一九世紀の捕鯨全盛期にこの傾向は顕著であり、クジラはすべて鯨油量とヒゲの量で識別された。一方、捕鯨現場にいた水夫たちは、クジラについて「怪獣（monster）」、「野獣（beast）」、「けだもの（brute）」などと呼ぶ一方、「動物（animal）」、「雄牛（bull）」、「雌牛（cow）」、「子牛（calf）」といった家畜に対して使う言葉を用いる場合もあった。クジラは、この頃から、神が遣わした驚異の怪物から「殺しても差しつかえない家畜あるいは動物」（森田 一九九四、一一七頁）として捉えられるようになったのである。

ここまで捕鯨の発展とクジラの造形が連動するさまを見てきたが、イルカについてはどのようなことが言えるだろうか。粕谷俊雄も指摘するように、捕鯨史においてイルカ漁の歴史をまとめた文献を見つけるのは大変難しい。その理由としては、大型捕鯨に比べてイルカ漁の経済規模が小さいため、捕鯨する側にとって古くからイルカはさほど関心を呼ばなかった、という点があげられる（粕谷 二〇

一一、一一八、一二二頁）。

そうした中で、シュライパーは、西洋における小型クジラ類の捕獲について、ごく短い歴史をまとめている。それによると、人間はまず、たまたま海岸に近づいたイルカを獲り、その後、次第に大型クジラに挑むようになった。一一世紀ノルマンディーの海岸ではさかんにイルカ漁が行われ、一〇九八年には法律による捕獲制限が行われたほどだった。イルカの油は灯火用に用いられ、肉は主に食用となった。英国のヘンリー六世、七世は、イルカ肉を大いに好んだと言われる。一六世紀初頭からは主に油への関心から、デンマークのミデルファル付近で湾内への追い込みによるイルカ漁が行われた。一八九二年にこのイルカ漁は終息したが、その後、戦争中の食糧難の際などに時折漁が再開されることもあったようである。また、黒海沿岸では主に網でイルカが獲られ、二〇世紀初頭にはウクライナの漁港オデッサにイルカ油工場が建設されている。北米のノース・カロライナ州ハッテラス岬でも、油を目的に一八世紀頃から網で海岸にイルカを追い込む漁が行われた（シュライパー 一九六五、四二―四九頁）。その後、二〇世紀以降も継続されたイルカ漁としては、デンマーク自治領フェロー諸島で行われるゴンドウクジラ[10]漁が知られている。

先述のメルヴィルの『白鯨』には、実はイルカについての記述もいくつか含まれている。例えば、語り手が「万歳海豚」と称する種類のイルカは「つねに陽気に群をなして」泳ぎ、その出現は「水夫によろこびの声で迎えられる」という描写がある（メルヴィル 二〇〇六、(上)二七六頁）。古代ギリシャ以来の明るく親しみやすいイルカ像がメルヴィルにも受け継がれているのが読み取れる。あるいは「海豚の肉の美味なことはご存知のごとく」（同書、(上)二七七頁）という記述があるように、アメリカ捕鯨船上でイルカを捕獲して食用にするのは、さほど珍しいことではなかったようである（森田 一九

九四、三九六―三九七頁）。とはいえ、一九世紀のアメリカ捕鯨において、イルカはあくまで副次的な存在にとどまり、資源としての価値や存在感はクジラと比べるとさして大きくはなかったと考えられる。

4　現代捕鯨とスーパーホエール

近代捕鯨に話を戻すと、アメリカ式帆船捕鯨は一九世紀半ばから急速に衰退していく。一八五九年にペンシルヴァニアで油田が発見されると、資源利用の中心は鯨油から石油へと移り変わっていった（小松 二〇〇五、一一六―一一七頁）。それまで主要な捕獲対象になっていたセミクジラやホッキョククジラ、マッコウクジラは一九世紀半ばまでに太平洋域でもほぼ獲り尽くされ、衰退したアメリカ捕鯨に代わって、今度は南氷洋のノルウェー式捕鯨が主流になっていく。

ノルウェー式捕鯨では帆船より速度の出る汽船が用いられ、手で投げていた銛は銃で発射されるようになった（同書、一一八―一一九頁）。特に一八六〇年代、現代捕鯨につながる技術革新を行ったのが、ノルウェーのスヴェンド・フォインである。フォインは、ロープを付けて爆薬を装塡した銛を獲物に打ち込み、高速汽船の船首にマウントする方式を開発したほか（森田 一九九四、三一九―三二〇頁）、捕獲したクジラを母船船尾の取り込み口（スリップウェー）から船上に引き上げて甲板で解体を行う新技術も編み出した（小松 二〇〇五、一一九頁）。これらの新技術の開発によって、捕鯨産業の規模は飛躍的に拡大していく。

第二次世界大戦前に、南氷洋捕鯨を主導したのはイギリスとノルウェーだった。一九三〇年、シロナガスクジラの捕獲が急増したことを懸念した両国は、クジラ資源管理のための専門家会合を組織する。一九三二年には「鯨油生産協定」が締結され、以後、クジラの捕獲頭数は鯨油の生産量に換算して決められるようになり、一九三七年には操業開始日などの規定を含む「国際捕鯨協定」が結ばれた。

これらの戦前の条約は、クジラの資源管理というより、鯨油の値崩れを防ぐ生産調整を主たる目的にしていたと言われる（小松 二〇〇二、九八—一〇〇頁）。南氷洋捕鯨は、その後、大戦中に一時中断されたが、一九四四年から新たな国際条約の交渉が始まり、一九四八年には、一五の加盟国の間で今日まで引き継がれる「国際捕鯨取締条約」が発効する。この条約に基づいて組織されたのが、「国際捕鯨委員会（International Whaling Committee）」（ＩＷＣ）だった（同書、一〇〇—一〇一頁）。

商業捕鯨モラトリアムとスーパーホエール

これらの国際捕鯨取締条約には様々な問題点があった。とりわけ問題を大きくしたのが、一九三〇年代から引き継がれた「シロナガスクジラ換算単位（Blue Whale Unit）」（ＢＷＵ）である。これは、簡単に言えば、シロナガスクジラ一頭から採れる鯨油の量を一ＢＷＵとし、それを他種の漁獲高に換算するやり方である。例えば、ある年の漁獲枠を一万ＢＷＵと定めると、シロナガスクジラなら一万頭、ナガスクジラなら二万頭、小型のイワシクジラなら六万頭まで獲ってよいことになる。初期のＩＷＣは、ＢＷＵに基づいて一年間の捕獲枠を決めていった。各国が一斉に操業を開始し、捕獲総数が捕獲枠に達するとその年の操業を打ち止めにするため、限られた漁獲枠の中で少しでも多くのクジラを獲ろうと捕鯨国が競争を繰り広げ、その結果、捕獲効率のよい大型のシロナガスクジラやナガスクジラばかりが標的にされることになる。

この「オリンピック方式」とも呼ばれる制度の導入を境に、大型のクジラの個体数は激減し、一九六三年にはザトウクジラが、六四年にはシロナガスクジラが南半球で捕獲禁止となる。一九六六年には北半球でも両種の捕獲禁止が定められた。一九七二―七三年漁期からはBWU制度自体が廃止され、クジラの種類別の捕獲枠が設定される（小松 二〇〇二、一〇二―一〇六頁、小松 二〇〇五、七八―一〇四頁）。

この時期に生まれた、いわゆる「黒い捕鯨産業の記憶」（森田 一九九四、三六七頁）を基礎にして、クジラに関するもう一つのイメージが形成されることになる。先述のアルネ・カランは、欧米諸国を中心に展開される反捕鯨の議論の中で、オリンピック方式の時代に生み出されたネガティヴな捕鯨イメージが当時とはまったく異なる今日の沿岸捕鯨にも投影され、捕鯨問題への理解を歪ませている、と指摘する（Kalland 2009, pp. 20, 66）。カラン曰く、一九九〇年代以降の反捕鯨論者らが保護しようとしているのは、実在しない非現実のクジラ、いわゆる「スーパーホエール（a superwhale）」である。

スーパーホエールとは、異なる複数のクジラ類種の特徴をひとまとめにして作られた、現実には存在しない観念上のクジラである。例えば「地球上でもっとも大きい動物」という形容は、クジラ類の中ではシロナガスクジラのみに当てはまり、地球上でもっとも大きな脳を持つのはマッコウクジラ、体重に対してもっとも大きい脳の割合を示すのはハンドウイルカ、歌を歌うのはザトウクジラ、人懐《なつ》こいのはコククジラ、絶滅の危機に瀕しているのはホッキョククジラとシロナガスクジラなどとなるが、これらの異なる特徴を部分的に取り出してイメージ上で混交し、実体化させたのが、スーパーホエールである。

さらに、一九七〇年代頃を境にして、近代捕鯨の「天然資源としてのクジラ」というイメージは、人間と同様の権利を与えられた「人としてのクジラ（the whale as person)」のイメージに変化していく（ibid., p. 3)。ＩＷＣによる資源管理は一九六〇年代以降も継続的に強化されたが、動物の権利運動が盛んになる一九七〇年代頃から、反捕鯨勢力がその管理体制の中で突如台頭してきた（小松 二〇〇二、一〇八頁）。そのターニング・ポイントとなったのが、一九七二年にストックホルムで開かれた「国連人間環境会議（United Nations Conference on the Human Environment)」、通称「ストックホルム会議」である。

この会議では実質的な強制力はなかったものの商業捕鯨の禁止勧告が初めて決議され、同年に開かれたＩＷＣ第二四回総会では商業捕鯨の全面禁止案がアメリカ主導で提案された。さらに、一九八二年の第三四回総会では、一九八五年から商業捕鯨を一時停止するという、いわゆる「モラトリアム」が決議される（中園 二〇〇六、二一四頁）。このモラトリアムを規定する条約の付表には、クジラの個体数の増減を見つつ、新たな捕獲枠の設定を一九九〇年までに検討する、という内容が盛り込まれている。

これを受けて、ＩＷＣの科学委員会（the Scientific Committee）は、一九九二年、従来の捕鯨資源管理の方法に取って代わる「改定管理方式（Revised Management Procedure)」（ＲＭＰ）を完成させる。しかしその後、改定管理方式を具体的に運用するための「改定管理制度（Revised Management Scheme)」の構築を目指す方向にＩＷＣの議論はすり替わっていった。この制度の構築過程で主に反捕鯨国側から追加要件が次々と提示され[11]、それによって捕鯨の実施方法をめぐる議論が際限なく長期化した結果、一九九〇年までに行われるはずだったモラトリアムの見直しは今日に至るまで一度も行われていない（小松 二〇〇二、一一五―一一七頁、Kalland 2009, pp. 122-124）。

一九八二年のモラトリアム決議に先立って、一九七九年以降のわずか三年間で、二三もの国が反捕鯨勢力として新たにＩＷＣに加盟した。実は一九八二年の商業捕鯨一時停止案は主にこれらの新勢力の票で決議された面が大きく[12]、反捕鯨国側による多数派工作という色彩が強い議決過程が捕鯨推進国のさらなる反発を招いて、両陣営の溝はよりいっそう深まることになる（この問題については、水産庁「捕鯨を取り巻く状況」（https://www.jfa.maff.go.jp/j/whale/w_thinking/index.html#2）なども参照）。

二〇世紀のイルカ・イメージ

一方、大規模捕獲の対象だったクジラとは異なり、イルカは、特に二〇世紀に入ってからは、クジラとはまた別の形で存在感を増していった。イルカ飼育の歴史としては、一八五〇年代頃、デンマークのコペンハーゲン動物園がネズミイルカを飼育したのが最初期の例とされる（内田 二〇一〇、一六頁）。

一九一四年に北米ノースカロライナ州で捕獲された五頭のハンドウイルカがニューヨーク水族館で飼育・展示され、一九三八年にはフロリダ州のマリン・ステュディオスが近海で捕獲したイルカに訓練を施して、大型水槽でパフォーマンスさせることを試みた（同書、一七頁、Johnson 1990, p. 201）。このマリン・ステュディオスの成功を受けて、他の欧米諸国や日本でも水族館でのイルカ飼育がさかんになる。とりわけ一九六〇年代以降は、広大な敷地内にいくつもの大水槽を展開し、ホテルやレストランも併設した大規模集客施設が数多く造られた（内田 二〇一〇、一七頁）。

マリン・ステュディオスでは、一九五〇年代に「フリッピー（Flippy）」というハンドウイルカが飼育されていた（Mitman 1999, p. 165）。これと直接関わりがあるかどうかは不明だが、一九六〇年代には現代のイルカ・イメージの形成にとって決定的な出来事が起こる。それが、一九六三年の映画『フリッパー（*Flipper*）』（ジェームズ・B・クラーク監督）の公開である。音声や動作で人間とコミュニケーションを取り、少年の「友達（companion）」として活躍するイルカのフリッパーの物語は、子どもたちを中心に世界的な人気を集めた（映画の成功を受けて、一九六四―六八年には米NBCでテレビシリーズ「フリッパー」が放映された。さらに一九九五―二〇〇〇年には、そのリメイク版も放映されている）。

一九五〇年代以前、イルカの生態についての科学的研究は、それほど多くの蓄積がなかったようである（Bryld and Lykke 2000, p. 186）。しかし、映画『フリッパー』の成功に加えて、戦後アメリカの「来たるべきフロンティア」として海洋空間が軍や政府から重視され、マリン・ステュディオスが娯楽施設であると同時に科学者たちの研究拠点としても注目されたことなどから、北米を中心に国際的なイルカ・ブームが起こる（Mitman 1999, pp. 174-178）。これをきっかけに、イルカの知性や言語に関する研究の数が飛躍的に増加し、蓄積された研究成果を下敷きにして、クジラ類、特にイルカを題材とするSF小説なども大量に出回った。そうしたフィクションの流通も相まって、後述するように、この時期、いわゆる「ドルフィン・カルト（the dolphin cult）」（Kalland 2009, p. 31）とでも呼びうる現象が、北米を中心にして大衆文化的な文脈で形成されていく。

こうした流れを踏まえると、一九九〇年代以降に登場した「スーパーホエール」のイメージは、一九五〇年代以降にイルカへの大衆的関心が急速に高まった結果、人々の想像力の中で、西洋で伝統的に培われてきた海の怪獣もしくは資源としてのクジラ像と人間に友好的で知的なイルカ像とが接合する形で形成されたものだと考えられる。例えば、スーパーホエールの「頭がいい」、「友好的」、「歌を歌う（音楽好き）」といった特徴は、伝統的にイルカの特性として伝えられてきたものであり、謎多き「巨大」生物に信仰心にも似た畏怖の念を抱くという態度は、海の怪獣ケートスへの古来の見方を引き継いでいる。

西洋に伝統的に存続してきたクジラ像とイルカ像の系譜を交錯させる形で生まれた「スーパーホエール」の偶像は、やがて森田勝昭の言う「メディアホエール」となって世界中に拡散していった。一九七〇―八〇年代のヨーロッパやアメリカでは、一般向けの科学書、ドキュメンタリー、歴史などのノンフィクションに加え、小説、児童文学、詩などのフィクション、写真集などのクジラ関係の書籍が次々に出版されたほか、映画やビデオ、CD、絵画、ポスター、カレンダー、Tシャツなどの環境グッズによっても、クジラ＝「海の知識人」というイメージが再生産される（森田 一九九四、三八九頁）。

森田によると、メディアホエールには、⑴クジラの知性の研究などの「科学的」な装い、⑵現代が求めるプラスの価値（知性、瞑想、非暴力、愛、平和、反経済至上主義など）、⑶映像や音声表現などのヴァーチャル・リアリティ的展開といった特徴がある。だが、これらの要素を盛り込んで作られたクジラ類のイメージは、あくまで「作り上げられた虚像」に過ぎず、実在する生物としてのクジラ類の生態や捕食関係、あるいはクジラ類と人間生活の現実的な関わりといった要素は完全に欠落している。そうして、生物としての実体から乖離したメディアホエールは、人々の想像の中だけに存在する「非現実的で非歴史的な世界」（同書、三九一頁）を今日に至るまで休むことなく泳ぎ続けているのである。

三　人種階層と動物保護

1　人間と動物の境界

ここまで西洋における表象としてのイルカとクジラの歴史的変遷を概観してきたが、こうした古くからのイルカ・イメージは、後述するように、映画『ザ・コーヴ』に象徴される、イルカを特別視するような欧米的慣習の起源の一つになっている。

さらに、『ザ・コーヴ』制作の背景には、一九六〇年代に北米を中心に形成された「ドルフィン・カルト」の影響も見ることができる。「ドルフィン・カルト」の形成過程については次節で詳しく述べることにして、本節では、欧米社会において「動物を保護する」という近代的思想が生まれた歴史的経緯を把握しておきたい。その観点から見ると、『ザ・コーヴ』という作品は、動物を保護の対象とする見方と、動物を捕獲して資源として利用するという見方との間に生じる軋轢をエンターテインメント的に物語化した作品だと言うことができる。いわゆる近代的な動物保護の理念は、一九世紀に英米を中心に確立されたが、そこには、西洋社会で伝統的に受け継がれてきた「野蛮」や「未開」のビジョン、ひいては社会階級や人種階層に関わるイデオロギーが複雑な形で影を落としている。

聖書と動物裁判

西洋における動物への眼差しの歴史を紐解く上でしばしば引き合いに出されるのが、聖書に描かれた動物観である。中でも、『旧約聖書』「創世記」一・二六―二八は、動物の支配者としての人間というキリスト教的観念を端的に示す箇所として、たびたび引用される（ターナー 一九九四、トマス 一九八九など）。

神は言われた。「我々にかたどり、我々に似せて、人を造ろう。そして海の魚、空の鳥、家畜、地の獣、地を這うものすべてを支配させよう。」／神は御自分にかたどって人を創造された。神にかたどって創造された。男と女に創造された。／神は彼らを祝福して言われた。「産めよ、増えよ、地に満ちて地を従わせよ。海の魚、空の鳥、地の上を這う生き物をすべて支配せよ。」（新共同訳）

聖書の記述は、本来、多様な解釈に開かれている。J・ベアード・キャリコットは、この一節の一般的解釈を次のようにまとめる。すなわち、男＝人（man）は神の似姿として創造され、ゆえに地球と他のすべての被造物に対する支配権を神から与えられている。したがって、男＝人は神の意思によって自然の主人となり、自然はその奴隷となる（キャリコット 二〇〇九、六七―六八頁）。

その一方で、キャリコットは、こうした一般的解釈に対するユダヤ＝キリスト教側からの異議申し立てにも触れている。つまり、ユダヤ＝キリスト教の擁護者たちによると、神の似姿として創造された男＝人は、神によって権利と地位のみならず、特別な義務と責任も同時に課されている。その責任とは自分の支配する領土＝地球を賢明かつ恵み深く治めることであり、それゆえ地球を過剰に搾取したり、劣化させたり、破壊したりすることは統治者である神の信頼に背く行為となる（同書、六九頁）。こちらの解釈をキャリコットは「男《マン》＝番人《スチュワード》」の解釈（同書、七〇頁）と呼び、倫理学者としての自身の立場から見て、これが『聖書』に示されている男－自然の関係についていちばん矛盾のない」（同書、八六頁）ものだと主張する。

中世史家の池上俊一は、ヨーロッパ古代・中世のキリスト教的動物観の典型として、「神中心＝人間中心の善悪二元論」（池上 一九九七、一〇四頁）をあげる。池上曰く、この二元論に基づくなら、聖書に描かれているように、人間はもともと「地上の楽園」であらゆる動物と睦《むつ》みあっていたが、アダムとイヴの原罪によって権威を失った人間に動物は反抗するようになり、また動物同士も争うようになった。こうした世界観のもと、古代・中世のヨーロッパ人は、安心できる秩序＝人間の領域（家庭、耕地）に住む家畜を「善き存在」と見なし、その外側の危険なカオス（森、荒野、山、海）に属する野生動物を攻撃的で悪魔的な存在だと考えた。このような外部と内部の対立構図を背景に、中世という時代には、目の前のカオスに秩序を打ち立て、原罪によって失われた楽園を回復するための様々な解決法が模索される（同書、一〇四―一〇六頁）。その一つが、一三―一七世紀にかけてフランスを中心にさかんに行われた「動物裁判」だった。

動物裁判とは、人間に危害や損害を与えた動物を告訴し、人間と同じ法的手続きを経てその「犯罪」を裁くものである。一一世紀から一三世紀頃にかけて、ヨーロッパでは未開地を耕地に変える動きが活発化し、馬や牛、羊などの家畜の数が大幅に増加した（池上 一九九〇、一三六―一五〇頁）。その結果、家畜や野生の獣、あるいは虫が人間にもたらす害も急増していく。人間以外の生物のうち、豚や牛、馬、山羊などの家畜が人間に何らかの損害を与えた場合（池上は、一四五六年にフランスのブルゴーニュ地方のサヴィニー村で幼い少年を巨大な母豚が食い殺した例などをあげている（同書、八一―一四頁））、その動物は国王や領主が主宰する世俗裁判所で裁かれ、裁判所内の木に吊るされるなどして処刑された。また、ネズミやモグラ、ハエやハチなどが大量発生して農作物や土地などに損害を与えた場合は、悪魔や悪霊の手先や化身と見なされ、教会裁判所で悪魔払いの儀式の末に破門されたという（井野瀬 二〇〇九、七五―七七頁）。

このように、魔の異空間である森や荒地を人間の秩序に見合うように耕作し、かつて存在した楽園の秩序を取り戻そうとする試みの中で、損害をもたらした動物や昆虫類は、人間が作り出した「神聖」な秩序を破ったかどにより、人間の条理によって裁かれた。言い換えれば、動物裁判は、ユダヤ＝キリスト教的な伝統と一二世紀頃に芽生えた人間中心主義的な合理精神のもとで、人間の秩序の外にある自然を人間の領域に従属させる試みの一部として機能していたのである。

古代ギリシャの頃から、西洋では動物と人間はまったく異なる存在と見なされてきた。例えば、アリストテレスは生物の霊魂を、(1)植物が持つ栄養・滋養的な霊魂、(2)動物が持つ感覚的霊魂、(3)人間が持つ理性的・合理的霊魂という三つのカテゴリーに分類している（金森 二〇一二、二四頁）。この学説は、中世スコラ学者に継承された後、ユダヤ＝キリスト教的思想と融合し、以来、神の似姿として造られた人間は動物と天使の間にある特別な存在と見なされるようになった。中でも、理性や知性、言語、あるいは良心や宗教的本能といった特質を有する人間は、その特質によって動物から明確に区別される、という考え方がヨーロッパでは広く受け入れられた（トマス 一九八九、三四―三八頁）。

人と動物の連続性

だが、動物と人間の間に設けられた理念上の障壁は、一八世紀啓蒙主義の時代に崩れ去る。もともとペットや家畜などとの日常的な関わりから、動物にも人間のような知性や理性、あるいは言語のようなものがあるという考えは、経験則的にある程度は共有されていたが（トマス 一九八九、一七六―一八九頁）、人間と動物の境界をより曖昧にする契機となったのは、一七―一八世紀にかけて発展した比較解剖学だった（同書、一八九頁）。

一六九九年、人間とチンパンジーの骨格が類似していることを発見したエドワード・タイソン（一六五一―一七〇八年）は、比較解剖学的見地からチンパンジーをヒト属に分類した（同書、一九〇頁、リトヴォ 二〇〇一、五二頁）。一八世紀初頭には、様々な神経学的実験を通して、人間と動物は感覚器官の働きがほぼ同じであることが認識されるようになる。もし人間と動物の感覚器官が物理的に同一のメカニズムで働くなら、それは動物も人間と同じように感じることができ、ある程度の理性を持っていることを意味する（ターナー 一九九四、六―七頁）。こうした考えを反映してか、スウェーデンのカール・フォン・リンネは、『自然の体系』初版（一七三五年）において、人間をサル類やナマケモノなどとともに「四足綱（quadrupedia）」の「ヒト形目（anthropomorpha）」に分類した。さらに一七七四年には、オランウータンは動物ではなく、言葉を習得せずに発達が停止した「野生の人間」である、と主張する者も現れた（トマス 一九八九、一九〇頁）。

こうして「人と動物の新しい類似点」（ターナー 一九九四、六頁）が科学的見地から次々と示されたのに加えて、一九世紀半ばには動物と人間の直接的つながりを示唆する、もう一つの理論が登場することになる。「ヒトという生物がサルの仲間から進化してきたことを示し、さらに、さまざまな人種の分化が生じた」（長谷川 一九九九、二一九頁）ことを説明するチャールズ・ダーウィン（一八〇九―八二年）の進化論は、西洋における人と動物の関係性についての思想に多大なインパクトを与えた。だが、ダーウィンの進化論は、人間と動物、なかでもサルや類人猿とヒトを直接結びつける考え方の起源ではないばかりか、生物が「進化」するという考え方自体の元祖でもない。

科学史家のピーター・ボウラーは、一九八〇年代以前の生物学史家の間に見られる「進化論の歴史をあたかもダーウィニズムの歴史であるかのように取り扱いがち」（ボウラー 一九九二、七頁）な傾向を批判し、ダーウィンが進化論を提唱した一九世紀半ばに「ダーウィン革命」と呼ばれる劇的変化が起こった、という従来の科学史観は一種の「神話」だと述べている。ボウラー曰く、ダーウィンの『種の起源』（一八五九年）が刊行される以前から、「非ダーウィン的進化論」（同書、九頁）と呼びうるものがヨーロッパには広く普及していた。そもそも、自然選択説に基づくダーウィン進化論の革新性とは、種の変化は単に新しい環境に適応するために起こるのであり、ゆえに「種の変化の道筋をあらかじめ決定しているような力は存在しない」と主張した点にある。もしダーウィンの言うように適応だけが進化の唯一の推進力ならば、進化の過程は、あらかじめ決められた目標に向かって上昇するのではなく、樹木のように不規則に枝分かれする偶発的プロセスということになる（同書、一四頁）。

ボウラーによると、ダーウィン進化論のこうした革新性は一九世紀当時はほとんど理解されなかった。その革新性が本当の意味で理解されるには、二〇世紀初頭にグレゴール・ヨハン・メンデル（一八二二―八四年）の遺伝学が再発見されるまで待たなくてはならない。ダーウィン自身も、同時代人から抵抗なく受け入れられるように、自身の革新的な進化論を既存の「非ダーウィン的進化論」に適合させる形で説明しようとしていた節がある（ボウラー 一九九五、一三四、二〇四頁）。

ダーウィンの進化論がようやく科学界に受け入れられた後も、非ダーウィン的進化論の世界観は、科学の領域というより、大衆的想像力の中で生き残り、長きにわたって影響力を保った。「非ダーウィン的進化論」を英語圏で普及させたのは、ロバート・チェンバース（一八〇二―七一年）の『創造の自然史の痕跡』（一八四四年）である。チェンバースによると、生物の歴史とは神が計画的に自然の中に組み入れた階層を上昇することであり、個体が成熟に向かって成長するように、進化は「定められた目標に向かって進んでいく」（ボウラー 一九九二、二〇頁）。

この理論は、西洋に古くから存在する「存在の大いなる連鎖（Great Chain of Being）」という観念に依拠するものである（同書、二一頁）。アーサー・O・ラヴジョイ（Lovejoy 1964）が明らかにしたこの観念に従うなら、神によって作られたすべての種は、もっとも不完全な鉱物から神の完全性にもっとも近い天使へと至る連続的かつ直線的な位階的秩序を成している。世界のあらゆる生物は、この「連続の原理」に支えられ、永遠に変わらない神の秩序の中で固定された地位を維持する（丹治 一九九四、八―一〇頁）。一八世紀イギリスを中心に大きく発展したヨーロッパの博物学は、この「存在の連鎖」に基づく世界観のもと、あらゆる自然物を分類・命名することを通じて神の秩序を解明することを一つの使命としていた（松永 一九九二、八一頁）。そして、すべての生物をつなぎ合わせる一本の「連鎖」を自然の体系の中に見出そうという発想は、類人猿と人間の間にあるはずの「欠けている環（ミッシング・リンク）」を探求しようという気運を高め（丹治 一九九四、一一頁）、人々に人間と動物の連続性をより強く意識させたのである。

2　人種階層の誕生

比較解剖学や進化論の発展に後押しされる形で「動物を人間に」近接させる思想上の動きが一八世紀から一九世紀に加速したのとは別に、「人間を動物に」近づけるような思想も同時進行的に構築されつつあった。それが、いわゆる西洋的な「未開」や「野蛮」の概念を下地とする近代的な人種階層の観念である。

例えば、古代ギリシャの伝承や神話には、巨人、小人、人食いの一つ目巨人といった様々な奇人・怪人が登場する。古典古代においては、異様な形態の「未開人」とされた周辺民族は、法典や定まった習慣などがなく、意味不明な言葉を話し、洞穴に住み、農耕を知らず、洗練された技術を持たない人々と見なされた。そうした人々は、乱暴で残忍、狡猾なので、「文明」側は戦争を仕掛け、彼らを服従させる義務や権利がある、とされる。

その反面として、ギリシャやローマの文化を身に付け、ギリシャ語やラテン語を話せるようになった周辺民族は未開でも野蛮でもなくなると考えられたように（スチュアート編 二〇〇三、二一九―三一頁）、古典古代における未開・野蛮と文明との関係は、比較的柔軟で流動的なものだった。その後、奇怪で野蛮とされた未開人のイメージは初期キリスト教を通じて中世ヨーロッパ人の想像力に深く入り込み、森の奥に住む半人半獣の「森の野人」として言い伝えられていく。この森の野人は肌が黒く、毛深く、言葉も話せず、道徳性がなく、激情のおもむくままに生きると考えられ、雌の野人は村の男を誘惑して半人半獣の子を産み、雄の野人は村の女性を略奪・強姦して、その肉を食べると信じられた。

ルネサンス期には、この「悪しき未開人」のイメージは、文明の束縛からの解放を象徴する「善良な未開人」のイメージと併存するようになる。しかし、大航海時代にヨーロッパ人が様々な非ヨーロッパ人たちと実際に遭遇するようになると、「悪しき未開人」のイメージだけが優勢になっていった（同書、三二―三六頁）。中でも、一六世紀中葉に中南米で植民地経営に乗り出したスペイン人は、現地のインディアンに農園や鉱山での過酷な労働を強いることを正当化する目的で、インディアンは残忍で怠惰であり、ゆえに労働を課されることでキリスト教の理念を学び、ヨーロッパ人の庇護を受けるべきである、という言説を積極的に構築していく。とりわけ「未開人」の野蛮性と残忍さの証明として、裸であること、生ものを食べること、さらには「人食い」であることが強調された。こうして「淫らで正義を知らない、純愛も貞淑も重んじない、鈍感で思慮を欠く凶暴な「人食い族」の未開人像」（同書、四一―四三頁）は、一六世紀以降のヨーロッパに広く、深く浸透していった。

野蛮と人種の接合

このように、古典古代から大航海時代にかけてヨーロッパ諸国の植民地主義的欲望を反映する形で構築された「野蛮」の概念は、やがて近代以降の人種階層の概念と接合されていく。ヨーロッパで科学的観点から「人種」を分類する試みが始まったのは、一八世紀中頃だとされる。なかでも博物学的な観点から人種の分類を試みたのが、スウェーデンのリンネや、フランスのジョルジュ＝ルイ・ルクレール・ド・ビュフォン（一七〇七―八八年）である。リンネの『自然の体系』第一〇版（一七五八年）では、霊長類（Primate）はヒト（homo）とサル（simia）に大別され、さらに前者はホモ・サピエンス（Homo sapiens）とトログロディト（Troglodytes）に分類されている。ホモ・サピエンスには、アメリカ人、ヨーロッパ人、アジア人、アフリカ人のほか、野生人（動物に育てられた野生児）、奇形人（気候や人工的処置によって奇形化した人々）など、想像上の「人類」も含まれ、トログロディトには、当時、人間とサルの中間に位置する動物だと考えられたオランウータンが含まれていた（坂野 二〇〇二、一七八—一八〇頁）。

一方、「コーカソイド」、「モンゴロイド」といった用語を生み出して、一九世紀以降の人種分類体系に多大な影響を与えたのが、ドイツの医学者ヨハン・フリードリヒ・ブルーメンバッハ（一七五二—一八四〇年）である。ブルーメンバッハは、収集した頭蓋骨をもとに人種分類論を展開し、それまで哲学的な推論でしかなかった人種概念を実証的な研究に昇華させた。なかでも「コーカシア（Caucasiae）」、「モンゴリア（Mongolicae）」、「エチオピア（Aethiopicae）」、「アメリカーナ（Americanae）」、「マレー（Malaicae）」という五変異の分類を提唱し、「白色」、「黄色」、「黒色」、「銅色」、「黄褐色」という皮膚の「色」で人類を分類する方法は今日でも広く知られている。ただし、ブルーメンバッハは、こうした人間同士の差異は固定された人種ではなく、あくまで「変異」であり、明瞭な境界を引くことはできない、という立場を取っていた（弓削 二〇一二、竹沢 二〇〇五、五四、九一頁）。

ところが、一八世紀半ば過ぎに、こうした人種観は次第に、黒人をはじめとする、いわゆる有色人種を底辺に置く階層的人種分類に置き換わっていく。その傾向を促したのが、英米での奴隷制をめぐる動きだった。新大陸の奴隷制の歴史を大まかに振り返ると、英国による北米の植民地化は、一六〇七年、ヴァージニア州のジェームズタウンに築かれた居留地にはじまる。農耕や住宅建設に必要な技能も意欲もない英国からの入植者は、自分たち以外の労働力を渇望していた。初期の入植者たちは、まず現地のインディアンの奴隷化を試みたが、インディアンはヨーロッパ人が持ち込んだ疾病への免疫がないために死亡率が高い上、土地事情に通じていてしばしば逃亡するなど、奴隷化には向いていなかった。

次に候補となったのが、イングランド、アイルランド、スコットランドなどからの貧しい若者を中心とする年季奉公人たちである。土地所有者が旅費を負担する代わり、奉公人は数年間の労働を提供すれば独立できる、という当時の制度は、しかし労働者側にとって極端に搾取的で、過酷な労働環境が旧世界に知れ渡るにつれて、渡航者数は激減した。そこに、一六一九年、二〇名ほどのアフリカ人が北米のヴァージニア植民地に運ばれてくる。このアフリカ人労働者たちは、当初ヨーロッパからの奉公人と同様、長期間の労働の末に金で自由を買うことができた。実際、多くの黒人たちが職人として独立して財産を手に入れ、中には土地を所有して奉公人や奴隷を所有する者も現れた。

しかし、一七世紀末までに、新大陸では土地持ちの古くからの入植者と土地を持たない貧民との間で深刻な階級闘争が発生し、支配者側である土地所有者は、反乱を防ぎ、統制可能な労働力を安定的に確保するため、アフリカからの労働者の数を意図的に増やしていく。インディアンや年季奉公人とは異なり、黒人労働者たちは疾病に免疫を持ち、見知らぬ土地で逃げるあてもなく、農業や木材加工などの技能を有するなど、植民地経営に非常に適した人材だった。こうしたアフリカ人労働者への高い需要を背景に、一七世紀末以降は「非キリスト教徒」であるという理由から、黒人やインディアンを奴隷身分に固定する法律が制定されていく。そうして、一七二五年までに、肌の色などの身体的特徴に基づいて黒人を含む「有色人種」を半永久的に奴隷身分にする制度が整えられた（スメドリー 二〇〇五、ムーア 二〇〇五）。

こうして、アフリカ人労働者を奴隷化する社会制度が北米を中心に確立されたが、一八世紀終盤に英国と合衆国の双方で奴隷制反対運動が拡大すると、アフリカ人の奴隷化を正当化するための新たな論拠が求められるようになる。この時、有効な論拠として再浮上したのが、あの「存在の大いなる連鎖」の観念だった（スメドリー 二〇〇五、一六八頁）。

ヨーロッパ思想史において、一八世紀半ばに起こった重要な出来事の一つとされるのが、「存在の大いなる連鎖」の「時間化」である。もともと「存在の連鎖」とは、自然界の秩序を形作る静的な配列構造として想定され、その前提には、神によって最初に創造がなされた時の状態が現在まで続いている、という考え方があった。この静的な神の計画というビジョンに「時間」という要素を取り入れた一人が、スイスのシャルル・ボネ（一七二〇—九三年）である。ボネによると、存在の連鎖の各段階を成す種の一つ一つは、もともと神が造った一つの胚種が身体の再生を繰り返す中で形成されたものであり、ゆえに長期的に見れば、人間はより高次の天使等の段階に移行し、動物は人間に、植物は動物になる（ボウラー 一九八七、㊤九七—一〇二頁）。

人の序列の身体化

こうして時間化された「存在の連鎖」のイメージは、一八世紀後半頃には、非ダーウィン的進化論と結びつく。非ダーウィン的進化論の多くは、「存在の連鎖」の直線的イメージを継承しつつも、「存在の連鎖」を時間の経過とともにより完全な状態に「上昇」する過程と見なした。そして、この考え方が英米で奴隷制度を正当化するための理論として応用されたのである。そこではアフリカ人労働者、すなわち黒人は、サルからヒトにつながる単線的連鎖の中間段階にある存在と見なされ（ボウラー 一九八七、㊦四八七頁）、黒人は白人より低い進化段階にあるのだから、より高次に進化した白人に奴隷として支配されるのは当然である、との理由付けが成立する。

　こうした人種間の階層的差異を科学的手法で数値化することを試みた一人が、アメリカの科学者サミュエル・G・モートン（一七九九―一八五一年）だった。一九世紀当時、急速に発展しつつあった頭蓋学（craniology）の分野で、モートンは世界中から大量の頭蓋骨を収集し、その容量＝脳の大きさを計測することで様々な人種の知的レベルを数値的に序列化しようと試みる。測定の結果、モートンは、ネイティヴ・アメリカンや黒人は白人より小さい頭を持ち、ゆえに知能が低い、などと主張した[13]（坂野 二〇〇二、一九一頁、Haller, Jr. 1971）。

　身体的な計測によって人種を序列化しようとする試みは、次第に頭蓋学以外の領域にも応用される。例えば、犯罪人類学の父といわれるイタリアのチェーザレ・ロンブローゾ（一八三五―一九〇九年）は、処刑された囚人の遺体を子細に検証し、犯罪者の身体的特徴を類型化しようとした。ロンブローゾは、犯罪者となる人間の兆候として、大きな顎や低い額、長い腕、そして「黒ずんだ肌」をあげている。さらに、犯罪者は生まれながらに人間の進化の前段階に先祖返りした類人猿に近い人々であり、ゆえに、より原始的な段階にとどまっている黒人などの「劣等」人種と多くの共通点を持つ、とした（ムーア 二〇〇五、一二二―一二三頁、ボウラー 一九八七、(下)四九〇頁、ターナー 一九九四、一一七―一一八頁）。

　こうした人種の序列化の観念は、やがて社会階層の領域にも応用されていく。イギリスの優生学者カール・ピアソン（一八五七―一九三六年）は、外国からの「劣った」人種が移民として文明国家に流れ込み、アングロ・サクソン系と混血することで白人の人種的優秀性が損なわれると懸念した。ピアソンはロンドンのスラムに住む移民の子どもたちを調査し、移民たちはもともとのイギリス国民より生得的に虚弱で、知的にも劣っていることを証明しようとする（ボウラー 一九八七、㊦四八六頁）。当時「スラム街に住む粗悪な大衆」（ボウラー 一九九五、二九七頁）は、「下等な」人種の集まりであり、貧困や犯罪などの社会問題の温床になると恐れられた。一九世紀後半には、スラム街に住む「劣った」人間の人口が急増し、逆に高度な能力を持つ専門家層の人々は比較的子どもが少ない傾向にあることが不安視されている。とりわけこの傾向は、ダーウィンの主張する自然選択が文明社会で有効に機能していないことを示す兆候として捉えられた。

こうした社会不安を背景にして、優生学の父として知られるフランシス・ゴールトン（一八二二―一九一一年）が、人為選択による人種的性質の改善を提唱し、北米を中心に二〇世紀初頭の人々の注目を大いに集めることになる（ボウラー 一九八七、㊦四六九―四七二頁）。

3　野蛮な自己への恐れ

「存在の連鎖」に基づく非ダーウィン的進化論のビジョンのもと、進化の階梯でより下位にあると見なされた人種は、動物に近く、ゆえに残酷で知能が低く、性的に放埒で、不道徳で秩序を乱す「野蛮」な存在である、という図式の中に位置づけられる。

しかし、本来「野蛮」であることと「動物的」であることは、必ずしもイコールで結ぶことはできない。動物という存在は、人間の目から見て、ある一面では獰猛で凶暴と思えるが、見方を変えれば、人間以上に慈悲深く、愛情に溢れ、忠義に厚い勇敢な友のようにも思える。にもかかわらず、今日「動物的」と形容される性質は、どういうわけか、獰猛さや凶暴さ、残虐性、無秩序、あるいは性的衝動といったネガティヴなものに偏る傾向がある。この点について、歴史学者のキース・トマスは興味深い指摘を行っている。

「イヌのように酔っぱらう」という諺があるが、酔っぱらったイヌをみた人があるだろうか。人間は自らのうちにある最も恐ろしい自然的衝動――残忍さ、暴飲暴食、好色性――を動物に転嫁してしまった。ところが、同種族間で戦い、身体を害するほど飲食し、一年じゅう性活動を行なっているのは、人間であって獣ではない。（トマス 一九八九、四九―五〇頁）

こうした指摘にもかかわらず、動物的であることと「野蛮」であることは今日でもしばしば同一視される。その状況は、おそらくヨーロッパ人が古来、非ヨーロッパ人を自身から区別するために創り上げてきた「野蛮」の概念が、進化論や近代的人種階層の概念が確立される中で、動物と人間のつながりと区分について考えるための思想体系と接合されていったためだと考えられる。

竹沢泰子によると、西洋で伝統的に培《つちか》われた文明化された自民族と野蛮な他者という対比は「個々人がみな内面に抱く、強さ／弱さ、豊かさ／貧しさ、美しさ／醜さ、等々の断片を、自己から払拭したい他者像、あるいは理想化された自己像として投影」（竹沢 二〇〇五、七九頁）することで構築される。この時、自らを「文明人」と自負する人々が好ましくないと考えた要素が「野蛮」として切り離され、それが進化論的ビジョンの広まりによって、未開人に近しい存在として位置づけられた動物という「他者」にも投影されるようになった。そうして未開、野蛮、動物を同一視する思想体系が形成される中で、人間と動物の関係は、文明人と未開人の間にある支配・被支配の関係と同等のものとして解釈されるようになったのである。

「下等な人々」への嫌悪

自己と他者の差異を明確にしたいという欲望は、見方を変えれば、両者の間にそれほど大きな違いが見られず、にもかかわらず互いの差異を際立たせなくてはならない強い必然性が生じた時にこそ発現しやすいものだと言える。その意味で、一九世紀の英国において、近代的動物保護への機運が突如高まったことは、自己と他者、文明と未開、ひいては人間と動物の境界が、社会的変動の中で様々な意味で脅かされ、揺らいでいた状況から生みだされた副産物だったと解釈することができる。

ヨーロッパで近代的動物愛護の精神が法制度化される最初の兆しは、一八〇〇年の「牛いじめ防止法案（Bill to prevent bull-baiting）」（「牛いじめ」は、地面に立てられた杭から自由に歩ける長さのロープで牛をつなぎ、そこに数頭の犬をけしかけて、牛を倒した犬の飼い主に賞金が支払われるという動物闘技）のイギリス議会への提出だと言われる（井野瀬 二〇〇九、六九頁）。攻撃する側の犬も牛とともに傷つけられ、最後にはどちらも死んでしまう、このおぞましい娯楽は、中世以来、民衆の間で大いに人気を博した。牛いじめ防止法案は最終的に棄却されたものの、その後、英国では牛や馬、羊といった家畜に対する残酷な扱いを禁じる法案がたびたび提出されるようになり、ついに一八二二年には通称「マーティン法」と呼ばれる「畜獣の虐待および不当な取り扱いを防止する法律（Act to Prevent the Cruel and Improper Treatment of Cattle）」が成立する。

二年後の一八二四年には、中産階級以上の人々を中心に「動物虐待防止協会（Society for the

Prevention of Cruelty to Animals)」(ＳＰＣＡ)が設立され、マーティン法に続く動物保護の法律の制定を継続的に働きかけていく(この団体は、一八四〇年には「英国動物虐待防止協会(Royal Society for the Prevention of Cruelty to Animals)」(ＲＳＰＣＡ)となる)。その結果、一八三五年にはマーティン法による保護の対象が家庭内の愛玩動物にまで広げられ、牛いじめを含む動物闘技を禁止する法律も成立する。さらに一八七六年には動物実験や生体解剖を規制する「動物虐待防止法(Cruelty to Animals Act)」も制定された(同書、七〇―七一頁、松井 二〇〇七、Beers 2006, pp. 23-24)。

動物への残酷な扱いを禁じる法律が次々と制定された要因として、ジェイムズ・ターナーは、一九世紀英米の工業化と都市化の進展に伴って開花した他者の苦しみに対する嫌悪と、それが喚起する他者への同情心の広まりをあげている(ターナー 一九九四、五九―六五頁)。だが、この時期に動物虐待への嫌悪が生じた理由は、動物の苦痛に対する同情心の広まりにとどまらないだろう。前述のように、この時代は英国の社会階層に進化論や人種主義的ヒエラルキーの論理が敷衍された時期であり、下層階級の人々が性的衝動や犯罪、そして動物虐待といった人間として最も忌むべき行為を抑制できないのは、彼らがより動物的な段階にあり、その内なる獣性を制御できないためだと解釈された(リトヴォ 二〇〇一、一九〇―一九二頁)。

実際、英国における動物虐待を禁じる初期の法律の多くは、下層階級の人々の行動や習慣を制限することを主たる目的としていた。例えば、一八〇〇年に提出された牛いじめ防止法案は、牛いじめという庶民の遊びを規制することを目指したものであり、一八二四年に成立したマーティン法は、馬や牛、ロバ、羊などの畜獣への気まぐれな殴打、あるいは誤った虐待を禁止するものだが、これらの家畜を扱う職種を主に担っていたのは下層階級の人々だった。

このように、一九世紀の英国で動物虐待を禁止する法律が制定されたことには、当時の階級社会を背景とする差別意識が色濃く反映されている。その傾向は、一九世紀後半に試みられた動物の生体解剖（vivisection）への法規制が実質的に「失敗」した、という事実にも表れているだろう。すなわち、当時、生きている動物に苦痛を与える生体解剖は、医学教育や獣医学教育の一環として、主に中産・上流階級に属する高度な教育を受けた専門家によって行われていたが、一八六〇年代頃から反対運動が盛り上がり、一八七六年には生体解剖禁止法令が制定される。しかし、動物の解剖や実験を行う際に必要とされた認可を科学者たちは簡単に取得できたため、この法規制は実質的にはほとんど効果を持たなかった。その後、生体解剖の規制を諦めた運動家たちは、次第に感情的に生体解剖の残酷さを訴える方向に転換することになる（同書、二二四―二三七頁）。

一九世紀の英国では、人種階層のイデオロギーや、非ダーウィン的進化論に着想を得た社会進化の思想を背景に「動物の扱い方で人間の社会的、道徳的地位が定まる」という新たな文化的レトリック（同書、二一二頁）が形成されつつあった。中産階級以上の人々は、スラムに住む移民や下層階級の人々は、より原始的で「野蛮」な段階にとどまっているために動物虐待を行うのであり、だからこそ社会の健全性を保つためには、そうした野蛮な人々の衝動を抑制することが急務だと考えた。そのために編み出された方策の一つが「動物保護」という新しい制度だったのである。

内なる野蛮の回避

こうして英国で生まれた近代的動物保護の思想や制度は、しかしその後、奇妙なねじれを見せ始める。一九世紀後半に入ると、動物への残酷な扱いが社会的あるいは人種的に上位とされる人々によって常習的に行われていた、という事実が人々の間で次第に自覚されるようになったのである。その結果、動物虐待という行為は、「野蛮な下層民」と中産・上流階級を区分するための指標としては有効に機能し難い、曖昧なものになっていった。

思想上の区分の崩れは、知的にも人種的にも優れていると考えられた中産・上流階級の人々も、場合によっては下層階級の人々と同様、自らの激情に負けて内なる獣的な欲望に屈してしまうかも知れない、という恐れを喚起することになる。その恐れは、例えばR・L・スティーヴンソンの『ジキル博士とハイド氏の不思議な事件』（一八八六年）や、H・G・ウェルズの『モロー博士の島』（一八九六年）などの小説として表面化した、とターナーは指摘する（ターナー 一九九四、一一六―一一七頁）。とりわけ、残忍で「サルのような」風貌を持つハイド氏の残酷な殺人は、動物的獣性と犯罪性を強固に結びつける文学的比喩として強力に機能した。進化論的な連続性の中では、どんな人間も原初的衝動を抑えられない下等な人間や残忍な犯罪者となる可能性を自身から完全に切り離すことはできない。それゆえ、すべての人間は、今ある進化した自分という地位から転落しないように、内なる動物的衝動を何らかの形で自制し続ける必要がある。

この時、一九世紀半ば以降の英国で動物保護への熱意が急速に高まったのは、動物への慈悲心に促されたというよりも、むしろ動物への残酷な扱いを嫌悪する自己を再確認し、それを対外的にアピールするための文化的装置が必要とされたためだと解釈することができる。当時、中産・上流階級の間では、動物に残酷な扱いをする「下等な」人々と自らを区別するため、動物に親切な扱いをして「野蛮でない」自己を繰り返し証明する必要が生まれた。そうすることで、自身に内在する動物的獣性に屈してしまうのではないかという不安を永遠に回避し続けることが可能になるのである。

近森高明は、ターナーの論を参照しつつ、一九世紀イギリスのみならず明治三〇年代の日本においても動物愛護精神が顕在化したことの思想的メカニズムを分析している。

上・中流階級の人びとは、博愛主義・人道主義を実践してみせる必要に駆られていた。〔…〕〔ただし〕階級的な無意識というレベルでは、社会構造・階級構造を変革するまでの実践は回避すべきだと考えられていた。

そのとき、そうした二つの矛盾する階級的必要性を一挙に解消することができる、いわば無害な攻撃目標として注目されたのが、虐待される動物であった。動物ならば、いくら救済したところで、社会構造・階級構造が危険にさらされる心配はない。〔…〕それどころかさらに、「残酷」で「危険」な下層階級を対象に、動物愛護という主題を通して社会教育をほどこすことにより、社会構造・階級構造のさらなる安定化をもくろむことができたのである。（近森 二〇〇〇、九四頁）

日英双方において、動物を保護する行為は、急速な都市化と工業化を背景に、貧困や、劣悪な労働環境などの社会問題が顕在化した時代が要請する博愛主義・人道主義を効果的に表現するための手段だっただけでなく、既存の階級構造を強化し、安定化させる思想的装置としても機能していた。確かに、近森の言うように、現在の動物保護は一九世紀のように「特権階級だけに支持されているわけではなく、〔…〕その運動を活性化させている力を階級という観点だけから説明する」のは難しい（同書、九五頁）。しかし、階級差を表現するためのある種の行動的言語として動物愛護という行為が発現し、機能したという歴史は、現在の動物保護の隠れた意義や目的を考える上で、重要な観点を与えてくれる。その時、動物の保護や虐待等をめぐる今日の議論が、どういうわけか、しばしば先進、後進といった「進歩思想」を前提とした言葉に彩られがちである理由が見えてくるだろう。近代的動物保護の思想は、その生成過程から、一九世紀的な階級構造への欲望を宿命的に内包しており、ゆえに動物を保護したいという熱意の高まりは、今日においてもしばしば自分たちより下等で野蛮な「虐待する誰か」を発見し攻撃したいという欲望と密接なつながりを持っているのである。

四　宇宙を泳ぐイルカ

1　自然回帰としての対抗文化《カウンターカルチャー》

前節では、主に英国を中心に構築された近代動物保護の理念と非ダーウィン的進化論、また英米の人種主義との関係について見た。後述するように、映画『ザ・コーヴ』にも、こうした一九世紀以来の動物保護思想のイデオロギーが色濃く反映されている。その一方で、この映画が制作された背景には、西洋の動物保護を取り巻く諸言説と共に、一九六〇年代のアメリカで確立されたイルカをめぐる現代的「神話」の影響を見ることができる。

現代のイルカ神話、またはイルカ・イメージの形成において非常に重要な役割を担ったのは、ジョン・カニンガム・リリィ（一九一五―二〇〇一年）というアメリカの脳科学者である。ここでリリィの話に移る前に、彼がイルカ研究に熱中していた一九六〇年代がどのような時代だったのかをまとめておく必要がある。というのも、リリィ独特の思想や行動原理は、まさに六〇年代特有の文化的背景のもとに必要とされ、生み出されたものだったからである。

ベビーブーマーたちの時代

冷戦下にあった一九五〇年代から六〇年代初頭にかけて、アメリカは未曾有の好景気を迎えていた。この時期、第二次世界大戦中に倍増した国民総生産（GNP）に後押しされて国民の消費は大いに伸び、公共事業や朝鮮戦争による軍需の拡大もさらなる経済成長を促した（有賀 二〇〇二、(下)二九頁）。この大量生産、大量消費に基づく豊かさを享受したのは、主に白人の中産階級層だった。短期間で安価に建てられるプレハブ方式の住宅が供給されるようになると、彼らの多くは郊外に広い一軒家を構え、洗濯機、冷蔵庫、電子レンジ、テレビなどの家電や自動車を次々と買い揃えた。そうして生み出された「アメリカ的生活様式」は、やがて労働者階級にも広まっていく。郊外での理想的な生活を描いたテレビドラマなども多数制作され、アメリカ的家庭の理想像は米国内のみならず国際的な広まりを見せていった。

ところで、一九五〇年代には、家族重視の風潮のもと、主婦であり母である女性が家庭を守る伝統的な核家族像が理想とされていた。その影響で、当時、約五〇〇〇万人もの新生児が世に送り出される、いわゆるベビーブームが到来する（同書、(下)三〇―三八頁）。五〇年代生まれのベビーブーマーたちは、やがて成長して「ヒッピー（hippie）」と呼ばれる若者となり、六〇年代のカウンターカルチャー（対抗文化）の担い手となった。

カウンターカルチャーとは、五〇年代のビートジェネレーションの精神を引き継いだ多種多様な文化現象の総称である。その全容を大まかにまとめると「既成権力や親の世代の価値観に抵抗して、若い世代のアメリカ人が独自の文化を作った現象」(竹林 二〇一四、七頁)となるだろう。具体的には、ロック・ミュージックやLSDなどのドラッグの流行、自由な性交渉、コミューンの形成などが挙げられる。これらの文化を担った若者たちは、核家族を規範とする親世代の生活スタイルを否定し、戦後の大量生産・大量消費経済への反発から貧困を理想化した。こうした反近代・反文明の風潮は、やがて従来の西洋的・アメリカ的価値観全体の否定につながり、西洋的な価値基準の代替物として、北米先住民の世界観や日本の禅仏教といった「非西洋」の文化や思想が称揚されるようになる(進藤 二〇一五、竹林 二〇一四、七頁)。

カウンターカルチャーが全盛となった六〇年代は、米国内で多種多様な社会変動が巻き起こった時期でもあった。その代表格が、公民権運動である。一九五四年の「ブラウン判決」により、カンザス州の公立学校で行われていた人種隔離は違憲と判断され、「分離すれども平等」というそれまでの前提が覆《くつがえ》された。また、アラバマ州モンゴメリーで展開された大規模なバスのボイコット運動(黒人女性ローザ・パークスが白人に席を譲らなかったために逮捕されたのをきっかけにして起こった)によって、一九五六年には同州内を運行するバスについての人種隔離法も違憲と判断される。

このボイコット運動で指導的役割を果たしたのが、あのマーティン・ルーサー・キング牧師(一九二九―六八年)である。キング牧師の非暴力戦術によって公民権運動は広く大衆化し、一九六三年八月のワシントン大行進をもって運動は最高潮に達する。一九六四年には、ジョンソン大統領が公民権法(Civil Rights Act)に署名したのを機に公民権運動は一応の終息を迎えるが、以降、運動は他のマイノリティ・グループに波及し、女性や同性愛者、ネイティヴ・アメリカン、ラティーノ、アジア系アメリカ人の権利回復を求める動きが顕在化していく。一九七〇年代になると、こうした権利回復の流れに連なる形で、人間以外の存在、すなわち動物の権利への関心が高まっていくのである（有賀二〇〇二、(下)四三―九九頁、猿谷一九九一、一九九―二三一頁）。

カウンターカルチャーの興隆には、冷戦下で発生した外交危機も影響している。ケネディ政権を引き継いだジョンソン大統領は、一九六四年、ヴェトナムのトンキン湾でアメリカの駆逐艦が北ヴェトナム側から攻撃されたという報告を機にヴェトナムへの軍事介入を本格化させた。短期間で終わると思われたこの戦争は、予想に反して長期化し、戦場の陰惨な光景がテレビで繰り返し放映されるに至って、米国民の総意は次第に反戦へと傾いていく。中でも、大学生を中心にして一九六二年に結成された政治団体ＳＤＳ（Students for a Democratic Society）は、一九六五年四月にはヴェトナム戦争に反対するワシントン行進を行い、これをきっかけに反戦デモが全国の大学に広がった（笹田・堀・外岡編二〇〇二、一五八―一六〇頁、有賀二〇〇二、(下)五六―五八、七八―八二頁）。

一方、ヴェトナム戦争中にアメリカ軍がナパーム弾で森林を焼き尽くし、大量の枯葉剤を撒き続ける光景は、非人道的であると同時に、自然破壊的な行為としても非難を浴びた。一九六〇年代以前には、戦後の経済的繁栄の陰で、自然破壊や環境保護に関わる問題は米国内ではあまり強く意識されていなかったが、六〇年代に入ると、最先端のテクノロジーそのものがアメリカの豊かな生活を脅かしつつあるという現状が専門家の著書等を通じて、さかんに警告されるようになる。

その一例が、海洋学者レイチェル・カーソンの『沈黙の春（*Silent Spring*）』（一九六二年）である。刊行と同時にベストセラーとなった同書において、カーソンは殺虫剤ＤＤＴによる生態系破壊と人間の健康被害の可能性を指摘した（Rothman 2000, pp. 119-120）。さらに、生物学者ポール・エーリックとアン・エーリックによる『人口爆発（*The Population Bomb*）』（一九六八年）は、爆発的な人口増加を抑制しなければ、資源や食料の枯渇など、人類にとって破滅的な未来が待ち受けている、と主張し、三〇〇万部以上の売り上げを記録した（キャリコット 二〇〇九、三一頁、海上 二〇〇五、一三一頁、Rothman 2000, pp. 120-122）。

科学技術の脅威

こうした書物への関心が高まった要因としては、大戦後のアメリカで、ある種の科学至上主義が広まったことが挙げられる。第二次世界大戦終結時に焦土と化したヨーロッパとは異なり、戦時中の軍需景気で潤ったアメリカは、原爆という最強兵器を手にし、戦後は豊かな経済力と絶対的軍事力を誇る超大国になった。終戦と同時にソ連との軍備競争に突入したアメリカは、科学技術分野に予算を大きく振り分ける政策を取る（竹林 二〇一四、六頁）。

こうした状況も相まって、戦後のアメリカ国内では、科学の進歩が将来あらゆる問題を解決するという楽観的な見通しのもと、テクノロジーの恩恵を絶対視する風潮が蔓延した。そうして短期的利益を追求する中で化学物質が濫用され、水や大気、土壌や生態系への悪影響は考慮されなかった。一九四八年一〇月には、ペンシルヴァニア州ドノラ（Donora）の光化学スモッグで二〇人の死者が出るなど、すでに一九四〇年代頃から問題の兆候はあらわれていたが、米国内での環境汚染への問題意識が高まるのは、一九六九年にカリフォルニア州サンタバーバラ沖合で発生した原油流出事故がきっかけである（Rothman 2000, pp. 127-128; Kline 1997, p. 82）。

化学物質による汚染に加え、一九六〇年代のアメリカは核実験とそれに伴う放射能汚染という、もう一つの問題に直面した。一九四九年にソ連が原爆実験に成功して、合衆国と並ぶ核兵器保有国になって以後、米ソ間での核戦争の恐怖に全世界が怯えるようになる（有賀 二〇〇二、(下)七頁）。そんな中、一九六二年には、キューバ危機が勃発する。[14] 最終的に危機は米ソ間での水面下の交渉で回避されるが、このショッキングな出来事を通じて世界は、核戦争による人類滅亡が現実に起こり得るものであると認識した（同書、(下)五六―五八頁）。

これに加え、一九四六年にアメリカがビキニ環礁で行った一連の核実験は、科学者を含む多くの人々に衝撃を与えた。特に二回目のベイカー実験後に行われた検証から、爆発地点周辺の艦艇、海水、大気や魚への放射能汚染が予想を越えて深刻であり、長期にわたって除去不能であることが判明する。以来、米国内では、映画やテレビ、書物や流行歌などにおいて、核の悪夢がさかんに描かれるようになる。各家庭のシェルターには食料が備蓄され、学校では子どもたちが防空頭巾をかぶって机の下に身を隠すなどの訓練が行われた（同書、(下)二七―二八頁）。ロバート・A・ジェイコブズは、自身の幼少期の核にまつわる心象風景を次のように描写している。

　学校から帰った私は、自宅前の階段に腰をかけて世界の終わりを待ちかまえていた。多くの友人と同様、白い閃光の後にこの世界はもはや存在していないだろうし、それに対処する時間的余裕もないことは分かっていた。そして白い光の中に周りのすべてが溶けていく光景を心に描いていた。それは私の人生が終わる時であり、またおそらく、世界の終わりだと思っていた。（ジェイコブズ 二〇一三、三頁）

進歩した科学技術が人類を逆説的に脅かし、滅亡へと追い詰めるかも知れないという危機感は、未来ある若者を中心に、テクノロジーへの幻滅を大いに喚起したに違いない。こうした流れを踏まえると、一九六〇年代のカウンターカルチャーは、若い世代の親世代に対する反抗という従来の解釈に加え、当時の反科学の思潮を背景とする、ある種の自然回帰的運動としても見ることができる。例えば、一九六〇年代末期にヒッピーの間で巻き起こったコミューン・ブームは、都市から逃避して自給自足の暮らしをすることで、自然の中で生きる原始的人間に回帰するという理想に基づいている。また、LSDがヒッピーの間でもてはやされたのは、高度資本主義体制の中で人工的に管理・制御されてしまった身体や精神を、幻覚体験を通じて内側から「初期化」することを目指したからだった。生の感情や衝動を表現するロックや自由な性交渉への希求も、原初的身体性を回復し「自然のまま」の状態を取り戻したいという欲求に駆動されている（竹林 二〇一四、四九、六六―六七頁）。

以上のように考えると、カウンターカルチャーは、広義には、ハル・K・ロスマンの言うように、六〇年代的な科学技術への不信を背景にして巻き起こった「自然回帰運動」(Rothman 2000, p. 115) として捉えることができる。

2　ジョン・C・リリィのイルカ研究

カウンターカルチャーが全盛を迎えていた一九六〇年代中頃、英米を中心にある一つのメタファーが世間の注目を集めた。

建築家バックミンスター・フラーは、のちに環境保護主義の文脈で有名になる「宇宙船地球号(Spaceship Earth)」というキャッチフレーズを一九五〇年代に考案した人物である。フラーは、一九六〇年代初頭に行った講演で、人口増加と資源枯渇というマルサス主義的な悲観論を批判し、テクノロジーの革新が資源不足の問題を解決すると主張する中で、この比喩を初めて公の場で用いた。一九六〇年代半ばに入ると、この比喩は英国の二人の経済学者にインスピレーションを与えることになる。

その一人で、合衆国による共産主義封じ込め政策の支持者だったバーバラ・ウォードは、一九六五年にニューヨークで行った講演で、全人類が一つの完璧に制御された宇宙船に乗り込むクルーとして賢明な協調性を発揮すべきだと主張し、フラーの「宇宙船地球号」を引用した。もう一人の経済学者ケネス・ボールディングは、一九六六年に発表した論文の中で、地球を閉鎖空間である宇宙船になぞらえ、空気や水などの天然資源の有限性を強調する意図でフラーの比喩を用いる(Boulding 1966)。さらに一九六九年には、今度はフラー自身が『宇宙船地球号操縦マニュアル(*Operating Manual for Spaceship Earth*)』という著書を刊行したことで、このメタファーは、より広範な広まりを見せていく(Deese 2009, pp. 70-71; Helmreich 2011, pp. 1212-1213)。

こうした経緯の中で、「宇宙船地球号」というフレーズは、フラーが当初意図していた反マルサス主義的主張から離れ、環境保護主義的文脈のもと、地球という惑星の有限性を象徴する意図でたびたび用いられるようになる。例えば『ニューヨーク・タイムズ』紙は、一九七〇年四月一九日付の社説で、同月二二日に開催予定の世界初の「アース・デー(Earth Day)」を、「宇宙船地球号」のメタファ

アポロ8号から撮影された月面越しの「地球の出」（NASA、1968年）（撮影者から見た方向。構図上、90度右に回転させて用いられることが多い）

ーに結びつけて報じた（Deese 2009, p. 71）。この最初の「アース・デー」を機に、アメリカでは環境保護庁が設立され、一九七二年にDDTの使用が公的に禁止され、一九七三年には絶滅危惧種保存法が制定されるなど、環境保護にまつわる法制度が整えられていく。国際社会では、一九七二年六月五日から一六日に国連人間環境会議、いわゆる「ストックホルム会議」が開催され、環境保全に関する諸原則が世界規模の政府間会合で初めて宣言される。

以上の経緯から、一九七〇年代はしばしば「環境の時代」の幕開けと称される。[15] そうして「宇宙船地球号」の比喩は、複数の人々の手を経る中で当初の文脈から切り離され、七〇年代以降に隆盛を極める環境保護主義と緊密な結びつきを持つようになるのである。

「宇宙船地球号」のメタファーがこの時期急速に広まった背景としては、冷戦下で激化していた米ソ間の宇宙開発競争の影響もあった。一九五七年、ソ連が世界初の人工衛星スプートニクの打ち上げを成功させると、宇宙開発分野で最先端を走っていると自負していたアメリカは科学技術先進国としてのプライドを打ち砕かれる。当時のアイゼンハワー大統領は、軍需産業との結びつきを懸念して、宇宙開発事業には消極的だったが、議会の強い要求に押され、一九五八年には宇宙開発事業と軍需産業を切り離す形でアメリカ航空宇宙局（ＮＡＳＡ）を設立する（有賀 二〇〇二、(下)四一頁、猿谷 一九九一、一九三頁）。その後、マーキュリー計画、ジェミニ計画、そして人類初の月への有人宇宙飛行計画であるアポロ計画（一九六一―七二年）と続いたＮＡＳＡの宇宙開発事業は、一九六〇年代全体を通じて大衆文化的なブームを巻き起こした。

当時の雑誌には宇宙に関する記事や写真がたびたび掲載され、宇宙事業に関わる一般向け書籍も多数刊行されるなど、宇宙のイメージは人々の想像力をさまざまな場面で刺激した。中でも、一九六八年にアポロ八号のクルーが撮影した地球を捉えた最初のカラー写真である「地球の出（Earthrise）」のイメージは、その美しさから、人々の想像力の中で特別な位置を占めるようになる。この神秘的な画像はメディアでたびたび象徴的に取り上げられ、宇宙空間に浮かぶ唯一無二の「青い惑星（the blue planet）」のイメージが人々の価値観を大きく変容させていく（Poole 2008）（ＮＡＳＡによる月面着陸計画が大衆メディアを通じてアメリカで商品として「売り出されて」いく経緯は、Scott and Jurek 2014 などを参照）。

脳科学者リリィとイルカの出会い

ＮＡＳＡの宇宙開発事業が本格化し始めた頃、気鋭の脳科学者として頭角を現していったのが、ほかでもないジョン・カニンガム・リリィだった。

一九一五年一月、ミネソタ州セントポールに生まれたリリィは、幼少期から奇才ぶりを周囲に見せつけ、わずか一三歳で人間が知覚する「リアリティ」について考察した論文を執筆する。一八歳でカリフォルニア工科大学に進学したリリィは、当初は物理学者を目指していたが、ある時、手に取ったオルダス・ハクスリーの小説『すばらしい新世界（*Brave New World*）』（一九三二年）に感化され、生物学者を志す。ハクスリーのディストピア小説が描き出す西暦二五四〇年の世界では、すべての人間は工場で受精卵から培養され、遺伝子による振り分けと条件付け教育によって生まれながらに決められた階級と役割に紐づけられていた。ソーマという完全無害な麻薬によって、人間の感情的苦痛はすべて取り除かれ、階級間の闘争も完全にコントロールされていた（ハクスリー 二〇一三）。

この斬新な世界観に大いに刺激を受けたリリィは、生物学の中でも神経生理学（脳や神経細胞、ニューロンなどの働きを研究する分野）に関心を寄せ、二三歳でダートマス大学医学部に入学すると、大学で人体解剖を繰り返すうちに、やがてヒトの脳という臓器そのものに魅了されていく。

その後、ペンシルヴァニア大学医学部でも学んだリリィは、三四歳で医学博士となり、一九五三年には「国立保健研究所（National Institutes of Health）」（ＮＩＨ）の招聘で、脳の研究をするための神経生理学研究所を創設した。ＮＩＨ在籍時には、自身が開発したアイソレーションタンク[16]（isolation tank）を用いた実験をもとに、脳生理学に関する論文を多数発表している。人間の意識と脳組織の物理的変化との関係を突き詰めようとしたリリィは、実行には移さなかったものの、自分自身の脳に電極を刺すことすら真剣に検討していた。当時の医学界では、ロボトミー手術など治療の名のもとに神経疾患者の脳を実験台にすることは、かなり一般的に行われていた。しかし、リリィは病人の脳に電極を刺すことの倫理的正当性に疑問を持ち、それとは別の実験方法を模索していたのである。すでにサルやチンパンジーを用いた動物実験は行われていたが、目新しい成果は出ておらず、類人猿より大型の脳を探し求めていたリリィは、ある時、人間の脳に近い容積と重さを持つ小型クジラ類の脳を用いることを思いつく。

当初リリィがクジラ目の脳に注目した理由は、クジラ目は人間とまったくかけ離れた生物であるため「倫理的に他者には使うことができなかった技術を使って実験することができる」（リリィ＋ジェフリー二〇〇三、一八五頁）からだった。しかし、一九五三年、フロリダ州セント・オーガスティンの「マリン・スチュディオス（Marine Studios）」（一九三八年設立。一九五〇年代には「マリンランド・オブ・フロリダ（Marineland of Florida）」と改称）で、訓練されたハンドウイルカのショーを見学したリリィは、イルカの高い知能に感銘を受け、研究対象をハンドウイルカに絞ることを決意する。リリィは一九五八年までマリン・スチュディオスに通い、イルカの生体実験や行動観察を積み重ねていった。当時の生物学は外部から観察し得る行動パターンだけを分析する行動主義を規範としており、外からは観察不能な意識や心、知性などを動物が持つと想定すること自体がタブー視されていた。そうした風潮にもかかわらず、リリィはイルカが人間に劣らぬ知性を持つという仮説を実験を通じて科学的に証明しようとしたのである（同書、一八七―一九一頁）。

一九五九年、イルカ研究のさらなる進展のために「コミュニケーション研究所（Communication Research Institute）」（ＣＲＩ）を設立したリリィは、アメリカ領ヴァージン諸島のセントトーマス島に土地を求め、潤沢な私財と公的資金を投じて、独自のイルカ研究施設の建設に着手した。一九六〇年初頭に、イルカ用プールや生化学研究室、コンピューター・ルームやオフィスを備えた最新の研究施設が完成する。この研究所で、リリィは主にイルカの学習能力についての調査を重ねた。

具体的には、従来のようにイルカを外から観察するのではなく、イルカと人間が一つの空間で長期間共に生活し、互いに溶け込む中で、まるで赤ん坊が言語を習得するように、イルカに人間の会話やボディランゲージを学ばせようとした。とりわけリリィはテクノロジーを駆使して、人間とイルカが音声で「会話」することを目指す。

イルカたちとより踏み込んだ接触を行うために、我々は水の中で話す方法と共に、我々が空気中にいてイルカたちが水中にいる時、水中で彼らが「話して」いるのを聞く方法と、空気中で我々が話しているのを彼らが聞けるようにする方法を考案しなくてはならない。これは水中聴音器や水中拡声器、あるいは何らかの適切な電子機器を用いることで可能になる。(Lilly 1961, p. 28)

イルカと「音声」で会話する、という奇抜な発想は世間の注目を集め、リリィの実験は次第にメディアでも取り上げられるようになった。

ヤヌス計画の失敗

リリィによる第一次イルカ研究は一九六七年に予期せぬ訴訟案件に巻き込まれて、CRIを売却せざるを得なくなるまで続けられた(リリィ+ジェフリー 二〇〇三、二五五—二五六頁)。この時、リリィは、イルカ研究のかたわら、LSDを自己投与する実験にのめりこんでおり、イルカへの興味は失われつつあった。

CRI閉鎖後のリリィは、LSDを用いた意識変容の研究と、カリフォルニア州の「エサレン・インスティテュート(Esalen Institute)」で展開されていた「ヒューマン・ポテンシャル運動(Human Potential Movement)」(HPM)(一九六〇年代のアメリカで心理学分野を中心に展開されたカルト的ムーブメントで、人間本来の潜在能力を追求することで幸福や創造性、自己実現感に満たされた状態になることを目指した）に没入した。メリーランド精神医学研究センターでもＬＳＤ研究を続けたリリィは、しかし研究組織の腐敗と研究環境の不自由さに嫌気が差し、瞑想と神秘体験を究めるため、一九七〇年にチリのアリカに旅立つ。数ヵ月後、カリフォルニアに戻ったリリィは、今度は薬物ケタミンを自己投与する実験に夢中になる。

こうして、科学者としてよりニューエイジ的精神世界の分野で名を馳せるようになったリリィは、一九七六年にイルカへの関心を復活させる。この年、リリィはコンピューターを用いてイルカと人間のコミュニケーションを確立するプロジェクトである「ヤヌス計画」を遂行するために「ヒューマン・ドルフィン財団」を設立した。しかし、この計画は実験成果を論文などにまとめるには至らず、資金難も重なって、一九八五年には二度目のイルカ研究も終わりを迎える（同書、四一七頁）。

こうした複雑なキャリアの中で、リリィは『人間とイルカ（*Man and Dolphin*）』（一九六一年）、『イルカの心（*The Mind of the Dolphin*）』（一九六七年）、『イルカと話す日（*Communication between Man and Dolphin: The Possibilities of Talking with Other Species*）』（一九七八年）という三冊の著書を刊行した。[17]『人間とイルカ』は、セントトーマス島でイルカ研究を本格的に始めるまでの経緯と初期のイルカ実験の模様を描写したものであり、『イルカの心』は、同じく初期のイルカ実験においてアシスタントの女性たちの協力のもとで実践したイルカと人間の「共同生活」の記録が軸になっている。

一九七〇年代の第二期イルカ研究に際して、資金集めの目的で刊行されたのが、三冊目の『イルカと話す日』である。これは六〇年代のイルカ研究も含めた総まとめ的な著作であり、前二作と内容的に重複する部分も多いが、巻末にはリリィの著書や論文を含むイルカに関する学術文献一覧が収録されている。

これらの著書は、観察記録や科学的データを含む一方で、イルカと人間に関するリリィ独自の思想や信条を伝える啓蒙書としての性格もあわせ持っている。特に最初の『人間とイルカ』は、出版直後に九ヵ国語に翻訳されるなど、世界的に話題を呼んだ（リリィ＋ジェフリー 二〇〇三、二二四頁）。そのフランス語版を読んだ作家ロベール・メルルは、リリィの研究に触発されて『イルカの日』（一九六七年）というSF小説を執筆している（この作品は一九七三年にアメリカのマイク・ニコルズ監督によって映画化された）。他にも、レオ・シラードの『イルカの声（*The Voice of the Dolphins*）』（一九六一年）、アーサー・C・クラークの『イルカの島（*Dolphin Island*）』（一九六三年）、マーガレット・セント・クレアの『アルタイルから来たイルカ（*The Dolphins of Altair*）』（一九六七年）など、リリィの研究を下敷きにして書かれたSF小説は数多い。[18]『イルカの声』の著者シラードは、NIH時代のリリィと親交があった、れっきとした物理学者である。

リリィのイルカ研究は、科学者たちの関心も大いに惹きつけた。例えば、天文学者のカール・セーガンは、生物や進化、さらには地球外生命に関する著書によっても知られるが、彼もまたリリィのイルカ研究に傾倒した科学者の一人である。[19]こうして、著名な科学者らの支持を得たこともあり、リリィのイルカ研究は、科学的信憑性があるものとして、強い説得力を持って世間に受け入れられた。

だが、今日、リリィのイルカ研究は、動物行動学や生態学の分野では、学術的価値をほとんど認められていない。[20]にもかかわらず、メッテ・ボヨルとニーナ・リッケが言うように、リリィの著書が構築した「現代のイルカ神話（a modern dolphin myth）」は「「本物の」科学（"real" science）」にどれほど否定されようと大衆に支持され続けている、という奇妙な状況が生まれている（Bryld and Lykke

2000, pp. 190, 197)。

3　宇宙からきたイルカ

次に、リリィが著書に記したイルカに関する独自の思想について検討していきたい。『人間とイルカ』の冒頭で強く打ち出されるのが「異種間コミュニケーション（interspecies communication）」という概念である。

今後一〇年か二〇年以内に、人類は他の生物種とのコミュニケーションを確立するだろう。その種とは、人間ではない異世界の存在であり、ひょっとしたら地球外の生物か、もしくはより高い確率で海洋生物である。これらの種は間違いなく知能が高く、おそらく知性的でさえある。（Lilly 1961, p. 11）

引用中に見られる「地球外の（extraterrestrial）」という表現は、決して冗談などではなく、リリィがイルカ研究に従事していた時代には、確かなリアリティを持つ用語だった。前述のように、一九六〇年代にはNASAを中心に宇宙開発計画が推進され、アメリカのみならず世界中が宇宙に人類を送り込む一大プロジェクトに熱狂していた。それゆえ、リリィを含む同時代人の多くは、宇宙人に遭遇した際の「現実的な」対策を考えることの重要性を、切実さを持って受け止めていたのである。

一九六〇年代のカウンターカルチャーの時代は、ヴェトナム反戦運動をはじめ、冷戦下での反戦の機運が大いに高まった時期でもあった。そのため、リリィの著書にも核や冷戦に関する記述を随所に見ることができる。「今日、我が国の軍事力は、全人類のみならず、陸海の全生命を殺戮できるほど強大である。惑星をいくつも滅ぼすほどの膨大なエネルギーの放出がもたらす最終ハルマゲドンに向かう潮流があることは、近代の核・粒子物理学の基礎知識があれば理解できる」(Lilly 1967, pp. 40-41)。こうした懸念を示した上で、リリィは、核による人類の「自己破壊(self-destruction)」(ibid., p. 41)という宿命を回避するには人間同士のコミュニケーションを改善することが不可欠だ、と述べている。

地球外生物としてのイルカ

二冊目の『イルカの心』の導入部にあたる第一章の大半は、イルカではなく人間のメンタルヘルスとコミュニケーションに関する論述に充てられている。この章を通じて、リリィは鬱やアルコール依存症、統合失調症といった人間の精神疾患がもたらす諸問題は、すべてコミュニケーションの不調に起因する、という自説を延々と述べ、その上で、メンタルヘルスの問題を解決するには自己の内面との、あるいは人間同士のコミュニケーションを改善しなくてはならず、それは最終的には世界平和の維持につながる、と力説する。なぜなら、戦争や国家間の軋轢は、究極的には異国の他者とのコミュニケーションの不調が原因だからである(Lilly 1967, pp. 1-38)。

こうした前提のもと、リリィは、人間がイルカとの異種間コミュニケーションを確立することは、人間同士のコミュニケーションの向上につながるだけでなく、来るべき地球外生命との遭遇に対する備えになる、と主張するが、地球外生命の来訪に備える意義については次のような寓話を用いて説明している。もし地球外から「クジラのような形状をしたもの（whalelike forms）」が来訪したなら、その「クジラのようなもの」が仮に平和的使命を帯びてやってきたのだとしても、人類の軍事組織は「侵略（invasion）」と見なして攻撃してしまうだろう。

このような見通しを示した上で、リリィは「もし捕鯨産業が海に住む無害でより高次の存在の扱い方の模範となるなら、宇宙船に乗ってやってくる無害でより高次の存在を我々がどう扱うようになるか、想像してみてほしい」（ibid., p. 54）と訴える。そして、リリィは、クジラ類と地球外生命を、どちらも人類と比べて「より優れた（superior）」存在だと想定し、それら上位の生命体との遭遇時に無知な人類が誤った対応をしないためにも、クジラ類と人間の関係をテストケースにして異種間コミュニケーションの方法を早急に確立すべきだ、と主張するのである。

以上のように、研究が進むにつれて、リリィはイルカが人間と同等の、もしくは人間よりはるかに優れた知性を持つ動物だと固く信じるようになっていった。例えば、人間がイルカの鋭い歯や強い顎、力強い泳ぎを見て怖がるのに対して、イルカの方は「人間を故意に攻撃した例は一つとして記録されたことがない」という点を強調している。「彼らは人間を襲わない。それがなぜか、我々には分からない（... they do not attack man. Why, we do not know）」（Lilly 1961, p. 111）。こうした記述を積み重ねることで、リリィはイルカが「平和的」な生き物であり、いわゆる動物的な「野蛮さ」とは無縁の存在であることを読者に印象付けていった。

リリィは、一九五〇年代末にイルカの脳を初めて見た時、「その大きさと複雑さに感心」し、以降、イルカを人間の実験対象として見るのではなく「科学的実験を、彼らと協力して行っているのだ」（Lilly 1978, p. 18）と思うようになった、と述べている。そうして脳科学的見地からイルカを人間と同等の生物として位置づけたリリィは、次のようなビジョンを提示する。

人間は、その大きな脳によって成し遂げたことから、最も知能の高い生物種であると言われる。もし空気以外の元素の中で生存していたなら、その大きな脳はまた別の道をたどっていたかも知れないのではないか。〔…〕クジラ類の場合、手を使うことはできないし、いかなる建造物の中に置かれることもないが、彼らは書かれた記録ではなく、伝説や口述による伝承の道を選択したのかも知れない。（Lilly 1961, pp. 110-111）

リリィは「人間が「大陸中心的（continent-centered）」であるのに対して、マイルカ（dolphins）やネズミイルカ（porpoises）、クジラ（whales）は「海洋中心的（ocean-centered）」である」（ibid., pp. 217-218）とも述べ、イルカと人間を、あたかも海と陸で世界を二分するパラレルな生物同士であるかのように描き出す。その上で、もし人間が水中に生息していたならイルカのようになっていたかも知れない、という大胆な仮説を提示するのである。リリィ曰く「クジラ類はおそらく何千年もの時間をかけて作り上げた非常に進んだ倫理や法律を持ち、それを音波コミュニケーションによって若い世代に受け渡してきた」（Lilly 1978, p. 136）。文書で記録を残してきた人類と違い、口承と記憶によって膨大な知識を受け継いできたイルカを含むクジラ類は、ゆえに「我々人間より、はるかに多くのことを記憶している」（ibid.）はずである。

リリィは、人間の脳とチンパンジーやゴリラ、オランウータンといった類人猿の脳との違いは大脳皮質の「沈黙野（"silent" areas）」の有無にある、と主張している。この道徳的・倫理的判断や行動の動機づけを担う「沈黙野」を物理的に取り除かれてしまった人間は、もはや人間とは呼べない状態になるのだが、人間よりはるかに大きな脳を持つクジラ類は沈黙野が大きく発達している、という学説がある（ibid., p. 135）。これを踏まえて、リリィは、人間よりはるかに知的で、太古からの膨大な記憶を蓄えた脳を持つと思われるクジラ類の協力を得れば、彼らに「人類の目前にある主要な問題に取り組んでもらう」（Lilly 1967, p. 45）ことも可能だ、と主張する。

　このように、リリィがその著書で構築したイルカ像を概観すると、最終的にそこに立ち現れてくるのは、実はアリストテレスの時代から思い描かれてきた人類の協力者、または救済者としてのイルカ・イメージであることが分かる。

　リリィは一九六〇年代にイルカ・ブームが起きるきっかけとなった映画『フリッパー』の監修にも携わったが、撮影中、監督のアイヴァン・トースとリリィは、アリストテレスが記したように少年をイルカの背に乗せることは可能かを話し合ったという。トースはその可能性を否定したが、リリィは三頭のイルカに浅瀬を泳がせ、トースの妻と息子たちの協力を得て、アリストテレスの観察が事実であることを証明してみせた（Lilly 1978, p. 13）。こうして、映画とテレビ・シリーズの双方において、イルカのフリッパーは主人公の少年の「付添人であり友人、援助者」（Fraser, Reiss, Boyle, Lemcke, Sickler, Elliott, Newman, and Gruber 2006, p. 328）という役割を果たすことになる。

　ギリシャ・ローマ時代から受け継がれてきた人間の友としてのイルカ像は、リリィの著書を通じて一九六〇年代的な風潮を取り込みつつ、太古からの叡智で愚かな人間を教え導く知的生物としての新たなイルカ像に生まれ変わった。そして、リリィのイルカ研究に触発されて生み出された様々なイルカ・フィクションの普及によって、この二〇世紀的なイルカ神話は大衆文化の領域に広く拡散することになったのである。

4　人と自然を結ぶもの

一九六〇年代北米のカウンターカルチャーは、前述のように、ある種の自然回帰運動として捉えられる。ヒッピーたちは、自給自足のコミューンを建設すると共に、当時、原初的生活を維持する人々と考えられていたネイティヴ・アメリカンを、所有欲を持たず、争いをせず、自然と共存して生きる者として理想化し、特別な憧憬を抱いた（竹林 二〇一四、七二頁）。しかし、六〇年代に広がった人口爆発や公害、土壌・水質汚染、核汚染の危機的イメージは、ヒッピーらが回帰しようとした自然そのものの消滅を予感させるものだった。その上、六〇年代末から流通し始めた「宇宙船地球号」の比喩は、アポロ八号がとらえた「地球の出」の画像と共に、地球上の空間や資源が閉じた宇宙船のように有限であることを示唆し、宇宙空間にぽつんと浮かぶ地球という惑星の唯一無二の美しさだけでなく、その圧倒的なまでの脆さと絶望的な孤立を印象付けたのである。

その「孤立する地球」のイメージと呼応するように、一九七〇年代には人間の生物種としての孤立が強く意識された。その表出の一つが、ノルウェーの哲学者アルネ・ネスが一九七三年に提唱した「ディープ・エコロジー」の概念である。生態系についての認識を「シャロー・エコロジー（shallow ecology）」と「ディープ・エコロジー（deep ecology）」に二分するネスは、現代の環境問題を解決するためには人間と自然の関係を根本から変容させる必要があるとした。[21] そのためには、生態系の一部としての人間理解、すなわちエコロジー運動とエコロジー思想の普及が不可欠になる、と主張したのである（海上 二〇〇五、一八三―一八七頁、Naess 1973）。

興味深いことに、リリィの著書にも、こうした生態系ネットワークからの人類の孤立を想起させるような表現が登場する。「今こそ、人類が地球上で、人間中心的で孤立した存在であろうとし続けたことを認識すべきである。それは、人類が自分たちに匹敵する大きさの脳を持つ、あの海洋生物とのコミュニケーションに失敗したためである」（Lilly 1978, p. 111）。そう述べるリリィは、イルカをはじめとするクジラ類とのコミュニケーションこそが、生物種として孤立してしまった人類が生態系ネットワークに回帰するための接合点になる、と暗示している。

残忍なサル、優しいイルカ

一九六〇―七〇年代は、リリィのイルカ研究とは別の文脈で動物と人間のコミュニケーションが話題になった時期でもある。

今日、霊長類研究の第一人者として知られるジェーン・グドール博士は、一九六〇年、タンザニアのゴンベ・ストリーム特定保護区（The Gombe Stream Reserve）で野生のチンパンジーの観察を始めた（Haraway 1989, p. 135）。一九五七年に古人類学者ルイス・リーキーの秘書になったグドールは、二三歳の時、ゴンベ保護区に生息する野生のチンパンジーの研究を任される（ibid., p. 164）。数年後、グドールのチンパンジー研究は『ナショナル・ジオグラフィック』誌やテレビ・ドキュメンタリー『ミス・グドールと野生のチンパンジー（*Miss Goodall and the Wild Chimpanzees*）』（一九六五年）などで取り上げられるようになった。

しばしば指摘されるように、グドールは動物行動学者としての正規の訓練は受けておらず、霊長類研究の「アマチュア（amateur）」として、同時代の霊長類学者とはまったく異なる研究手法を取ったことで注目された（Mitman 2000, p. 431）。個々のチンパンジーに名前を付け、彼らと時間をかけて私的な関係を結び、「感情的交流（communion）」（Noble 2000, p. 441）をするという独特の手法を取ったグドールは、彼女が愛したゴンベのチンパンジーと共に、霊長類研究のアイコンとして世界的に知られる存在となる。

しかし、その高い知名度にもかかわらず、自然や生態系、あるいは環境保護全体を象徴する文化的アイコンとしての地位を獲得したのは、グドールが愛した大型類人猿ではなく、リリィが愛したイルカの方だった。確かに、グドールの類人猿も『ナショナル・ジオグラフィック』誌にたびたび取り上げられ、ナショナル・ジオグラフィック・ソサエティが一九六五年から八四年までに制作したテレビ・ドキュメンタリー・シリーズにはヒト以外の霊長類を取り上げた番組が五つも含まれている[22]（Haraway 1989, p. 133）。グドールの活躍を軸に六〇年代以降の霊長類研究は様々な形で大衆的な注目を集めたが、彼女のチンパンジーたちはアルネ・カランが「ドルフィン・カルト」と名付けたような広範かつ持続的な社会現象を巻き起こすまでには至らなかった。こうした違いが生まれた一つの要因は、前節でも述べた人種階層をめぐる西洋的言説にあると考えられる。

一七世紀頃からヨーロッパの旅行家や探検家らは、異国の「野蛮人」をしばしば獣に近いサルのような存在と形容してきた（トマス 一九八九、五二頁）。例えば、一八世紀後半に書かれたエドワード・ロングの『ジャマイカ史』（一七七四年）には、黒人と白人の距離よりもオランウータンと黒人の距離の方が近い、という記述が見られる（同書、一九九頁）。あるいは、前述のように「存在の大いなる連鎖」のイメージに基づく進化論的世界観が普及する中で、黒人などの有色人種は、進化論的な階層イメージの中で、白人より「下等」な「動物的」存在と見なされ、暴力性や残酷さ、強い性欲といった伝統的な「野蛮」の性質と緊密に結びつけられた。

ある種の人間は動物、すなわちサルに近く、ゆえに野蛮である、という言説は、一九世紀から二〇世紀に至るまで、人々の想像力を絶えず侵食し続けてきた（富山 二〇〇九）。一九世紀イギリスでは、アイルランド人男性は、しばしばサルのような姿で漫画に登場し、低い知性や怠惰さ、狡猾さや犯罪性を持つ人種として表現された（ムーア 二〇〇五、一二三頁）。第二次世界大戦中のアメリカ戦争プロパガンダ表象において、日本人が野蛮で残忍なサルとして繰り返し戯画化されたことも、よく知られている（Dower 1986）。このように「存在の連鎖」を背景とする人種主義的伝統の中で、サルという動物は野蛮かつ下等な存在の象徴として、長きにわたりスティグマ化されてきたと言える。

それに対して、水生哺乳類であるイルカは水と空気の間を行き来する「境界的存在の原型（prototypical boundary-figures）」（Bryld and Lykke 2000, p. 184）であるために、第二次世界大戦後まで、まともな生態学的研究はほとんどなされず、それゆえ「存在の連鎖」の中の位置づけも不明確なまま取り残されていた。そんな中、一九五〇年代から訓練されたイルカのショーが本格的に普及し始めると、イルカの知能の高さが広く知られるようになる。リリィも、そうしたショーから着想を得た一人だった。

サルとイルカ

このように、様々な意味で「曖昧な動物(ambiguous creatures)」(Bryld and Lykke 2000, p. 184)であるイルカは「存在の連鎖」に基づく進化論的な言説体系から切り離されていたために、サルに刻印されたような人種主義的スティグマから自由な知的生物として、二〇世紀半ばに人々の眼前に突如現れた。イルカの知能の高さを強調し、音声によるイルカとのコミュニケーションという奇抜な実験方法で大衆の心を惹きつけたリリィは、脳科学者として培《つちか》った科学の言葉を駆使して、「存在の連鎖」に基づく階層構造の中にイルカを巧みに位置づけていったのである。

リリィは、その実験の描写において、サルとイルカを執拗なまでに対比している。ここで一つ整理しておくと、日本語の「サル(猿)」にあたる英語としてもっとも一般的に用いられるのは、"monkey"と"ape"である。このうち、比較的小型で尾を持つ種が"monkey"、大型で尾のない種が"ape"とされ、チンパンジーやオランウータン、ゴリラなどの類人猿は"ape"に分類される。また"lesser apes"などとも表現されるテナガザルには"gibbon"という名称も用いられる。日本の最も典型的な「サル」であるニホンザルは、分類学上は"macaque"だが、文章表現上は"monkey"とされる場合もある。この"ape"、"gibbon"、"macaque"を含む真猿類(anthropoid)にメガネザルやロリスなどの原猿類(prosimian)を合わせた総称が「霊長類(primates)」であるが、"monkey"と"ape"を総称して"simian"と称する場合もある。

このように、生物学上の分類と言語上の使い分けは必ずしも一致しないが、いわゆるヒトの祖先としての観念上の「サル」を示す語として用いられるのは、主に"ape"と"monkey"である。これら二つの語は、生物学上の違いにかかわらず、往々にして混同される傾向にあるが、リリィの著書でしばしば用いられるのが、この "ape" と "monkey" なのである。"ape" や "monkey" という括りの中には厳密にはさらに様々な種が含まれるが、実験に用いられたのが具体的にどの動物であるかという点はリリィの文章の中ではしばしば曖昧にされている。

「私たちはそれぞれ、様々な動物の脳を神経生理学的に研究した経験がすでにあった。その動物とは、ネコ、イヌ、サル、ブタ、ヒツジ、チンパンジー、ネズミ、リスザル、マーモセットである」(Lilly 1961, p. 49)。この記述の中で、チンパンジーは "ape"、リスザル (squirrel monkey) とマーモセット (marmoset) は真猿類の「新世界サル (New World Monkeys)」(主に中南米に生息する小型、中型の真猿類) というカテゴリーに属している。しかし、その前に出てくる「サル (monkey)」は、概念が広すぎて、具体的にどの動物を指しているのかよく分からない。だが、リリィの本の読者の中で "primate" や "ape"、"monkey" といった用語の生物学上の意味の違いを熟知していた者が、果たしてどれほどいただろうか。ここからは推測になるが、リリィが漠然と "monkey" や "ape" と呼んだ動物は、読者の想像力の中で、人間の祖先として連想される観念上の「サル」と同一視されていた可能性が高い。

話を戻すと、特に一九五〇年代に行った初期の実験において、リリィは、まずサル (monkey) で成功した実験をイルカに応用する、という手順をしばしば取った。ある時、リリィはサルの脳に電極を挿入し、脳の中の報酬系 (a rewarding system) を電気刺激するスイッチをサル自身に押させるという訓練を行う。次に、スイッチではなく人間に要求された発声を行うことで脳の報酬系が刺激されるように機材を設定し、サルに「会話」の練習をさせようとした。しかし、「サルにとって自発的な発声は極度に難しい」(ibid., p. 65) ため、訓練の際にサルは正確にスイッチを押せるようになるまでランダムで偶発的な動作を何度も繰り返さなくてはならなかった（ibid., p. 76）。

その後、リリィは同様のスイッチ実験をイルカで行い、「サルと比べて、純心なイルカは極めて素早く学習する」（ibid., p. 77）ことに驚嘆する。そればかりか、ある時スイッチの故障で脳の報酬系が刺激されなくなると、実験対象のイルカは、その噴気孔（blowhole）から突然「人間の笑い声を不正確に表現したような奇妙な音声」（ibid., p. 78）を発したのである。さらに「私はいつも録音テープに「ティー・アール・アール（TRR〔= train repetition rate〕）は一秒につき一〇パーセント」と吹き込む。〔…〕その動物は、極端に甲高いドナルド・ダックのような声で「ティー・アール・アール」と言った」（ibid., p. 79）という不可思議な事態も発生した。こうして、自発的な発声すらままならないサルとは異なり、イルカは人間の音声を意図的に真似ることができる、という驚きの実験結果が公表される（小型クジラ類が人間の声真似をするという報告は、Ridgway, et al. 2012 など、近年にもいくつか存在する）。

「こうして、我々は小さな脳のサルと大きな脳のイルカとの間にある第一の違いを見出した」（Lilly 1961, p. 77）。リリィは「大きな脳」と「小さな脳」という表現を、頻繁に、しかしかなり漠然とした意味合いで用いる。もともと“monkey”は小型のサルを示す以上、イルカと比べてサルの脳が物理的に小さいのは当たり前である。だが、何と比べて、あるいはどういった基準で「小さい」のかについて、リリィが詳細に説明することはあまりない。別の場面では、人間と動物の脳の大きさについて次のように記されている。

我々が知り得る動物界に属する他の動物のほとんどが、人間と同じ、または人間より大きい脳を持つことはない。霊長類の系列の中でも、我々人間のうち十分な脳の大きさがあるとされるものと、類人猿の脳の中で最大のものとの間には、大きな差がある。(Lilly 1967, p. 63)

このように、ヒト以外の霊長類の脳の「小ささ」をあえて強調するリリィは、「人間と同等の大きさの脳を見つけるには海に行くしかない」(ibid., p. 64) と述べる。海にある脳とは、当然、クジラ類の脳のことである。中でもリリィは、人間と「等しい (equal)」大きさの脳を持つのは「中型のイルカ (medium-size dolphins)」に限られる (ibid.) ことから、脳の大きさという基準からイルカを動物界の中でも人間に匹敵する特別な脳を持つ存在として称揚する。このビジョンを、後にリリィは人間、イルカ、サル、ネコ、イヌの脳を並べた標本写真という形で視覚的にも補強した (Lilly 1978, Plate 45)（そこでの“monkey”は、*Macaca mulatta*（アカゲザルの学名）だと明記されている）。一見して分かる脳の大きさの違いやその配置から、あたかも人間とイルカの脳だけが同等であり、他の動物と違ってこの両者は特別な存在同士である、というリリィのメッセージが浮かび上がってくる。

このように、リリィが駆使する「科学」のレトリックによって、「存在の連鎖」の観念に基づく人間と動物が織りなす想像上の序列に、イルカは新たな「高貴な野蛮人」として位置づけられた。この時、イルカを「共有や思いやり、友好や創造性、喜びに満ちた性的関心、両性具有、スピリチュアルな英知や直観的な知性」(Bryld and Lykke 2000, p. 2) といった人間社会である意味では望ましい要素ばかりを有する生物として強調したことは、極めて重要である。というのも、人間とサルの進化論的つながりが喚起する、人間が動物的野蛮へと「退化」するという一九世紀的な恐れは、二〇世紀半ばに生み出された、孤立した人類と自然を結ぶ接点となる平和的で知的な生物としてのイルカを想定することで、回避されるからである。

この新しいビジョンのもとでは、仮に人間が生態系ネットワークに回帰したとしても、野蛮な動物的状態に後退するどころか、イルカのような高次の存在へと引き上げられる可能性さえある。西洋の歴史の中で人間の「自然回帰」への憧れが高まるたびに野蛮への恐怖と嫌悪が表面化する、というジレンマは、リリィが生み出したイルカ・イメージの登場によって、ついに解消される。ヒトと自然を安全に結びつけるために考案されたこの二〇世紀的な「神話」は、その後、人々の想像力を強力に支配していくのである。

5 同一化への願望

イルカが一九六〇年代当時、他の動物を差し置いて自然回帰のアイコンとして特別な位置を占めた理由は、別の角度からも考察できる。環境史家ロデリック・F・ナッシュは、一九八九年に発表した『自然の権利（*The Rights of Nature*）』において、一九六〇年代のマイノリティの権利回復運動の延長線上に動物の権利運動がある、という見解を図を用いて説明している（Nash 1989, p. 7）。この図について、ナッシュは、あくまで「年月とともに倫理が拡張していった」（ibid., pp. 6-7）過程を簡易的に示したものに過ぎないと言う。

だが、ここで興味深いのは、権利の拡張というポジティヴな事象を表現するためとはいえ、ナッシュの図が示す、白人男性から女性、ネイティヴ・アメリカン、黒人、そして自然（動物）へ、という権利拡張の過程が、まさに一八世紀以来の「存在の連鎖」に基づく人種主義的な序列を、いわば反転させる形でほぼ再生産していることである。言い換えれば、一九六〇—七〇年代にかけて、北米を中心にマイノリティの権利獲得への意識は高まったものの、その背後にある思想的枠組みは「存在の連鎖」に根差した伝統的な人種階層のイデオロギーから完全には離脱し切れていないということかも知れない。

自然としての女性

以上の文脈を踏まえる時、リリィのイルカに関する著書の中で、どういうわけか女性の姿が繰り返し前景化される傾向があることは注目に値する。

確かに、リリィの研究では、近しい関係にある女性アシスタントたちが重要な役割を果たしていた。一九五九年にセントトーマス島で研究所を立ち上げた時期にリリィをサポートしたのは、二番目の妻であるエリザベス・ベヤーグとNＩＨ時代にリリィの研究助手だったアリス・マリー・ミラーだった。また、一九六四年に行われたイルカと人間が一〇週間の共同生活を行うという実験では、マーガレット・ハウという女性が中心的役割を果たしている。そして、晩年のリリィのパートナーである「トニ」ことアントニータ・レナ・フィカロッタは、第二期イルカ研究に参加していた。リリィの最初の著書である『人間とイルカ』では、イルカと「会話」するエリザベスやアリスの写真が印象的に提示されており、『イルカの心』や『イルカと話す日』にも、プールでイルカと戯れるマーガレットの写真が多数掲載されている。当時、リリィは専属の写真家を雇い、実験の模様を写真で逐一記録していた。しかし、リリィ自身の姿を捉えた写真は著書には多く含まれず、女性アシスタントとイルカ

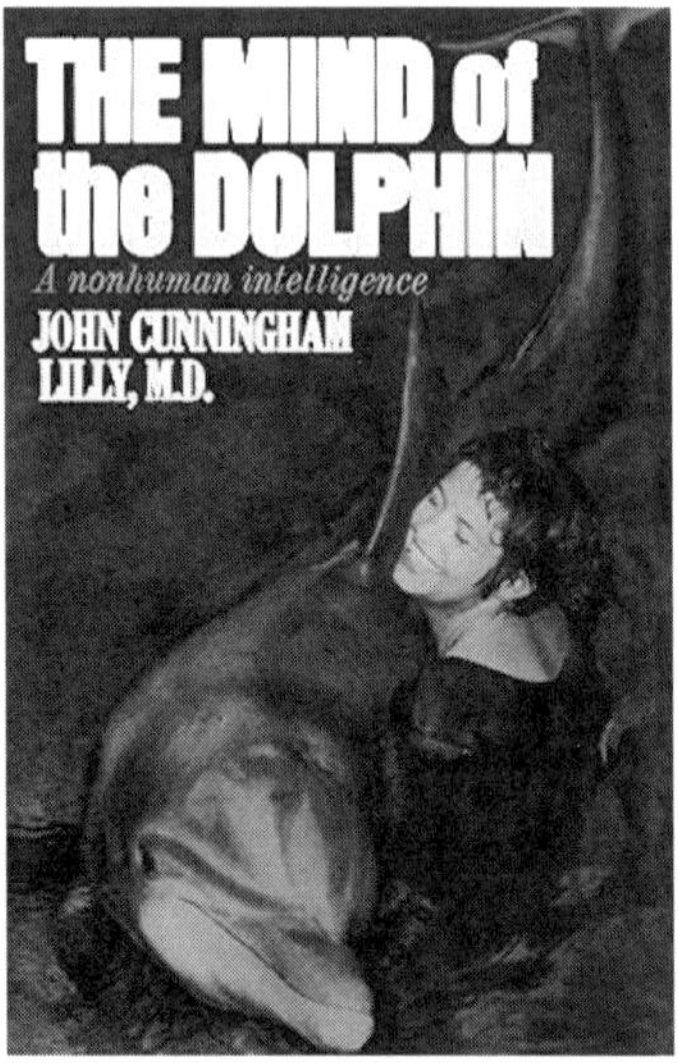

リリィ『イルカの心』（1967年）表紙（イルカと「会話」するマーガレット・ハウ）

の姿を捉えた写真ばかりが目に付く。

　そもそも、一六―一七世紀以降のヨーロッパでは、女性には魂がない、あるいは、女性は動物状態に近い、という考えが広く共有されていた（トマス 一九八九、五四頁）。その伝統的な女性観を反映してか、一九世紀末の頭蓋計測の時代にフランスの科学者ポール・ブロカ（一八二四―八〇年）は、女性の脳が小さいのは、体が小さいことに加え、女性の方が男性より多少知能が低いことに関係している、と主張した（グールド 二〇〇八、(上)二〇九頁）。

　このように「存在の大いなる連鎖」に基づく階層イメージの中で女性は、男性よりも黒人や貧民、ひいては動物に近い存在として認識された。そうした古い伝統を引き継ぐかのように、リリィの実験でも、イルカという動物と触れ合い、戯れ、時には性的高揚感さえ与える相手として選ばれるのは、リリィではなく、リリィの身近にいる美しい女性たちだったのである（西洋における女性と自然の思想上の関係については、石幡 二〇〇三など参照）。

　リリィの実験に献身的に協力した女性たちは、しばしばリリィから、イルカと閉鎖的空間で長時間共に過ごし、直接肌を触れ合わせ、肉体的にも精神的にも一体化する形でコミュニケーションを図るよう求められた。この一体化、もしくは同一化という言葉や概念もまた、リリィのイルカ研究の同時代的意義を考察する上で重要なキーワードである。藤田博史は、一九六〇―七〇年代の「鯨やイルカを対象にして具体化している人間の欲望」（藤田 一九九三、三〇三頁）について、次のように述べている。

> 大洋の只中における鯨やイルカとの遭遇体験は、人の心に心地よい情動の変化を惹き起こす。〔…〕鯨やイルカをその対象として生じる「鯨信仰」「イルカ信仰」の背後には、人間の根源的な「同一化 identification」の問題が潜んでいる。大海原のなかで出遇う鯨やイルカは、幼児期の特定の感情を呼び起こし、この感情の反復再現によって、鯨やイルカを対象とするような同一化が生じる。（同書、三〇九頁）

一九六〇年代カウンターカルチャーから派生した自然回帰的な欲望が究極的に行き着いたのは、まさにこの自然との一体化、同一化というビジョンだった。六〇年代のカウンターカルチャーは、七〇年代半ばには「ニューエイジ（New Age）」と呼ばれる現象に移行していく。ニューエイジとは、カウンターカルチャーの問題意識を継承しつつ、ＬＳＤやロックミュージックのような強い刺激は除外し、瞑想やヨガ、有機農法、自己啓発セミナーなどを通じて「全体性の回復」（竹林 二〇一四、一五九頁）を目指す運動である。

一九七〇年代以降に顕在化した環境保護思想の広まりは、このニューエイジの精神を基盤として展開したエコロジー運動と密接に連動していた。興味深いことに、環境保護主義の歴史に関わる先行研究において、ニューエイジとエコロジー運動、あるいは環境保護思想との関連については、あまり積極的に触れられない傾向にある。だが、海野弘も指摘するように、一九七〇年代以降の環境保護主義は、まさに「ニューエイジ現象と密接に関連しながら、社会的運動に発展してきた」（海野 一九九八、五〇頁）のである。

ニューエイジを定義するのは、その実践や方向性が「あまりに多種多様」（同書、二二頁）であるため、カウンターカルチャー以上に難しい。その主要な特徴を一つあげるなら、「ホリスティック（全体性）への強い希求」（同頁）になるだろう。すなわち、ニューエイジでは常に「宇宙、地球、人間を全体的にとらえる世界観」（同書、四一頁。強調は引用者）が提唱され、この世界観に基づくなら、宇宙は大いなる精神であり、地球は意識を持った生命である。人間の本性は滅びる肉体に永遠なる霊が宿る「霊的存在」と見なされる。そして、ニューエイジの思想は常に既成の体制の崩壊や終末論的世界観への強い関心を含んでいる。この全体性への希求と終末論への傾倒という性質は、生態学（エコロジー）の発想に基づく二〇世紀的な環境保護思想と強力な親和性を持つ。

ガイア仮説とニューエイジ

ニューエイジとエコロジー思想を結ぶ重要なキーワードは「ガイア（Gaia）」である。ガイアとは、一つの生命体として捉えられた地球を指す言葉であり、イギリスの科学者ジェームズ・ラヴロックが「ガイア仮説（the Gaia hypothesis）」を提唱したことに始まる。

英米で化学や医学を修めたラヴロックは、ＮＡＳＡで火星や金星などの惑星に存在する大気や地表の分析に用いるための検知器の開発に従事した。当時、ＮＡＳＡは「ヴァイキング計画」と呼ばれる火星探査計画を遂行中で、火星に生命が存在する可能性を調査していた。その中で、ラヴロックは、大気の成分バランスなどから見て火星や金星に生命が存在する可能性は極めて低く、生命が豊かに存在する地球では、生命のために快適な環境が何万年もの間、奇跡的に一定に保たれていることに驚かされた。そこから、生命にふさわしい環境が維持されるのは、地球そのものが一つの生命体のように機能しているためではないか、と考えるようになった。ラヴロックの考えを聞いた友人の作家ウィリアム・ゴールディングは、ギリシャ神話で母なる大地の神をガイアと呼ぶことにちなんで、「ガイア仮説」と命名するよう進言したのである（海野 一九九八、一二九―一三〇頁）。

こうした経緯に触れた上で、海野は先述のアルネ・ネスが提起したディープ・エコロジーの理論にも「ラヴロックの〈ガイア仮説〉の影が見える」（同書、一三七頁）と指摘する。年代的には、ガイア仮説の方がディープ・エコロジーより後になるが、自然をネットワークでつながる全体的システムとして捉えるエコロジーの概念と、地球をガイアという一つの生命体とする見方は、比喩的なレベルでは大いに重なり合う。事実、「環境危機は明らかに黙示録的終末の近いことを示している」（ストーム 一九九三、二三七頁）と信じた多くのニューエイジャーたちは、ラヴロックやネスのエコロジカルな世界観に触発され、「人類自身を救済するために、人類は自然との結びつきを、世界と自己との結びつきを回復すべき」（同書、二五八頁）だと考えるようになった。このニューエイジャー的な「世界と自己との結びつき」の回復は、一つの全体に織り合わされている統一体、もしくは生命体としての地球との「一体感」（同書、二四〇―二四一頁）を獲得することでもある。

この流れの中で、イルカは一九六〇―七〇年代を通じて夢想された自然との一体化、あるいは同一化を実現するのに最適なアイコンに選ばれ、造形されていく。その一つが、フランス人のジャック・

マイヨールをモデルにしてリュック・ベッソンが制作した映画『グラン・ブルー』(一九八八年)だろう。

素潜りの得意な少年マイヨールは、一九五七年、フロリダでイルカの調教師をするうち、人間にもイルカのような水棲能力があると考え、翌年から閉息潜水の技術開発に没頭するようになる。一九六六年、マイヨールはバハマで深度六〇メートルの閉息潜水という世界記録を樹立し、一九七六年には、イタリアのエルバ島沖で、人類には実現不可能と思われた深度一〇〇メートルの潜水にも成功した(関邦博 一九九三、二七〇―二七一頁)。

そのマイヨールをモデルにした映画『グラン・ブルー』のエンディングでは、主人公ジャックは潜水競技のライバルだったエンゾを事故で失い、エンゾを深海に葬るために潜水して自身も意識不明になる。その後、回復したジャックは、しかし恋人の制止を振り切って再び海に潜り、イルカと共に海に消えていくのである。この結末は、三浦淳の言うように、人間が「海やイルカの世界と一体化すること」(三浦 二〇〇九、九五頁)への普遍的願望を表している。自然や地球との同一化、一体化への渇望をかなえる媒介者としてのイルカのイメージは、まさにニューエイジ的な自然回帰の理想の最終形態として、この映画の成功と共に世界的に広がっていくことになるのである。

6 惑星《プラネット》イメージの弊害

イルカを含むクジラ類をモチーフとする表象群は、一九七〇年代から八〇年代に黄金期を迎えた。

森田勝昭によると、この時期、ヨーロッパやアメリカでは、一般向けの科学書やドキュメンタリー、歴史書などのノンフィクション、小説、児童文学、詩などのフィクション、そして写真集など、あらゆる種類のクジラ関係の書籍が出版されたほか、『グラン・ブルー』のような映画やビデオ、絵画、ポスター、カレンダー、Tシャツなど、書籍以外の「環境グッズ」も大量に世に送り出された（森田　一九九四、三八九頁）。その一例として、森田はハワイを中心に活躍する画家クリスチャン・リース・ラッセン（一九五六年生）の絵画を使用したカレンダーを取り上げている。

宇宙の中の野生動物

米カリフォルニア州に生まれ、幼少期にハワイに移住したラッセンは、一九八〇年代からハワイの海をモチーフとする画家として活躍し始め、今日ではアメリカ以上に日本で人気を誇っている。その初期作品には、森田も指摘するように、クジラやイルカをモチーフとするものが多い。そして、それらの絵には、どういうわけか、跳躍するイルカやクジラの周囲に、宇宙空間に浮かぶ惑星や恒星がしばしば配置されるのである（Lassen 1993）。

例えば、森田はラッセンの《啓示（Revelations）》（一九八九年）という作品が「鯨はやがて人間の域を越え、ついには地球全体を見下ろす宇宙を泳ぎ始め、神となる」（森田　一九九四、三九一頁）という過程を表現したものと解釈している。だが、この絵は、どちらかというと、リリィがかつて想い描いた「クジラのような形状をしたもの」が宇宙から来訪する場面をそのまま図案化したもののようにも見える。さらに興味深いことに、宇宙空間や惑星を野生動物と並置する構図は、同時代の別の画家によっても創造されている。同じく一九八〇年代から活躍する米アリゾナ州出身の画家シム・シメールは、ラッセンのような海洋哺乳類ではなく、ヒョウやライオン、アザラシといった陸上哺乳類の絵を得意とするが、そのシメールが好んで描くのも、宇宙空間や惑星の中に置かれた野生動物たちの姿である（Schimmel 1994）。

宇宙空間と野生動物をダイレクトに並置する画風の流行は、一九七〇年代以降の「プラネット（惑星）」としての地球イメージの流行に連動していると考えられる。前述のように「宇宙船地球号」のメタファーは、NASAの「地球の出」の画像と共に、一九六〇年代後半以降、環境保護主義的なスローガンとして定着していったが、この比喩は、ウィリアム・ブライアントによると、「地球」についての様々な副次的イメージを派生させるものでもあった。例えば、この表現は、地球があたかも宇宙船のように科学技術の粋を集めて構築された「人類のための道具（the instrument of humankind）」であるかのように想像させるのである。

宇宙船の比喩は、地球が、人間が適切に操作でき、壊れれば既定のマニュアルに沿って修理できるものである、というイメージも喚起するだろう。しかも、宇宙船は旅客機のように乗客を目的地に運ぶ手段でもあるため、このメタファーは、すべての人類を「共通の起源を持ち、共通する状況下に置かれ、共通の未来を運命づけられた」存在として位置づけ、人類全体を「単一の種類（a single type）」として「普遍化（universalization）」するように作用する。こうした効果によって、このメタファーは、一九六〇年代的な人類滅亡の危機を回避するという名目のもと、人類全員が生き残りのために個を捨てて全体の利益のために協働すべきだ、というメッセージを暗示するのである（Bryant 1995, pp. 53-56）。

「宇宙船地球号」という表現は、ブライアントによると、以下のような効果も持っている。

宇宙からは、地球という惑星の表面で発生する人間同士、あるいは人と自然の間の現実的な関係性は目に見えない。現実的な関係性とはすなわち、人間が自然や自分自身にもたらす悪影響だけでなく、地球が人間にもたらす厄災、例えば何も育《はぐく》まず、何の生命も維持しないような地震や竜巻、洪水といった現象である。（ibid., p. 53）

ブライアントによると、環境保護に関心を持つ人々は、宇宙船地球号というメタファーが登場した当時、その肯定的な影響力を「何の疑いもなく確信していた」（ibid., p. 54）。しかし、このメタファーは、その後、環境保護運動を具体性と実効性を欠いた活動に変質させていく。その裏付けとして、ブライアントは、一九七〇年代初頭に「環境の時代」の幕開けが華々しく宣言されたにもかかわらず、一九九〇年代までの間に環境問題の解決という意味では目立った成果がほとんどあがらなかった点を指摘している。例えば、米国内で約二〇〇〇万人を集めたとされる一九七〇年のアース・デーと比べると、一九九〇年のアース・デーは、一〇倍近い参加者を集めたものの、「多くの環境保護主義者にとって、祝うべき事柄はほとんどなかった」（ibid., p. 46）。つまり、一九七〇年以来、合衆国は約一兆ドルもの資金を投じたにもかかわらず、汚染や廃棄物などの問題は二〇年前から改善するどころか、むしろ悪化した面さえあったのである（Hawken 1993, pp. 47-48）。

こうした環境保護運動の停滞には、一九八〇年代のレーガン政権期に環境規制や「連邦環境保護庁（Environmental Protection Agency）」（ＥＰＡ）の活動が見直されたことや、八〇年代末からの景気低迷が影響しているという説もある（小塩 二〇一四、二二七―二二八頁）。一方、ブライアントは、別の解釈を試みている。一九七〇年のアース・デーでは、経済、科学技術、あるいは行政の諸機構に積極的に働きかけるなど、環境問題の改善を図るための具体的戦略が活発に議論されていたが、一九九〇年のアース・デー以降は、どういうわけか、リサイクルや植樹といった「個人の（individual）」行動が環境問題を解決する、という考え方が主流となった（Bryant 1995, p. 53）。そのため、七〇年代以降、環境問題自体への関心は高まったが、その解決に向けての活動の中身は抽象化あるいは極端な個人化の一途をたどり、九〇年代までには慢性的に成果があがらない不毛な状況が生み出された、とブライアントは分析する。

記号化する環境問題

そもそも、一九六〇年代頃から活発化した近代的環境保護運動（modern environmentalism）の思想的ルーツは、一九世紀末の「プログレッシヴ・エラ（the Progressive Era）」の時代にさかんになった「自然保護運動（conservation movement）」にあるとされる（Dunlap and Mertig 1992, pp. 1-2）。この一九世紀末の自然保護思想と一九六〇年代の環境保護思想の違いについて、ハル・K・ロスマンは次のように述べている。

> 環境保護思想は、旧来の自然保護思想と多くの意味で異なっていた。自然保護思想は、限られた世界の中で資源をいかに有効に活用するかという考えに取り憑かれていた。一方、環境保護の思想は、戦後の豊かさの中で発展したもので、ありのままの自然が精神を高揚させ、近代生活の負荷を軽くしてくれるという理想化されたユートピアを思い描いていた。（Rothman 2000, pp. 110-

111）

これに加えて、森林の減少など自然破壊の様相がある程度目に見えていた一九世紀末とは異なり、一九六〇年代以降の環境問題では、問題の多くが人間にとって「目に見えない」脅威として、あらゆる場所に遍在するようになったこともあげられる。

例えば、第二次世界大戦後にアメリカの大衆文化的想像力を支配した核のアイコンについて、ロバート・A・ジェイコブズは、第二次大戦後の放射線のイコノグラフィは、人体が放射線を分かりやすい形で感知できないために「危険をほとんど察知できないまま致死量を浴びる可能性がある」（ジェイコブズ 二〇一三、二八頁）ことを的確に表現してきた、と述べている。その上、アメリカの原爆投下以降に開発された核兵器は、破壊力があまりに強すぎるため、実際に使用することは事実上不可能だった。だからこそ、核戦争や核兵器は、具体的な脅威というより、常に核についての見えない「物語」としてのみ存在することになった（同書、二〇―二一頁）。放射能汚染をはじめとする二〇世紀の環境破壊の恐怖は、危機の存在を五感で容易に感知できず、危機がどこからきて、どのような結果がもたらされるのか予測がつかないため、人々の想像力の中で無限に増幅することになる。

一九六〇年代以降の環境問題に見られるもう一つの特徴は、人類がより豊かな生活を目指して生み出した科学技術が逆に人類の生活や健康を脅かす、という自己破壊的性質である。その自己破壊性を端的に示したのが、ギャレット・ハーディンの「共有地の悲劇（The Tragedy of the Commons）」の寓話だろう。ハーディン曰く、各自の利益を最大にするために分別のある牧夫が共有地に放牧する家畜の数を徐々に増やすのは必然である。その家畜の増加によって牧草地が食い荒らされるという害は、複数の牧夫の間で分散してしまうので、通常あまり意識されることはない。かくして、牧夫たちは、土地には限界があるにもかかわらず、家畜の数を際限なく増やしていくシステムに取り込まれ、その結果、「共有地での自由が全員に破滅をもたらす」(Hardin 1968, p. 1244) ことになる(ハーディンは、この寓話的な話を水産資源の乱獲や、国立公園の過剰利用、あるいは公害や汚染問題のメカニズムを説明するために用いた)。

ハーディンの寓話は、戦後の環境問題にしばしばみられるジレンマ、すなわち加害と被害の線引きが曖昧になり、場合によっては両者が一致してしまうことによって生じる思いがけない不利益を、巧みに表現している。環境問題と呼ばれるものの多くが目に見えず、また加害と被害を明確に切り分け難い複雑な事象であることを背景に発展したのが、環境問題の記号化あるいは物語化という現象なのだろう。

大気汚染や土壌・水質汚染、酸性雨、オゾン層の破壊、地球温暖化や放射能汚染といった環境問題の多くは五感では感知できず、それゆえ問題の所在を具体的に提示することはなかなか難しい。そのため、環境問題と呼ばれる出来事は、現実を極端に単純化あるいは虚構化した記号や物語として表現される傾向にある。例えば「地球温暖化」という現象の表現として、発熱して汗をかき、顔を赤く上気させた、擬人化された「地球」のイラストが用いられる。当然ながら地球が病気で熱を出しているわけではないし、温暖化を抑止しなくてはならないのは地球が「苦しんで」いるからではない。だが、地球温暖化という現象を見る者に分かりやすく、かつ印象に残りやすくするために、こうした記号化や物語化が日常的に行われている。

演じられる環境保護

この環境問題の記号化、物語化という現象は、ウィリアム・ブライアントが指摘する環境保護運動に見られる「パフォーマティヴィティ（performativity）」とも関連していると思われる。ブライアント曰く、六〇年代以降の主流派による環境保護運動は、環境問題を実際に解決することより、環境保護の理念を記号的に「遂行（performance）」することを目指すものになった。消費主義経済が発展し、いわゆる「緑の市場」が形成されると、環境保護活動に意欲的な人々は「地球にやさしい」商品を購入する「緑の消費者」としてエコなライフスタイルを遂行、もしくは「演じる」ことを行動目的とするようになった、というのである（Bryant 1995, p. 58）。

こうしたパフォーマティヴな傾向は、一九八〇年代以降に顕著となる環境保護運動の過激化という現象にも連動していると考えられる。「エコ・テロリズム（Eco-terrorism）」と呼ばれるラディカルな環境運動は、すでに一九七〇年代初期から存在していた。カナダのバンクーバーでは、一九七〇年に国際環境ＮＧＯ「グリーンピース（Greenpeace）」の母体となる団体が設立され、そこから分離する形で、一九七七年には現代のエコ・テロリズムの起源とも言われる「シー・シェパード」が結成される。シー・シェパードは、浜野喬士によると、一九八〇年代以降、「自分たちの行為こそが、クジラやアザラシを守るための実効的な力をもつ」と主張し、「ＩＷＣのような各国間調整や、グリーンピースのような非暴力型の直接行動は無力だ」（浜野 二〇〇九、五八頁）と喧伝することで、支持層を急速に拡大した。

シー・シェパードをはじめとするエコ・テロリスト集団は、過激な破壊活動という分かりやすいパフォーマンスの実践を通じて、七〇年代以降の運動の停滞に苦しむ環境保護活動家らの支持を集めたのである。

こうした前提に立つ時、我々は映画『ザ・コーヴ』を鑑賞したあるアメリカ人女性が、出演するリック・オバリーを評して「リックを見てごらんなさい。たった一人でも世の中を変えていけるのよ」と興奮気味に語った（吉岡・野中 二〇一〇、五七頁）というエピソードの真の意味を理解することができる。

「世の中を変えていける」ことへの強い感動を表すこのコメントは、別の角度から見れば、世の中が「変わらない」ことを実感し続ける個人が抱える強い閉塞感を示唆している。この時、シー・シェパードをはじめとする過激な破壊活動を伴うエコ・テロリストらが追い求めるのは、絶滅を危惧される動物の個体数が実際に回復するといった現実的かつ具体的な成果ではない。彼らが求めているのは、保護活動の成果があがったと支持者に「実感」させるような分かりやすいパフォーマンスを実践することであり、そのパフォーマンスを目撃した支持者が受け取る心理的充足感こそが重要なのである。

五 再び『ザ・コーヴ』へ

1 狩猟をめぐる差別

これまで述べてきた経緯を踏まえて、映画『ザ・コーヴ』の問題に立ち返る時、そこにはどのような発見があるだろうか。

この映画は、イルカ漁をめぐる異文化間の軋轢を、正義である欧米活動家と悪である日本人漁師の対立という単純な勧善懲悪の物語として提示したことで、しばしば批判される。しかし、こうした批判は、本章第四節で検証したような物語化・パフォーマンス化される動物保護活動という実情と照らし合わせると、やや的外れだと言えなくもない。

本来、イルカを捕獲し、人間のための資源として利用することについては、国籍や文化、職業、地域性の違いなどによって見解が複雑に分かれ、対話の妥結点を見出すのは容易ではないが、『ザ・コーヴ』が、実際の対立関係の複雑さや、問題を容易に解決できない現実を分かりやすい物語によって「隠す」目的で作られたのであれば、映画が提示するのは、むしろ利害関係が明快な勧善懲悪の筋書きでなくてはならないことになる。その意味で『ザ・コーヴ』は、イルカ殺戮という日本人の「悪事」を欧米人が暴く、という明確な対立図式を殊更にパフォームすることで、動物保護をめぐる異文化間での軋轢が容易に解消されないことに対する欧米側のフラストレーションを一時的に解消するために求められた表現形態だと解釈できるだろう。

『ザ・コーヴ』の構成や演出には、第三節で述べたような西洋古来の「存在の大いなる連鎖」の理念と、それに基づく人種階層や伝統的「野蛮」の言説が巧みに織り込まれている。ジョン・C・リリィの著書で提示された科学的レトリックの効果によって、一九六〇年代以降、イルカは「人間と同等」の知的生物として多くの人々に思い描かれるようになった。そのイルカを殺すことは、まさに殺人に匹敵する犯罪行為として捉えられ、人間と同等の動物であるイルカの肉を食すことは、西洋の野蛮人の神話に付き物の「食人」のイメージに結びつく。人食いをする野蛮人は、サルに近い動物的な存在であり、残酷で暴力的、かつ犯罪者に近い存在でなくてはならない。

これらの前提に立てば、『ザ・コーヴ』で欧米の活動家らを大声で威嚇する「ジャパニーズマフィア」と字幕が付けられた漁協職員（関口 二〇一〇、二〇三頁）の姿や、イルカの血で染まった入り江を前景化することは、西洋における「野蛮」表象の伝統上、極めて自然な表現であることが分かる。[23]また、人種主義的イデオロギーの中では、いわゆる「野蛮」な人々は、進化の階層の中でより下位にある知性や道徳性が低い人々として位置づけられる。そうした人々は、「野蛮」をめぐる西洋の伝統的思想に基づくなら、貧民や犯罪者と同様、高い道徳性を持つ、より高次の人々による啓蒙と矯正を必要としている。だからこそ欧米の活動家らは日本の太地町に赴いて現地の漁師たちを指導し、正しい方向に導く義務がある、と容易に信じられるのである。

正しい狩猟の発明

そもそも、一九世紀英国を起源とする近代的動物保護の理念は、前述のように、他者攻撃がエスカレートしやすいイデオロギー構造を内包するものである。このことは、第三節でも述べたように、近代的動物保護の精神が制度化された一九世紀英国において、動物の扱い方そのものが、その人物の社会的地位や道徳性、あるいは知性の度合いを証明する指標として機能していたことに関連している。つまり、人間が生来隠し持っている残忍な獣性が露呈することへの恐れが高まった一九世紀以降、「動物を保護する」という行為を積極的に行うことを通じて、自らが「野蛮」でないことを繰り返し証明するために、動物に残酷な扱いをする「下等な」人々を見出し、攻撃し続ける必然性が生じたのである。

一九世紀英国の場合、そうした「下等な」人々とは、下層階級に属する労働者やスラムに住む貧民や移民、さらには犯罪者や精神疾患患者などであった。しかし、二〇世紀以降、脱植民地化や公民権運動などを通じて、伝統的な人種主義への批判精神がある程度浸透し、さらに異文化間のグローバルな交流がよりさかんになるにつれて、一世紀前とは別の、新たな「野蛮人」を想定する必要が出てきたと考えられる。

その意味で、日本でイルカ漁を行う太地の漁師たちは、欧米からの教化を必要とする新たな「野蛮人」として見出しやすい存在だったのかも知れない。イルカ漁は日本では「漁業」の一種と見られがちだが、欧米では哺乳類を中心とする野生動物の捕獲、すなわち「狩猟」に類するものと見なされる。その結果、太地のイルカ漁は、本書第Ⅰ章、第Ⅱ章でも言及した、一九世紀末に構築された狩猟をめぐる欧米的イデオロギーの影響にさらされることになる。

ジャスティン・ヘルマンによると、狩猟という営為は目的に応じて「生活の糧としての狩猟(subsistence hunting)」、次いで「商取引のための狩猟(market hunting)」、そして「娯楽的狩猟(recreational hunting)」の三つに分けることができる。三番目の娯楽的狩猟は「スポーツ・ハンティング(sport hunting)」とも呼ばれ、前者二つと明確に区別される。スポーツ・ハンティングへの関心は、一九世紀中頃まで北米ではさほど高くなかったが、植民地時代の初期には、主に英国で教育を受けたエリート入植者の間で、英国紳士の作法にならう意味でスポーツ・ハンティングへの関心はある程度、存在していた(Herman 2001, p. 68)。しかし、入植が本格化した後は、入植者の大半が食料確保のための狩猟に従事せざるを得なかった事情もあり、特に独立戦争前後は、スポーツ・ハンティングはあまりに貴族的な趣味として、むしろ軽蔑されるようになる。狩猟全般を、インディアンと呼ばれた狩猟先住民を連想させる原始的で野蛮(barbaric)な行為として否定的に捉える傾向もあった

(ibid., p. 73)。

ところが、一九世紀末にアメリカのスポーツ・ハンティングは、ヨーロッパにはない「アメリカの偉大さ(American greatness)」(ibid., p. 74)を表す行為として新たな意味づけを獲得し、中産・上流階級層を中心に一大ブームを巻き起こす。とりわけアングロ・サクソン系のエリート男性たちの間で、狩猟は「男性的な力強さ(masculine strength)」(Warren 1997, p. 14)を表すシンボルとしてもてはやされたが、ブームのもう一つの要因として、同時期に顕著となった野生動物の減少をあげることができる。

一八九〇年のフロンティアの消滅と呼応して、北米の野生動物が大幅に個体数を減らすと、都市の白人エリート男性を中心とするスポーツ・ハンターと、生活のために狩猟をする地元のハンターとの間で、狩猟資源の奪い合いが激化した。この時、特権階級に属するスポーツ・ハンターたちは、「スポーツマンの倫理(the sportsmen's ethic)」(ibid.)の名のもとに、生活の糧として狩猟を行う人々を良質な狩場から締め出すための策を取った。つまり、自然保護の名目で狩猟を規制する法律を次々と制定し、スポーツ・ハンティング以外の狩猟を「強欲(greedy)」で「無駄の多い(wasteful)」行為として非難するようになったのである(ibid.)。

中でも攻撃の的になったのが、狩猟生活を営む伝統を持つネイティヴ・アメリカンや黒人、そしてイタリア系を中心とするヨーロッパ移民だった。アングロ・サクソン系の白人エリート・ハンターらの倫理によれば、正しい狩猟とは「男らしい」狩猟であり、中でも雌鹿や若い鹿、また美しい声で鳴く鳥(songbirds)を殺すのは男らしくない行為として嫌悪される。

一方、イタリアでは、いわゆる鳴き鳥を御馳走として供す習慣があり、その肉は市場でもよく取引されていた。北米に渡ったイタリア系移民の多くは炭鉱や工場労働に従事したが、低賃金を補うため、また仕事の合間の息抜きとして、新天地でもさかんに猟を行った（ibid., p. 27）。そうした慣習から、イタリア系移民たちは、いつしか「鳥を殺す外国人（bird-killing foreigners）」（ibid., p. 26）として蔑視され、アメリカの貴重な狩猟資源を脅かす「『無法な』ハンター（"lawless" hunters）」（ibid., p. 58）として差別的扱いを受けるようになる。

こうした経緯を踏まえると、太地のイルカ漁に対する欧米からの非難や攻撃の背後には、世紀転換期の北米で確立された狩猟をめぐるエスニック集団同士の対立やヒエラルキーの影を見ることができる。特に、スポーツ・ハンティングのような娯楽や経験を目的とする狩猟の方が「食べる」ことを目的とする狩猟より上位であり高度である、という考えは現在も潜在的に生き残っており、それが欧米諸国からの太地のイルカ漁への攻撃を意味づける、もう一つの思想的裏付けとして機能していると考えられる。

2　シー・シェパードのレトリック

話を動物保護のイデオロギーに戻すと、先述のように、動物虐待という過ちを犯す「他者」を攻撃することによって自らの善性を証明する、という思想的メカニズムのもとでは、「野蛮」とされる他者への攻撃は執拗に継続される宿命にある。動物保護の営為に内包されるこうした他者攻撃的志向は、一九七〇年代以降の環境保護運動において顕著となったパフォーマンス性または物語性の強調によって、近年ますます加速する傾向にあると言える。

例えば、「海」で活動するシー・シェパードと並び、「陸」を舞台とするエコ・テロリスト集団として名高い「アース・ファースト！（Earth First!）」という団体がある。一九八〇年頃に結成されたこの団体は「モンキーレンチング（monkeywrenching）」（工事現場の重機や設備、建設資材などの破壊を通じて土地開発などを物理的に阻止することを目指す活動）というゲリラ的なサボタージュ活動で有名になった。

モンキーレンチングのアイデアは、一九七五年にエドワード・アビーが発表した小説『モンキー・レンチ・ギャング（*The Monkey Wrench Gang*）』がもとになっている。「アース・ファースト！」の初期メンバーは、アビーが小説冒頭に描いたグレン・キャニオン・ダム爆破計画という虚構の出来事を、視覚的効果を狙ったパフォーマンスとして現実世界に再現しようと試みた（浜野 二〇〇九、六七—六九頁）。ここから「アース・ファースト！」の過激な活動の歴史が始まることになる。

シー・シェパードの自己規定

特に一九八〇年代以降に顕著となる「ラディカル環境運動」（浜野 二〇〇九、三二頁）の多くは、小説のような文学的虚構との親和性が極めて高い。思えば、一九六〇年代以降の環境保護主義の高まりも、「宇宙船地球号」のようなメタファー、あるいはレイチェル・カーソンの『沈黙の春』を嚆矢とする「汚染の言説（toxic discourse）」（Buell 1998）の展開に象徴される文学的レトリックの力に強く後押しされてきた側面がある。こうした言葉による描写や文学的表現は、エコ・テロリストらを動機付けると共に、彼らが大衆を感化するための重要な戦略として常に活用されてきた。

『ザ・コーヴ』の制作にも一部関わったとされるシー・シェパードの創設者ポール・ワトソンは、自身やクルーたちの海洋生物保護活動を活写したノンフィクション的著書を数多く刊行している作家でもある。それらの著書には、ワトソン流の言葉による表現戦略を随所に見ることができる。その一つが、ワトソンが自身や仲間のクルーに対して用いる呼称である。

一九九四年に刊行された著書のタイトル『海の戦士（*Ocean Warrior*）』に見られるように、ワトソンは自身とその仲間をしばしば「戦士（warriors）」と呼ぶ。「種の保護者（a protector of species）」、「自然の権利の擁護者（a defender of the rights of nature）」といった呼び方もワトソンが好んで多用する表現である（Watson 1994, p. xiii）。「戦士」、「保護者」、「擁護者」といった呼称を重ねることによって、ワトソンは自身やシー・シェパードのクルーたちを、弱きものを「守る」ために「勇敢に戦う」人々として読者に印象付けようとする（それに対して、捕鯨やアザラシ猟に携わる人々をワトソンはもっぱら「殺し屋（the killer）」と呼ぶ）。

ワトソンの数々の著書には、ロシアの領海やスペイン沖、日本海など、世界の海域でシー・シェパードが遂行する破壊活動が描写されているが、そこには、どういうわけか「違法な（illegal）」という単語が頻出する。浜野喬士によると、シー・シェパードの反捕鯨活動が過激化するきっかけは、一九八六年から実施されたＩＷＣの商業捕鯨モラトリアム決議だった。モラトリアム実施後も日本を含む一部の国が捕鯨を継続したことで、シー・シェパードの破壊活動は、国際的に定められた法を犯す者を取り締まる「お墨付き」を与えられたことになる。シー・シェパードの論理では、ＩＷＣの決定にもかかわらず日本やアイスランド、韓国、ソ連などはモラトリアムを無視して商業捕鯨を「違法に」継続している、ということになり、それが彼らの活動を過激化させる要因となった（浜野 二〇〇九、五一頁)。

補足しておくと、IWC加盟国は、IWCの規定によりクジラの捕獲量を制限されると共に、「国際捕鯨取締条約」(ICRW)の附表が規定する現状への規制・制限に異議申し立てをする権利も同時に与えられている(また附表の内容もたびたび修正されている)。したがって、どういった行為がいつの、どの規定に照らして「違法」であるのかは、異議申し立ての状況や、附表をどう解釈するかによって判断が分かれることになる。

以上の前提を踏まえてワトソンの航海記を注意深く再読すると、個々の出来事がどういった意味で、何に照らして「違法」であるのかが、あまり明確に説明されていないことが分かる。ワトソンの著書の中で「違法な(illegal)」もしくは「違法に(illegally)」といった単語が頻出するのは代表作『海の戦士』であり、それはこの著書の副題が「公海における違法な虐殺を終わらせるための私の戦い(*My Battle to End the Illegal Slaughter on the High Seas*)」であることにも表れている。「台湾は違法な捕鯨船五隻の操業を停止させていると公表した」(Watson 1994, p. 34)、「我々はソ連が違法にクジラを殺していることを知っている」(ibid., p. 65)、「推定八〇〇〇頭ものセイウチがアラスカで違法に殺されている」(ibid., p. 67)(以上、強調はすべて引用者)。

興味深いのは、ワトソンはクジラやアザラシを殺すこと自体を悪として糾弾しているわけではないことである。特定の国や団体による動物の捕獲活動が公的な取り決めに反して「違法」であるため、自分たちはやむなく破壊的活動を行っている、というスタンスは、どの著書でも貫かれている。

こうした表現を駆使することで、シー・シェパードの活動は決して社会的に逸脱したものではなく、むしろ法の遵守を目的とする正当なものであることが強調される。中でも、ワトソンが好んで用いるのが「仔殺し」のモチーフである。

九歳の少年の頃から、私はアザラシ殺しを憎悪してきた。〔…〕私が見た悪夢の中では、生まれたてのアザラシの仔が、人間たちに棍棒で激しく打たれている。その人間たちの冷酷で残忍な目は、私がいまだかつて見たことも想像したこともないような無慈悲さをたたえていた。（Watson 2003, p. 11）

このように、ワトソンの文章にはクジラやアザラシの子どもが殺される場面が繰り返し登場する。この時、捕獲者である人間の目についての描写として "savage"（残忍な、野蛮な）という単語が用いられていることに注目すべきだろう。「仔殺し」のモチーフがシー・シェパードの表現戦略で重視されていることは、『アザラシ戦争（*Seal Wars*）』（二〇〇三年）の表紙がアザラシの赤ちゃんを抱きかかえたワトソン船長の写真であることにも読み取れる。「仔殺し」のシーンを印象深く、繰り返し前景化することで、ワトソンはアザラシやクジラの捕獲者を、ルールを無視して幼い個体も平気で殺す粗暴で無慈悲な人々

ワトソン『アザラシ戦争』(2003年)表紙

として描き出すのである。そうして、ワトソンの文章世界の中では、アザラシやクジラの捕獲者は職業として、あるいは社会的・文化的行為として狩猟をしているのではなく、捕獲者自身が粗暴で「野蛮」な人間であるためにアザラシ殺しやクジラ殺しに駆り立てられていることになる。

正義の物語への渇望

こうしたレトリックの積み重ねを通じて、シー・シェパードの活動は読者の想像力の中で疑う余地のない正義の行動として像を結ぶ。だが、すでに広く認識されているように、ワトソンの航海記がどの程度事実に即しているのかについては、様々な意味で疑義を挟まざるを得ない。

例えば、ワトソンは一九七八年に日本の長崎県壱岐市で行われた追い込み漁によるイルカ駆除について『海の戦士』で触れている。しかし、そこには「一九七八年二月下旬、長崎県の漁民たちは一〇〇〇頭以上のイルカを狩り集め、日本の自衛隊から借り受けた機関銃を用いて冷酷にも大量虐殺した」(Watson 1994, p. 83) という、にわかには信じがたい記述が含まれるなど、信憑性は極めて薄いと言うほかない。

だが、ワトソンらにとって、記述の正確さはそもそも注意を払うべきものではない。例えば、ワトソンはラディカルな環境運動を行う人々に向けた活動マニュアル『アースフォース!』の「メディアの法則 (Media Laws)」という一節で「メディアこそが現実を規定する。何が現実かは、何が報告されたかによって決まる」(Watson 1993, p. 36) と記している。ここから窺えるように、ワトソンらにとってメディアとは、事実を伝達するためではなく、自分たちの言い分を効果的に表現するための手段に過ぎないのである。

そもそも、ワトソンは「客観性とは神話であり、幻想であり、ペテンであり、策略である」(ibid.)として、メディアの客観性自体を信じていない。だからこそ、テレビや映画などの視覚メディアを用いて感情を揺さぶり、観衆を思い通りに誘導することこそが、彼らのメディア戦略の中で何より奨励される。ワトソンは言う。「感情は常に事実に打ち勝つだろう。大げさに演技せよ。ユーモアを用いよ。観衆をあなたたちのような人間に変えなさい」(ibid.)。

このように、ワトソンの航海記はノンフィクションの体裁を取ってはいるが、実質的には動物保護活動をモチーフとした、ある種のフィクションとして分類されるべきものである。シー・シェパードの活動から派生したとも言えるテレビ・シリーズ「ホエール・ウォーズ」やドキュメンタリー映画『ザ・コーヴ』にも、同様のことが言えるだろう。一九九〇年代から太地のイルカ追い込み漁を観察し続けてきた関口雄祐は、『ザ・コーヴ』が「あちこちのイルカ漁を貼り合わせて、すべて「太地」のことのような印象となるように巧みに仕向けられている」(関口 二〇一〇、二〇一頁)点を批判すると共に、次のように述べている。

『THE COVE』は、ドキュメンタリーに分類されるようだが、〔…〕この映画は、製作者の意図に沿って忠実につくられている。その意味で、宣伝(プロパガンダ)映画といっても過言ではない。製作側の意図するところであろう「イルカ漁への反対」活動を盛り上げるための煽動であり、太地いさな組合によるイルカ追い込み漁の記録映画としての「THE COVE(イルカが追い込まれる小さな畠尻湾のさらに小さなひとつの入り江)」では断じてない。(同書、二〇一―二〇二頁)

とはいえ、ワトソンの著書の読者や、「ホエール・ウォーズ」や映画『ザ・コーヴ』の観客たちは、ワトソンらによって練り上げられたそれらしい正義の物語に、単純に踊らされているわけではない。むしろ、こうした映像表象の消費者である彼らこそ、精巧に作り上げられた物語を積極的に求め、あるいは渇望する存在として、この正義の物語に自ら進んで加担しているという面がある。

3 救済という快楽

『ザ・コーヴ』のように人間に迫害される動物の苦境を訴え、彼らを救済もしくは解放することを目指すという筋書きは、すでに一九六〇年代頃から「商品」として流通し始めていた。

まず一九五〇年代初頭に「野生動物映画（the wildlife movie）」というジャンルを広めたのは、ディズニー・スタジオである。ディズニーは、一九四八年制作の『あざらしの島（*Seal Island*）』を皮切りに、五〇年代を通じて「トゥルーライフ・アドヴェンチャー（True-life Adventure）」シリーズと銘打った動物ドキュメンタリー映画を次々と制作した（Wilson 1991, p. 130）。これは、当時の最新の映像テクノロジーと編集技法を駆使して、野生動物の珍しい生態をエンターテインメントとして「見せる（show）」ことを目的としていたが、その後の動物映画の潮流は、六〇年代以降の環境保護意識の高まりを背景にして、動物を「見せる（showing）」ことから「救う（saving）」ことへと表現の比重を移すことになる（ibid., p. 131）。

中でも、人間が動物を「救済」し、野生の領域に「解放」する、という筋書きを観客に強く印象付けた作品の一つが、一九六六年のイギリス映画『野生のエルザ（*Born Free*）』だった。これは、厳密にはドキュメンタリーではなく、ジョイ・アダムソンによるノンフィクション小説を原作にして作られた創作映画である。アフリカのケニヤでライオンの孤児エルザを飼育していたアダムソン夫妻が映画の終盤で逡巡しつつも愛するエルザを野生に帰すシーンは、多くの人々に感動を与えた。こうした動物の救済と解放の物語は、その後の動物を主題とする映画の主要モチーフとして繰り返し再現されることになる。

その典型例と言えるのが、一九九三年公開の映画『フリーウィリー（*Free Willy*）』である。孤児の少年は水族館のシャチ、ウィリーと心を通わせていたが、ウィリーが保険金のために処分されることを知り、ウィリーを海に帰そうと奮闘する。この映画は、その後二本の続編が作られるなど、長きにわたって人気を博した。さらに、ウィリーを「演じた」雄のシャチ、ケイコをめぐっては、映画の撮影後にケイコが飼育されているメキシコの遊園地から野生の海に帰そうという運動が巻き起こり、病気治療などを経た上で生まれ故郷であるアイスランドの海に一九九八年に移送されている（Mitman 1999, p. 158）（その後、外洋に出るための訓練を島の湾内で行ったが、野生のシャチの群れに合流させる試みが成功する前にケイコは急性肺炎で死亡した）。

一九九七―九八年には、動物の保護活動を行う高校生グループの活躍を描いたアメリカ・カナダ制作の子ども向けテレビドラマ・シリーズ「アニマル・レスキュー・キッズ（*The Adventures of A.R.K.* (*Animal Rescue Kids*)）」が放送された。アニマル・レスキュー・キッズの頭文字「ARK」は、旧約聖書の『創世記』に登場する「ノアの方舟（Noah's Ark）」を想起させ、すべての動物のつがいを大洪水から救ったノアのように、選ばれし優秀な若者たちの手で動物たちは適切に救済される、というメッセージが暗示されている。

フィクションと現実の環流

これらの映像作品を通じてエンターテインメント化された動物の救済と解放というモチーフは、やがて現実世界の中で「再現」されるようになる。

一九八八年、北米最北の街バローで三頭のカリフォルニア・コククジラが湾内の氷に閉じ込められる、という「事件」が起こった。僻地の村であるバローには世界各国から報道陣が押し寄せ、国際的ニュースとなったクジラたちを救うべく、自然保護活動家や石油採掘会社、地元住民らが協力体制をとる。最終的にクジラたちは人々の努力によって「救済」され、海に帰るのだが、この出来事について、本書第Ⅱ章で扱った動物写真家の星野道夫は次のような複雑な実感を記している。

一九八八年一一月、北極海沿岸のエスキモーの村、ポイント・バローの近くで三頭のコククジラが氷海に閉じ込められた。世界中のマスコミが見守る中、必死の救出作業が展開された。

しかし南へ帰るクジラが、その途中で氷に閉じ込められることは、昔から北極海のどこかで常に起きていた。付近にはたくさんのホッキョクグマが徘徊している。この時の一頭のクジラが、苛酷な自然の中で生きるホッキョクグマの、どれだけ多くの生命を支えることになっただろう。大きな自然の約束がどこかで見えなくなっていた。一人の古老のエスキモーが呟いた。

「時代は変わった……。昔なら、このクジラは自然からの贈り物だ」（星野 一九九一、六八頁）

この出来事は、翌年ジャーナリストのトム・ローズによってノンフィクション小説『クジラたちを救出する（*Freeing the Whales: How the Media Created the World's Greatest Non-Event*）』（一九八九年）としてまとめられる。この小説を原作として二〇一二年に制作されたのが、創作映画『だれもがクジラを愛してる。（*Big Miracle*）』（ケン・クワピス監督）である。一九六〇年代以降、大衆的メディア表象を通じて広められた動物の救済と解放のモチーフは、表象の世界を超えて、現実の出来事として「再現」され、さらにその現実世界で再現された「救済物語」の顛末が再びフィクショナルな映像作品として再生産されるという、現実と表象世界を行き来する不可思議な循環が生まれていることが、これらの事象から読み取れるだろう。

『ザ・コーヴ』という作品も、動物の映像表象において長年再生産され続けてきた動物の救済・解放物語の系譜の一環として位置づけることができる。そうして、動物の救済・解放モチーフが表象と現実世界の間で循環的に再生産されるという構造が確立されつつある中、今度は映像や文章の世界で展開される「救済」の物語に自分も実際に参加したいという新たな欲望が、一般の観衆や読者の間で潜在的に蓄積されていったことは想像に難くない。

シー・シェパードのような環境保護団体は、まるで映画のような救済物語に実際に参加したいという大衆的な欲望を満たすための社会的装置としても機能している。シー・シェパードの支援者たちは、ボランティア活動や寄付活動、またはＤＶＤや書籍、グッズの購買などを通じて、ワトソンらが文章や映像世界で描き出す動物の救済物語に実際に「参加した」気分を味わう。そして、ワトソンらの巧みな表現戦略によって絶対的な正義として描かれる動物保護活動家の側に何の疑いもなく自己を投影し、純粋な「悪」として描かれる非欧米圏の他者を攻撃することで、変わらない世界を「変えた」という疑似成功体験に陶酔するのである。

言い換えれば、動物保護を含む環境保護活動全般は、活動の一環として拡散されるフィクショナルな救済幻想の中に身を置きたいという大衆的欲望を満たすための商品として、広く消費されているということである。しかも、イルカという生物をめぐっては、前節で述べたように、一九六〇—七〇年代北米のニューエイジ思想を背景に「ドルフィン・カルト（dolphin cult）」とでも呼び得る特異な言説体系が、脳科学者リリィのイルカ像を核にして形成されている。リリィが傾倒したニューエイジの魔術的・オカルト的世界観と、いわゆる「科学」とは、歴史を大きく遡れば、もともと近しい関係にある。その両者が、冷戦期の複雑な世界情勢を背景に、イメージの世界で緊密に混ざり合い、その中で特別な知的生物として構築されたリリィのイルカ像が現代の「神話」として広まった。

この神話は実体のないものではあるが、リリィが紡ぎだす「科学」の言説によって巧みに裏付けられているために、専門家ではない人々には容易に解体しがたい「強固な」神話として今日に至るまで存続している。その神話体系に、一九八〇年代以降の捕鯨をめぐる議論と、捕鯨問題から派生したイルカ漁をめぐる異文化間の対立が巻き込まれ、思想と表象が織りなす複雑な網目の中で『ザ・コーヴ』という作品が生み出されたと考えられる。

「思想の生態系」の未来

では、日本人である私たちは『ザ・コーヴ』や、そこで描かれるイルカの扱いをめぐって、国際社会の中でどのような反応をするべきだろうか。

周知のように、イルカ漁の是非をめぐる考えは、日本国内でも決して一枚岩ではない。日本国内でも、地方と都市、漁をする人としない人、イルカ肉を食べる人と食べない人とでは、価値観は当然異なる。『ザ・コーヴ』でも、都会に住む日本人にインタヴューをし、イルカ漁に対する否定的な反応をあえて引き出すという演出が見られるが、これも日本国内での価値観の多様性や分断を利用した表現手法の一つだと言えるだろう。

『ザ・コーヴ』をめぐる論争が潜在的に投げかけている問題の一つは、現代日本に限らず、動物を食料として「狩る」人々の動物観が選択的に抑圧されている、という二〇世紀以降世界的に見られる潮流である。[24] そもそも、動物をめぐる価値観の対立は、例えば北米では移民によって多様な価値観が流入するようになった世紀転換期以降に激化した。さらに二一世紀に入り、メディアやインターネットによる情報流通が活性化する中で、人類はかつてないほど多様な価値観に日々遭遇せざるを得ない状況に置かれている。

そうした無数の価値観同士の闘争の中で、一九世紀末の欧米で展開されたような、異なる価値観の間での生存闘争的なパワーゲームを推し進めることは決して得策ではないだろう。グローバリゼーションが止めようもなく加速する今日であるからこそ、思想や価値観の多様性、あるいは「思想の生態系」とでも呼び得るものを可能な限り維持し、特定の文化や価値観ばかりが不必要に突出しないようバランスを取りつつ、全体を調停する方法が必要とされている。グローバル化は避けられない必然だとしても、グローバリゼーションが価値観の画一化と同義であってはならないのである。

だが、動物観をはじめとして、思想の多様性を確保するために有効な処方箋を考案するのは容易ではない。現状で対処法として考え得るのは、月並みではあるが、物事を多角的に見るための視点を可能な限り確保するための創意工夫である。『ザ・コーヴ』のもう一つの問題点は、イルカをめぐる価値観の対立を勧善懲悪の物語として単純化しただけでなく、その単純化された関係性のモデルをメディアを通じてあまりにも広範に拡散し過ぎたことにある。表象は複雑な現実のすべてを切り取ることはできず、常に現実の一部を断片として切り出すことしかできない。その意味で、『ザ・コーヴ』もイルカ漁をめぐる異文化間の軋轢を映し出すことを意図した無数の断片の一つでしかない。そうした現実の一断片に過ぎない表象が突出してあまりにも多くの人々の想像力に入り込み、思考や行動を深く侵食していることこそが、『ザ・コーヴ』が浮き彫りにするもう一つの問題なのである。

あたかもそうした視点の多様性の確保を目指すかのように、『ザ・コーヴ』の日本公開後、NHKでは太地のイルカ追い込み漁をテーマとするドキュメンタリー番組が放映され（『NHKスペシャル クジラと生きる』NHK総合テレビ、二〇一一年五月二二日放送）、同じく太地のイルカ漁をテーマとする二本のドキュメンタリー映画が日本人監督によって制作された（『ビハインド・ザ・コーヴ――捕鯨問題の謎に迫る』（八木景子監督、八木フィルム、二〇一五年）、『おクジラさま ふたつの正義の物語』（佐々木芽生監督、エレファントハウス、二〇一七年））。これらは、しかし『ザ・コーヴ』と同等の世界的認知を得ているとは言い難く、こうした発信力の不均衡も異文化間で動物に関する価値観の主導権争いが発生するもう一つの要因になっている。

発信力の不均衡を含めて、世界の多様な思想や価値観の間に生じるパワーバランスの崩れをどのように是正し、調停すべきか、あるいは特定の思想が突出することで「思想の生態系」とでも言えるものにどのような問題が起きるのか、あるいは起きないのか――『ザ・コーヴ』に端を発した問いかけは、どこまでも先に続いている。そして、このきりのない問いかけの先に真の解決法が見えてくるかどうかは、現状では未知数なのである。

おわりに

唐突だが、私が一番好きな動物はサイである。

こう言うとあまり多くの賛同を得られないのが残念なのだが、間延びした顔の下の方に窪《くぼ》んだつぶらな目が並び、目の間には不格好なほど太い角《つの》がにょきっと生え、角の下には横に広がった愛らしい丸い鼻先があって、はるか頭上には肉厚な筒状の耳がぴょこぴょこと揺れている。時速四〇〜五〇キロの走力があるが、視力が悪く、数メートル先の対象も見分けられない。大きな身体は鎧《よろい》のような皮膚で覆われているが、脚は短く、迫力のあるお尻に細い尻尾が遠慮がちに垂れている。種類によっては獰猛だが、泥遊びが大好きで、地面をよくゴロゴロ転げまわる。その愛らしさと無骨さが共存するさまには、思わずうっとりしてしまう。

だから、本書を執筆中、アフリカ中部でキタシロサイの最後のオスが死んだというニュースを知った時は悲しかった。その時点で残るキタシロサイはメスの二頭のみで、死んだオスから採取した精子を用いて受精卵を作製する試みもあるようだが、自然界でのキタシロサイは絶滅を免れられない。絶滅に追い込まれた原因としては、植民地時代の狩猟による大量虐殺に加え、一九七〇年代以降の激しい密猟で個体数が激減したこと、内戦や政情不安によって生息地が縮小したことなどがあげられる。とりわけ薬や滋養強壮剤の原料として、アジアでは高値で取引される角を目当てに密猟者はサイを狙うが、角の薬効に科学的根拠などまったくなく、そのような理不尽な理由で殺されてしまうサイの窮状が、もっと内外にアピールされていれば、と悔やまれる。

叶うなら、今からでも動物保護活動家がアフリカに大挙して押し寄せ、ＳＮＳで密猟者の残虐性を発信しまくって欲しいと思う。だが、現実には世界の各地でプラカードを持ってサイの保護を叫ぶ大集団が出現することは期待できないし、サイのカレンダーやマグカップを売り出しても大した売り上げにはならないだろうし、お気に入りのサイのぬいぐるみを抱きしめる子どもは少ないだろうし、サイ・ウォッチングが世界的ブームになる日は永久に来ないだろう。そのようなことを考えていると、何ともやるせない気持ちになる。

保護する理由の不確かさ

野生動物の保護という場面では、絶滅の危険性がより高い動物が世間の関心をより広く集めるわけではない。本書第Ⅲ章で扱ったイルカにしても、絶滅危惧種に指定されているものとしては、メキシコ沖を生息域とする通称ヴァキータと呼ばれる世界最小のイルカ（コガシラネズミイルカ）や中国のピンクイルカ（シナウスイロイルカ）などが知られるが、メディアを通じて注目を集めているのは絶滅の懸念が比較的少ないとされるハンドウイルカである（ＩＵＣＮレッドリストのカテゴリーでは、Common Bottlenose Dolphin は二〇〇八年以降、「低危険種（Least Concern）」（ＬＣ）に分類されている（IUCN Red List of Threatened Species Website. https://www.iucnredlist.org/species/22563/17347397)）。

また、動物の絶滅の要因として人間の濫獲がしばしば取り沙汰されるが、厳密には近代以降の絶滅の約七割は生物の生息場所の破壊が原因だと言われる。本書執筆中も、死んで海岸に打ち上げられたクジラの胃の中から大量のプラスチックごみが発見されたというニュースが流れたが、そうした海洋汚染の方が種の存続においてはよほど深刻な問題のように思える。だからといって、プラスチック製造工場が動物保護団体に襲撃されたという話は聞かないし（そのようなことがあってはならないが、理論上そういうことが起きてもおかしくはない気がする）、海辺でプラスチック製品を捨てる海水浴客相手に抗議デモが起きたということもない。このように、動物保護の理念と実践との間には、素人考えではうまく整理がつかないような、何とも言いようのない矛盾が存在している。

このちぐはぐな状況が生み出される要因は何か、また、生物間の優先順位を形作っているのは一体何で、そもそも動物は誰によって、いつから、何のために護られるようになったのか。あるいは、動物が「護られるべきだ」という考え方が人々の間でどのようにイメージされ、共有されるようになったのか、といった素朴な疑問を自分なりに解決してみようと思ったのが、動物学者でも生態学者でもない筆者が本書を執筆しようと考えた動機の一つである。

とりわけ、この「何のために」動物を保護するのかという疑問は、近年、何かと話題になっている生物多様性をめぐる議論に直結するものである。

生物学者の本川達雄氏によると、多くの人にとって、生物多様性の大切さを理解するのは「きわめて困難」（本川 二〇一五、一頁）であるらしい。本川氏曰く、生物多様性の重要性を説明するには大きく分けて二つのやり方がある。一つは「手段的な価値」を主張すること、もう一つは「内在的な価値」に重きを置くやり方である。このうち手段的な価値とは「人間にとって有用なものは価値がある」とする考え方で、いわゆる功利主義的な価値基準に基づいている。もう一つの内在的な価値は、生物という「存在そのもの」に価値があるとする考え方である（同書、二三六頁）。内在的な価値には様々な見出し方がある。例えば、それぞれの生物には神が宿っているから、とか、すべての生物種は唯一無二の貴重な存在だから、とか、生物にも人間同様の権利があるから、などである。

だが、こうした内在的な価値は、結局それぞれの価値を信じている人にしか有効ではないため、生物多様性を維持すべき普遍的な理由にはなり難い。したがって、実情としては「手段的な価値」が主流になりがちだが、その場合、仮に生物種が一〇〇〇万種以上存在したとして、それが五〇〇万種になったところで生態系の安定性にはさほど影響がないと想定されるため、人間の利益にとっては問題がないことになり、生物多様性を護る意義はむしろ薄らいでしまう（同書、二三五―二四五頁）。

そこで、今日しばしば取られる戦略が「「今のような生態系破壊をやっていたら、ゾウがいなくなるよ、パンダがいなくなるよ、ゴリラがいなくなるよ」と、目立って大きいもの、可愛いもの、人間に近いものに特別の価値を与え」（同書、二四五―二四六頁）る方法である。この「依怙ひいき作戦」も、本川氏に言わせれば「一種のまやかし」に過ぎない。生物の価値はもはや個人の好みの問題になってしまって、生物多様性の重要性をめぐる議論は、その意義をさらに失うことになるからである。

こうしてみると、私たちの社会は、動物を「なぜ」護らなくてはならないのかについての根拠をいまだに模索しているような、非常に不安定な状況にあることが理解できる。そして、動物を「なぜ」護らなくてはならないのかを突き詰めるほど、壮大なフィクションに巻き込まれているような、どこか怪しげな気持ちになってくるのである。そうした自然や動物を保護する思想の「フィクション性」については、本書の主要なテーマの一つとして可能な限り考察した。

本書の執筆過程を改めて振り返ってみると、動物自体の価値や、動物を「護る」ことの近代的意義が、歴史の中でいかに多様な力に翻弄され、変容してきたかが浮き彫りになり、その中で誰のどのような考え方が、いかなる経緯で「主流」になっていったのかが、自分の中で多少なりとも整理できたように思う。少なくとも、動物についてどのような価値観を採用するかは、ある程度までは個人の判断によるものであり、その判断には各人の生き方や境遇、体験が大いに作用している。

例えば、本書で扱ったシートンは、野生動物の生態を観察する中で、動物の美徳と共に、むしろその野蛮さや荒々しさに魅かれていった。そのシートンの信奉者である平岩米吉は、動物の「飼育」を通じて、動物本来の純粋さや深い情愛に心打たれた。あるいは、写真家・星野道夫は、野生動物と近しい関係を結んできたアラスカ狩猟先住民の世界観に魅了され、野生動物を見て「食べたくなる」という感性が消えつつある状況を憂えた。そして、脳科学者ジョン・C・リリィは、イルカという動物の知性に強い感銘を受け、飼育する中で彼らを人類の同胞として思い描くようになり、その感性はやがて動物の直接的「代弁者」を自負するポール・ワトソンのような過激な動物保護活動家を生み出した。

護ることと見ること

このように、過去から積み上げられた多様な価値観が相克する中で、現在の野生動物保護の理念は世界的に、ある一つの考え方に収斂しつつあるように思える。それは、ごく単純に言えば、動物を「獲る」のではなく「見る」ことに大きな価値を見出す潮流である。最近筆者が興味を持っているのは「マタギ」と呼ばれる人々の動物観である（基本的にマタギとは関東以北の山岳地帯で主に鉄砲で狩猟を行う者を意味するが、由来や定義については諸説ある）。近年、里に下りてくる野生動物がしばしば社会問題となり、「猟友会」という言葉を耳にする機会も増えてきた。とりわけ野生動物が「害獣」になってしまうような地域において「狩る人」の技術や知識、経験は非常に重要な意味を持っている。

しかし、近代以降の「殺さない」ことに重きを置く動物保護思想の影響なのか、伝統的なマタギたちが自身の経験をもとに培ってきた独自の自然観や狩猟文化は現在、急速に失われつつあると聞く。

あるいは、昨今、動物が野生状態にあることを理想化するあまり、動物園や水族館で生き物を「飼育」すること全般についてネガティヴな意味付けが与えられがちである。そんな中、飼育員やトレーナーと呼ばれる人々の価値観にも個人的には大いに興味が湧く。檻やプールの中で日々動物たちと近しく触れ合い、食べ物を与え、排泄物を処理し、体を洗い、健康状態を判断し、半ば寝食を共にする形で世話をする人々の動物観は、写真や映像などを通じてしかそれらの動物と関わりを持ったことのない人々と比べて、よほど血の通った、独自の感性に基づくものに違いない。

もしこの世に動物を狩る人が一人もいなくなってしまったら、あるいは動物が一頭も飼育されていない世の中になったなら、人と動物の関係はどのようなものになるだろうか。少なくとも人類史上、実際にそうなったことは一度もないので、誰にもどうなるか分からないし、もしかすると特に問題は起きないのかもしれない。しかし、一つの可能性として、例えば筆者のように写真や映像、イラストや文章など、実体験ではなく知識としてしか動物を知らない人間が増えると、哺乳動物は体温があり、食べて排泄し、においや手触り、速さや重さ、怒りや興奮、好みや個性、残忍さや意志を持つ、それこそ「生きた」存在であることが、ますます忘却されてしまうかも知れない。メディアが動物以外の興味深い映像で溢れかえる中で、動物に対する関心が相対的に減少し、あるいはごく限られた「特別な」動物ばかりに興味が集中することで、絶滅する生物種がさらに増えるかも知れない。

社会が実際にどのように動いていくかは未知数だが、動物の映像が増えるほど、動物が「減っている」という事実が人間の想像力の中で忘れられる、という傾向については、すでに本文中で述べた通りである。その意味で、動物にとっての真の敵とは、むしろ動物という存在が三次元的な実体から切り離され、二次元化あるいは仮想現実化されていく現代社会の動向そのものなのかも知れない。

このように、動物観の長期的展望について考える場合、先の本川氏による「多様性を大切にする発想とは、多様なものの中には自身の嫌いなものも含まれているという事実を認めてそれを引き受けることだ」(本川 二〇一五、二六二頁)という言葉は、非常に示唆に富んでいる。本川氏の言うように、世界は自分の好きなものだけでできているわけではないため、もし「嫌いなものには目をつぶってしまえば、世界を正しく認識できなくなって」しまう(同書、二六三頁)。それは、おそらく動物観についても同様だろう。動物を「見る」だけでなく、飼育し、訓練し、捕まえ、殺し、食べ、加工し、保存するといった多様な営みに、仮に「嫌い」であっても一度は目を向け、その存在を認めることで、動物についてのより総体的で複雑な理解が促され、ひいてはそれが人間と動物の新たな関係の構築にもつながるはずである。

そのようなことを考えながら、今後も、動物学者でも生態学者でもなく、あくまで文学研究者という立場で、動物と関わる人間たちの「想い」や「想像力」について、テキスト分析を通じて細々と考察し続けたいと思う。あるいは、動物について考えることはそろそろ終わりにして、単なる一動物好きとして彼らを取り巻く状況を見守りたい、という気持ちもある。文学研究の立場から動物について考えるのは、あくまで門外漢として、知らない世界を背伸びしつつ必死に覗き見るような辛い作業だった。本書執筆中も、動物についての専門的な知識も経験もないまま、動物を取り巻く状況やその表象について論じることに、知的な楽しみと共に、何とも言い難い居心地の悪さや心苦しさを感じていたのも事実である。

そのような四苦八苦の中で生まれた本書の不十分な点は、すべて筆者が責を負うものである。門外漢が必死に考えた一つの壮大な仮説として、本書の内容を大らかに、面白がって受け止めていただければ幸いである。限られた紙面の都合上書ききれなかった部分も多く、それについては稿を改めて論じていきたい。

＊

本書のもととなったのは、東京大学大学院総合文化研究科超域文化科学専攻比較文学比較文化コースに提出した課程博士論文「自然をめぐる対話――二〇世紀日米間における〈環境〉表象の交錯」である。ただし、全三章構成の博士論文のうち第二章にあたる部分が諸事情により出版困難と判断されたこともあり、博士論文の第一章、第三章にあたる部分を本書の第Ⅰ章、第Ⅱ章として加筆・修正し、その上で本書第Ⅲ章の内容を新たに書き加えて構成することにした。この第Ⅲ章の執筆に予想外の時間がかかったことに加え、二〇〇九年に博士号（学術）が授与されて以降、健康上の理由や、動物について考えることからしばらく離れていたこともあり、本書の刊行までにかなりの年月が経った。

その間、自身の博士論文が本として世に出ることはもうないかも知れないと考えたこともあったが、そのあまりに歩みの遅い筆者に出版の機会を開いてくださったのが、大学院時代のみならず、学部の卒業論文の時から御指導をいただき、博士論文の主査もつとめてくださった、東京大学大学院の今橋映子先生である。そもそも世の中には大学院という場所があることを、学部卒業間際まで知らなかった筆者に、学究の道があることを教えてくださったのは、今橋先生だった。当初から研究者になるための自覚と学識があまりに不十分で、たびたび脇道に逸れ、興味が続かず、事あるごとに行き詰まってばかりの筆者がどうにかまとめただけの論文を、なぜかいつも「面白い」と言い続けてくださった先生の言葉に励まされるうちに、研究者としての道を今日までうっかり歩んでしまった、というのが正しいかも知れない。これを機に、長きにわたる関わりとご指導に、心からの感謝を申し述べたい。

また、学習院女子大学の今橋理子先生には、動物表象を研究テーマとしているというご縁から、様々な面でご指導を賜った。さらに、博士論文審査会で副査をつとめてくださった筑波大学の宮本陽一郎先生、東京大学の金森修先生、矢口祐人先生、井上健先生（所属は審査会当時）にも改めて御礼申し上げたい。金森修先生は博論審査会後の二〇一六年に残念ながらご逝去され、本書をお見せすることが叶わなかったのが悔やまれる。また、井上健先生には、博論執筆時に採用されていた日本学術振興会特別研究員の受入研究者になっていただき、大変お世話になった。

加えて、アメリカ、ニューメキシコ大学大学院留学中に指導を受けたベス・ベイリー先生、ベラ・ノーウッド先生、ジェイク・コセック先生にも感謝の意を申し述べたい。ノーウッド先生はすでに教職を退かれているが、筆者が日本に帰国した後も様々な形でご指導いただいた。留学に際しては、国際ロータリー財団国際親善奨学金、フルブライト奨学金トラベル・グラントの支援を受けることができた。資料面では、国内では国立国会図書館や東京大学附属図書館、筑波大学附属図書館、広島大学附属図書館、大阪府立中央図書館国際児童文学館などの各機関で資料を探索することができ、国外ではニューメキシコ大学付属図書館、テキサス大学オースティン校付属ハリー・ランソム・センター、アリゾナ大学付属図書館、メリーランド大学付属図書館、アメリカ議会図書館、大英図書館などで調査する機会に恵まれた。

最後に、本書を刊行するにあたり、不慣れな筆者を導き、また恐ろしいまでの遅筆にもめげず、最後まで辛抱強く伴走してくださった講談社編集部の互盛央氏に、心より感謝申し上げたい。とりわけ本書は、博士論文の一部を取り込みつつ、全体の構成や内容を大幅に変更したために、様々な制約を抱えていた。そうした制約の中で苦心していた筆者に、編集者の立場から折に触れ有益かつ適切な助言を与えてくださったことが、本書の完成につながったと考えている。

ところで、私が二番目に好きな動物はナマケモノである。ナマケモノにはミツユビナマケモノとフタユビナマケモノがいて、その若干残念な日本語名にも表れているように驚いた時もゆっくりとしか動けないため、「怠惰」、「鈍感」、「低能」などと蔑まれてきた。筋肉が極端に少ないため水にプカプカ浮いてしまうほど身体は軽く、震えて体温をあげられないので日光浴をしなくてはならない。長いフック状の爪で一日中木にぶら下がり、あまりに動かないのでその長い毛には苔まで生えて……。

信岡朝子

二〇二〇年六月

注

［はじめに］

1　この法案は一九九八年一月から施行され、甲殻類を苦しませながら料理したり、飼い犬に恐怖を与えたりすると最高二年間の禁固刑または最高一万一〇〇〇豪ドル（約九三万円）の罰金になるという内容が、その後もしばしば話題となった（『朝日新聞』一九九八年二月一二日（朝刊））。

［序　論］

1　綱吉が将軍だった約三〇年間に発令された、関連する複数の法令の総称。発令当時は「生類憐みの令」という宣言はなく、後代にそのように名付けられた（岡崎　二〇〇九、七一頁）。

2　厳密には、英米以外の国からの影響もあった。例えば、明治期の日本では、ボワソナードというフランスの法学者が、当時フランスがイギリスから学んで制定した動物虐待禁止法（グラモン法）をもとに、日本の動物虐待禁止法を形づくっている。この法令は、日本では一九七三年に至るまで、内容を改変しつつ維持されていた（青木　二〇一六、九、五五頁）。

［第Ⅰ章］

1　Ernest Thompson Seton の日本語表記については、従来「アーネスト・トムソン・シートン」とするのが一般的だったが、現在では「アーネスト・トンプソン・シートン」という表記が主流となっており、本書でも後者を採用した。

2　評論社は、内山訳の出版権が一九五六年に新潮社に譲渡されたため、一九五六―五七年に龍口直太郎訳で新たに全六巻を刊行し、さらに一九七三年には二巻を追加した全八巻の「原画・デラックス版」を刊行した。

3 原著は、Ernest Thompson Seton, *Studies in the Art Anatomy of Animals: Being a Brief Analysis of the Visible Forms of the More Familiar Mammals and Birds*, London: Macmillan, 1896. 初版が入手できなかったため、本書では一九七七年刊行のリプリント版（Seton 1977）を参照する。

4 「ネイチャースタディー」という用語の英語表記には "nature study" とハイフンつきの "nature-study" の二種類があり、この表記をめぐってこれまでに様々な議論がなされた、とT・G・ミントンは指摘している（Minton 1980, pp. iv-v）。ミントンは、ネイチャースタディーが単なる「自然についての研究（the study of nature）」の範囲を越えて、教育全体に幅広く応用可能な一つの概念と見なされていたこと、またネイチャースタディーの唯一の専門誌である『ネイチャースタディー・レヴュー（*The Nature-Study Review*）』誌がハイフンを用いていたことから、ハイフン付きの表記を採用すると明記している。この記述を参考に、本書では "nature-study (nature study)" を一つの独立した概念と見なし、訳語も「自然研究」や「自然学習」ではなく、あえてカタカナの「ネイチャースタディー」と表記する。

5 ベイリーと共にネイチャースタディー運動の「三大巨匠」としてあげられているのは、シカゴ大学のウィルバー・ジャックマン（Wilber S. Jackman）、クラーク大学のクリフトン・ホッジ（Clifton Hodge）である。

6 バローズの著作は、一八八〇年代にシカゴで教員を務めるマリー・バートがバローズの本を六年生の教科書として採用し、それに目をつけたホートン・ミフリン社が、バートの編集による学校向けの教材としてシリーズ化したことにはじまる。こうして刊行されたバローズの著作集は、一八八九年から一九〇六年の間に実に三〇万部もの売上を記録した、との報告もある（Lutts 1990, p. 29）。

7 五目並べを競技化したもの。平岩は、連珠の定石を研究した書籍を数多く出版し、昭和三年には連珠七段に昇段するなど、この道でも華々しい活躍を見せた（平岩由伎子編 一九九八、四三―四四頁）。

8 この点に関して、佐藤達哉は、ジョンズ・ホプキンス大学文書資料館に保存されている *Johns Hopkins University*

Circulars（大学の開講科目や受講学生など、学務に関する記事をまとめたもの）を調査し、元良が在学中の一八八五年から八八年にかけてホールが担当した「教育学」、「哲学史」、「心理学」（または「生理学的心理学」）の授業すべてに登録・受講していた点を指摘し、ここに両者の「緊密な関係」が見られると分析している（佐藤 二〇〇二、九五―一〇三頁）。

9 娘・由伎子の言葉を聞き書きした文章の後には、父・平岩米吉によるものと思われる「現実と夢幻の錯綜せる不思議な一篇です。「黒い大きなもの」は鯨だと云ふことです」という註が付されている。

10 この「指示要綱」には複数の名称が存在し、一定の表題を特定できないことは、すでに浅岡靖央によって指摘されている（浅岡 一九九四）。本書では、現在一般的な表記として定着しつつある「児童読物改善ニ関スル内務省指示要綱」を用い、「指示要綱」の文面は「幼少年少女読物改善問題」に拠る。

［第Ⅱ章］

1 この記事については、東京大学大学院の今橋映子教授よりご教示いただいた。

2 その後、シシュマレフ村では二〇一六年に全村移住を問う住民投票が行われ、「移住」に賛成が九四人、「残留」が七八人と意見が大きく割れたと報じられた（『朝日新聞』二〇一七年六月二五日（朝刊））。

3 ニック・ジャンは、星野が彼の名（Nick）を呼ぶ時の独特の響き（Neek）をこのように表記している。

4 アメリカ自然保護運動の展開に関して、ジョン・F・レイガーは、セオドア・ローズベルトとジョージ・B・グリネルらによって一八九〇年代以降に展開された活動を近代自然保護運動の萌芽と見なす従来の論に異議を唱え、アマチュアのハンターたちが一八七〇年代から展開してきた保護運動にこそ目を向ける必要がある、と主張している。これに対して、トマス・R・ダンラップは、レイガーは「ハンターを重要視しすぎている」として、一八七〇年代からすでにハンター以外の自然愛好家の活動が活発に行われていたという説を支持している（Reiger 1975; Dunlap 1988）。

5 シャルテンの調査によると、一八九八年から一九〇五年の間に、キューバに関しては一〇の記事が、プエルトリコに関しては一二の記事が掲載されている。当時最も注目を集めたのはフィリピンであり、一九〇五年までにおよそ三〇回、記事として取り上げられた。

6 これは、グロブナーが一九一五年に『ナショナル・ジオグラフィック』誌の総索引が刊行された際に、彼自身の一五年間の任期を振り返る中で示した「七つの原則」のうちの一つである。この七原則の提示によって、『ナショナル・ジオグラフィック』誌のその後の雑誌としての性格が明確に決定付けられた。

7 「泣くインディアン」を演じて有名になったコディーは、自らの出自について、オクラホマ州出身のチェロキー族とクリー族の血を引く者と主張していたが、実際にはルイジアナ州出身のイタリア系移民二世だったようである(Aleiss 1996)。

［第Ⅲ章］

1 英語で主に“bottlenose dolphins”と表記されるハクジラ亜目マイルカ科ハンドウイルカ属の日本語名称は、近年「バンドウイルカ（坂東海豚）」と記載される場合もあるが、本書では「ハンドウイルカ」と記載する。

2 この岩壁画について、E・J・シュライパーは「ボートに乗った一人の男が一頭のアザラシと二頭のイルカの後から迫っている場面が描かれている」とし、年代については紀元前二二〇〇年頃と推定している（シュライパー 一九六五、一頁）。

3 シュライパーは「人間はまず初めにイルカの類を獲ったらしく、その後しだいに大胆になって大型鯨にいどむようになった」と述べている（シュライパー 一九六五、四二頁）。また、日本の捕鯨について、浜口尚は、国内の遺跡調査等からイルカ漁の歴史は五〇〇〇年ほどあると推察されるが、大型クジラ類の利用については、死んで漂着したり誤って海岸に乗り上げた、いわゆる「寄り鯨」が起源である、と述べている（浜口 二〇〇二、五頁）。

4 プリニウスは、クジラが額にある「口」で肺呼吸することや、イルカもクジラも子に「授乳する」ことなどを認識していた（プリニウス 二〇一二、三九六―三九七頁）。

5 これについて、荒俣宏は、水生動物が水中を泳いでいる様子を思い浮かべられなかったので、陸に引き上げた姿でしか描けなかったのではないか、と推測している（荒俣 一九八八、三八九頁）。

6 ヨンストンの博物図譜は、江戸時代に日本にも持ち込まれ、徳川将軍家や平賀源内らが入手するなど、日本の博物学に広く影響を与えた。

7 荒俣宏によると、シュレーバーの哺乳類図譜に収録された図版の多くは一七―一八世紀に無彩色で刊行されたもので、それらは一七七五―一八四六年にかけて増補本を追加しながら彩色版として再版されている（荒俣 一九八八、四〇九頁）。

8 シュライパーは、一一世紀頃としている。また、バスク人たちは古代ノルウェー人の捕鯨技術を習得したフランドル人やノルマン人から捕鯨の知識を得た、とも述べている（シュライパー 一九六五、七頁）。

9 森田勝昭は、中世ヨーロッパではオリーブが油の主原料だったが、ローマ帝国の崩壊によってオリーブの産地が非ヨーロッパ部族に奪われ、代替物として鯨油の需要が高まった、と指摘している（森田 一九九四、一二三頁）。

10 ハクジラ亜目マイルカ科のゴンドウクジラ属を称したもの。ヒレナガゴンドウとコビレゴンドウの二種が含まれる。体長や分類学的にはイルカとして扱い得る種だが、慣習的にクジラとして扱われることが多い。「ゴンドウイルカ」と称される場合もある。

11 例えば、クジラ肉の流通の追跡や捕殺方法の規定、オブザーバーの経費負担、生産物の流通段階での検査など、多岐にわたる案件が提起された（小松 二〇〇二、一一六頁）。

12 浜口尚は、一九八二年のモラトリアム決議の投票結果を一覧にまとめている（浜口 二〇〇二、一八頁）。

13 この計測結果は意図的または無意識的に捏造された「測りまちがい」の産物だとアメリカの科学史家スティーヴン・J・グールドは主張する（グールド 二〇〇八）。一方、ポール・ウルフ・ミッチェルは、モートンの研究にはグールドの言うようなデータの改竄は見られず、むしろデータの解釈において人種間の差異とヒエラルキーを強調する傾向があった、と主張している（Mitchel 2018）。

14 一九六二年、アメリカ軍がキューバ上空から撮影した写真にソ連が建設中のミサイル基地が捉えられた。これを重く見た当時のケネディ大統領は、海と空からキューバ周辺を封鎖することを宣言し、米ソ間での核戦争の危機が一気に高まることになる。

15 沼田真によると、一般的には一九七〇年前後を「第一の環境の時代」、一九九〇年前後を「第二の環境の時代」とする傾向がある（沼田 一九九四、二〇—二八頁）。

16 外界からの感覚的刺激を完全に遮断した場合の人間の脳の動きを解明すべく、リリィが考案した実験装置。音と光を遮断したタンク内に水を満たし、目隠しをした被験者は水中に浮遊した状態で呼吸管から空気を取り入れる。リリィは、このタンクに自ら何度も入り、実体験に基づいて繰り返しデータを採取した（リリィ＋ジェフリー 二〇〇三、一五四—一六六頁）。

17 もう一冊、一九七五年に刊行された『リリィ、イルカについて語る（*Lilly on Dolphins*）』（Lilly 1975）があるが、これは『人間とイルカ』と『イルカの心』を再録し、イルカ関連の論文数編を追加したものである。

18 リリィの研究に触発された文学・映像作品については、三浦 二〇〇九、リリィ＋ジェフリー 二〇〇三、石川 二〇一一、Bryld and Lykke 2000 などを参照。また、Fraser, Reiss, Boyle, Lemcke, Sickler, Elliott, Newman, and Gruber 2006 は、イルカを扱った英語圏の小説や映像作品を広く分析している。

19 リリィのイルカ研究に言及したセーガンの著書としては、『宇宙との連帯（*The Cosmic Connection: An Extraterrestrial Perspective*）』（Garden City, NY: Anchor Press, 1973）がある。なお、セーガン個人の思想や著作活動については、三浦 二〇〇九、第三章を参照。

20 現在のイルカ研究におけるリリィの位置づけについては、Gregg 2013, Chap. 1 も参照。グレッグは、リリィの著書とそれに端を発する現在の「イルカ神話」は、そのすべてが誤りというわけではなく、「真実と誤りが、不確かさと推測によって糊のようにつなぎ合わされ、複雑に絡み合った状態」にあると形容している（ibid., p. 5）。

21 ネスにとって「シャロー（浅い）・エコロジー」は、人間社会における自然の有用性のみに価値を置く人間中心主義的な価値観に基づいている。それに対して「ディープ（深い）・エコロジー」は、人間も含めた全生命が等しい価値を持つという考えのもと、人間の在り方を生態系の相互依存的なネットワークの一部として想定するものである。

22 それらの番組のタイトルは、ダナ・ハラウェイによると、以下のようになる。『ミス・グドールと野生のチンパンジー（*Miss Goodall and the Wild Chimpanzees*）』（一九六五年）、『サル・類人猿・ヒト（*Monkeys, Apes, and Man*）』（一九七一年）、『大型類人猿を求めて（*Search for the Great Apes*）』（一九七五年）、『ゴリラ（*Gorilla*）』（一九八一年）、『野生のチンパンジーとともに（*Among the Wild Chimpanzees*）』（一九八四年）。

23 関口雄祐は、捕殺作業によって海面が赤く染まるシーンは映像自体が「二〇年近く前に撮影されたもの」である上、鮮血に見えるように「赤さ」を後処理しているのではないか、と推測している。その理由として、関口は、実際の追い込み漁の模様を観察した経験上、捕殺の現場はイルカと人が泳ぎ回って海底の砂を巻き上げ、海水が混濁するため、血が流れ込んでも「濁ったような赤さ」にしかならないという点を挙げている（関口 二〇一〇、二〇二頁）。

24 この点について、森田勝昭は「都市文化（優越）／漁山村文化（劣等）のイデオロギー」の問題として解釈している（森田 一九九四、四二〇頁）。

文献一覧

日本語文献

青木人志 二〇一六『日本の動物法』(第二版)、東京大学出版会。

秋道智彌 一九九四『クジラとヒトの民族誌』東京大学出版会。

浅岡靖央 一九九四「〈児童読物改善ニ関スル内務省指示要綱〉の成立――「幼少年少女雑誌改善に関する答申案」との照合」、『児童文学研究』第二七号（一九九四年一一月）、九四―一〇五頁。

荒俣宏 一九八八『世界大博物図鑑』第五巻「哺乳類」平凡社。

――編 一九九一『怪物誌』(『ファンタスティック12《ダズン》』第一二巻)、リブロポート。

有賀夏紀 二〇〇二『アメリカの20世紀』(全二冊)、中央公論新社(中公新書)。

池上俊一 一九九〇『動物裁判――西欧中世・正義のコスモス』講談社(講談社現代新書)。

―― 一九九七「西洋世界の動物観」、国立歴史民俗博物館編『動物と人間の文化誌』吉川弘文館(歴博フォーラム)、九九―一三〇頁。

池澤夏樹 一九九六「星野道夫と「悪いヒグマ」の不運の出会い」、『文藝春秋』一九九六年一〇月号、一六四―一七四頁。

―― 二〇〇〇『旅をした人――星野道夫の生と死』スイッチ・パブリッシング。

石川創 二〇一一『クジラは海の資源か神獣か』NHK出版(NHKブックス)。

石田戢 二〇〇九「動物愛護の歴史と現在」、奥野卓司・秋篠宮文仁編『動物観と表象』(『ヒトと動物の関係

学』第一巻)、岩波書店、二八一―三〇四頁。
石幡直樹 二〇〇三「女としての自然」、『つくられた自然』(『岩波講座 文学』第七巻)、岩波書店、一一三―一三八頁。
井野瀬久美恵 二〇〇九「キリスト教ヨーロッパ世界における動物愛護思想の歴史的文脈――イギリスを例として」、奥野卓司・秋篠宮文仁編『動物観と表象』(『ヒトと動物の関係学』第一巻)、岩波書店、六九―九一頁。
鵜澤和宏 二〇〇八「肉食の変遷」、西本豊弘編『動物の考古学』(『人と動物の日本史』第一巻)、吉川弘文館、一四七―一七五頁。
内井惣七 二〇〇九『ダーウィンの思想――人間と動物のあいだ』岩波書店(岩波新書)。
内田詮三 二〇一〇「イルカ飼育の歴史」、村山司・祖一誠・内田詮三編著『海獣水族館――飼育と展示の生物学』東海大学出版会、一二一―一二七頁。
内山賢次 一九三五「ロボー物語 はしがき」、『動物文学』第七輯(一九三五年七月)、五四―六〇頁。
―― 一九四二「児童文学と動物私見」、『動物文学』第八八輯(一九四二年一二月)、四―九頁。
宇都宮直子 一九九九『ペットと日本人』文藝春秋(文春新書)。
海上知明 二〇〇五『環境思想――歴史と体系』NTT出版。
海野弘 一九九八『世紀末シンドローム――ニューエイジの光と闇』新曜社。
岡崎寛徳 二〇〇九「生類憐みの令とその後」、中澤克昭編『歴史のなかの動物たち』(『人と動物の日本史』第二巻)、吉川弘文館、六九―九〇頁。
小塩和人 二〇一四『アメリカ環境史』上智大学出版(上智大学アメリカ・カナダ研究叢書)。
粕谷俊雄 二〇一一『イルカ――小型鯨類の保全生物学』東京大学出版会。

粕谷俊雄・加藤武史・関口雄祐 二〇一〇「座談会　映画『ザ・コーヴ』に見る日本と世界のギャップ」、『中央公論』二〇一〇年一一月号、一八八―一九五頁。
桂宥子 一九八七「動物物語」、吉田新一編『ジャンル・テーマ別英米児童文学』中教出版、二三九―二五六頁。
門崎允昭・犬飼哲夫 二〇〇〇『ヒグマ』（増補改訂版）、北海道新聞社。
金森修 一九九四「擬人主義の認識論」、『生物学史研究』第五八号（一九九四年五月）、一三―二五頁。
―― 二〇一二『動物に魂はあるのか――生命を見つめる哲学』中央公論新社（中公新書）。
金子淳 二〇〇一『博物館の政治学』青弓社（青弓社ライブラリー）。
香山リカ 二〇〇三「私の身近にある「遠さ」」、『ユリイカ』二〇〇三年一二月号、一四二―一四五頁。
河島基弘 二〇一一『神聖なる海獣――なぜ鯨が西洋で特別扱いされるのか』ナカニシヤ出版。
木内陽一 一九九三「明治末年における「児童研究」の様態に関する一考察――高島平三郎と松本孝次郎を中心に」、『鳴門教育大学研究紀要　教育科学編』第八号、二一―三五頁。
鬼頭秀一 一九九六『自然保護を問いなおす――環境倫理とネットワーク』筑摩書房（ちくま新書）。
倉林源四郎 一九四一「科学日本の建設と国民学校」、『帝国教育』一九四一年二月号、八―一三頁。
向野康江 一九九八「関衛（1889-1939）の児童画研究にみられる高島平三郎（1865-1946）の影響」、『茨城大学教育学部教育研究所紀要』第二九号（一九九八年三月）、二三―三二頁。
小林清之介 一九八三「現代児童文芸の作品と作家――動物文学」、福田清人・山主敏子編『日本児童文芸史』三省堂、三一七―三二四頁。
―― 一九九四「ある挿話」、平岩由伎子編『動物文学　復刻にあたって』（『動物文学』（復刻版）、全一〇巻＋補巻・索引、動物文学会、一九九四年、別冊）、九―一一頁。

故星野道夫友人有志の会 一九九七「写真家・星野道夫氏事故死報道を覆う霧――「どうぶつ奇想天外」の取材中ヒグマに襲われ終命した写真家の友人たちのTBSとの応酬」、『創』一九九七年二月号、七二―七九頁。
小松和彦ほか 一九九七「公開討論 人間社会における動物の位置」、国立歴史民俗博物館編『動物と人間の文化誌』吉川弘文館（歴博フォーラム）、一六九―二二六頁。
小松正之 二〇〇二『クジラと日本人――食べてこそ共存できる人間と海の関係』青春出版社（青春新書インテリジェンス）。
――二〇〇五『よくわかるクジラ論争――捕鯨の未来をひらく』成山堂書店（ベルソーブックス）。
小山優子 一九九八「明治・大正期におけるS・ホールの児童研究の導入――倉橋惣三と高島平三郎の活動を中心に」、『教育学研究紀要』第四四号（第一部）、中国四国教育学会、四九七―五〇一頁。
坂野徹 二〇〇二「人種分類の系譜学――人類学と「人種」の概念」、廣野喜幸・市野川容孝・林真理編『生命科学の近現代史』勁草書房、一六七―一九八頁。
佐々木正明 二〇一〇『シー・シェパードの正体』産経新聞出版（扶桑社新書）。
笹田直人・堀真理子・外岡尚美編 二〇〇二『概説アメリカ文化史』ミネルヴァ書房。
佐藤達哉 二〇〇二『日本における心理学の受容と展開』北大路書房。
佐藤達哉・溝口元編 一九九七『通史 日本の心理学』北大路書房。
佐藤広美 一九九七『総力戦体制と教育科学――戦前教育科学研究会における「教育改革」論の研究』大月書店。
佐野寛 二〇〇五「星野道夫の幸福」、『メディア写真論――メディア社会の中の写真を考える』パロル舎、三六〇―三六七頁。
猿谷要 一九九一『物語アメリカの歴史――超大国の行方』中央公論社（中公新書）。
澤野雅樹 二〇〇三「凍てついた死の空間ではなく……」、『ユリイカ』二〇〇三年一二月号、九三―一〇二頁。
塩野直道　一九四三「科学技術必勝と皇国教育」、『日本教育』第三巻第六号（一九四三年九月）、一一―一五頁。
塩野直道ほか　一九四二「日本の科学と教育」、『日本教育』第三巻第二号（一九四二年五月）、一一〇―一一七頁。
島式子　一九八三「動物物語の楽しさ」、三宅興子・島式子・畠山兆子『児童文学――はじめの一歩』世界思想社、八一―九三頁。
『社団法人日本少国民文化協会要覧』日本少国民文化協会、一九四三年。
進藤久美子　二〇一五「カウンター・カルチャー・ムーブメント――「30歳以上の大人を信用するな」」、富田虎男・鵜月裕典・佐藤円編『アメリカの歴史を知るための63章』（第三版）、明石書店（エリア・スタディーズ）、二二八―二三一頁。
鈴木邦夫・綿井健陽・安岡卓治・針谷大輔・吉岡逸夫　二〇一〇「映画「ザ・コーヴ」公開初日の右翼を交えた怒号激論」、『創』二〇一〇年九・一〇月号、四四―五五頁。
鈴木大拙　二〇〇五『対訳　禅と日本文化』北川桃雄訳、講談社インターナショナル。
スチュアート・ヘンリ編　二〇〇三『「野生」の誕生――未開イメージの歴史』世界思想社。
関口雄祐　二〇一〇『イルカを食べちゃダメですか？――科学者の追い込み漁体験記』光文社（光文社新書）。
関邦博　一九九三「イルカになりたい――ジャック・マイヨールの挑戦」、『Imago』一九九三年七月臨時増刊「クジラとイルカの心理学」、二六〇―二七六頁。
関野吉晴　二〇〇三「星野道夫のとらえた自然」、『ユリイカ』二〇〇三年一二月号、六二―六三頁。
関寛之　一九三六「子供と犬」、『動物文学』第一三輯（一九三六年一月）、一一頁。

瀬戸口明久 二〇一三「野生動物」、石田戢・濱野佐代子・花園誠・瀬戸口明久『日本の動物観――人と動物の関係史』東京大学出版会、一四三―一八六頁。
竹沢泰子 二〇〇五「人種概念の包括的理解に向けて」、竹沢泰子編『人種概念の普遍性を問う――西洋的パラダイムを超えて』人文書院、九―一〇九頁。
竹林修一 二〇一四『カウンターカルチャーのアメリカ――希望と失望の1960年代』大学教育出版（ASシリーズ）。
田中重之 一九三九「文部省推薦図書に就いて」、『図書館雑誌』第二三六号（一九三九年七月）、一五七―一五八頁。
丹治愛 一九九四『神を殺した男――ダーウィン革命と世紀末』講談社（講談社選書メチエ）。
近森高明 二〇〇〇「動物愛護の〈起源〉――明治三〇年代における苦痛への配慮と動物愛護運動」、『京都社会学年報』第八号（二〇〇〇年一二月）、八一―九六頁。
千葉県立中央博物館編 二〇〇八『リンネと博物学――自然誌科学の源流』（増補改訂）、文一総合出版。
つなぶちようじ 二〇〇九「映画『ザ・コーヴ』が問いかけるもの――ルイ・シホヨス監督に聞く」、『週刊金曜日』二〇〇九年一二月一一日号、四八―四九頁。
富山太佳夫 二〇〇九『おサルの系譜学――歴史と人種』みすず書房。
中澤克昭 二〇〇九「歴史のなかの動物たち」、中澤克昭編『歴史のなかの動物たち』（『人と動物の日本史』第二巻）、吉川弘文館、一―一四頁。
中沢新一・管啓次郎 二〇〇三「対談　動物によるテクノロジーのほうへ」、『ユリイカ』二〇〇三年一二月号、四二―五九頁。
中園成生 二〇〇六『くじら取りの系譜――概説日本捕鯨史』（改訂版）、長崎新聞社（長崎新聞新書）。

中丸禎子 二〇一六「博物学の人魚表象――魚、女性、哺乳類」、『比較文学』第五八号（二〇一六年三月）、七―二三頁。
中村隆文 二〇〇五「動物愛護運動のはじまり」、井波律子・井上章一編『表現における越境と混淆』国際日本文化研究センター（日文研叢書）、五五―七六頁。
西村三郎 一九九七『リンネとその使徒たち――探検博物学の夜明け』朝日新聞社（朝日選書）。
――一九九九『文明のなかの博物学――西欧と日本』（全二巻）、紀伊國屋書店。
沼田真 一九九四『自然保護という思想』岩波書店（岩波新書）。
野田研一 二〇〇三「自然／野生の詩学――星野道夫と藤原新也」、『ユリイカ』二〇〇三年一二月号、八二―九二頁。
信岡朝子 二〇〇七「解説」、ジャック・ロンドン『野性の呼び声』深町眞理子訳、光文社（光文社古典新訳文庫）、二〇六―二二五頁。
――二〇〇九「解説」、ジャック・ロンドン『白い牙』深町眞理子訳、光文社（光文社古典新訳文庫）、四七七―四九一頁。
羽澄俊裕 二〇〇九「捕獲と保護の現在」、中澤克昭編『歴史のなかの動物たち』（『人と動物の日本史』第二巻）、吉川弘文館、二三一―二四九頁。
長谷川眞理子 一九九九『進化とはなんだろうか』岩波書店（岩波ジュニア新書）。
浜口尚 二〇〇二『捕鯨文化論入門』サイテック。
浜野喬士 二〇〇九『エコ・テロリズム――過激化する環境運動とアメリカの内なるテロ』洋泉社（新書y）。
原田ひとみ 一九八六「「ナショナルジオグラフィック」の魅力――写真にみる地理思想」、『地理』第三一巻第一号（一九八六年一月）、二六―三四頁。

平岩由伎子　一九三三「若い魔女（詩とお話）」、『子供の詩・研究』第三巻第一一号（一九三三年一一月）、三四―三五頁。

平岩由伎子編　一九九八『狼と生きて――父・平岩米吉の思い出』築地書館。

平岩米吉　一九三三「改題の弁」、『子供の詩・研究』第三巻第一一号（一九三三年一一月）、巻末。

――一九三六a「犬狼随筆」、『動物文学』第一五輯（一九三六年三月）、二五―三一頁。

――一九三六b「動物文学に就いて」、『動物文学』第一九輯（一九三六年八月）、一―二頁。

――一九三六c「懸賞動物小説を見て」、『動物文学』第二〇輯（一九三六年八月）、八〇―八三頁。

――一九三七a「動物文学随想」、『動物文学』第二五輯（一九三七年一月）、一―三頁。

――一九三七b「動物文学随想(二)」、『動物文学』第二六輯（一九三七年二月）、一―三頁。

――一九三七c「動物文学小感」、E・T・シートン『動物記』（初版）、第一巻、内山賢次訳、白揚社、一―三頁。

――一九三八a「白狼　付記」、『動物文学』第三八輯（一九三八年二月）、六四―六九頁。

――一九三八b「編集後記」、『動物文学』第四一輯（一九三八年五月）、巻末。

――一九三八c「編集後記」、『動物文学』第四二輯（一九三八年六月）、巻末。

――一九三八d「シートンの特色――動物記・第三巻（「シートン小論集」より）」、『動物文学』第四六輯（一九三八年一〇月）、六四―六五頁。

――一九三九a「動物文学随想(三)」、『動物文学』第五二輯（一九三九年四月）、一―三頁。

――一九三九b「編集後記」、『動物文学』第五九輯（一九三九年一一月）、巻末。

――一九四〇「編集後記」、『動物文学』第六一輯（一九四〇年一月）、巻末。

――一九四二「動物の世界と人間の世界」、『動物文学』第八八輯（一九四二年一二月）、巻頭。

――一九五六「まえがき」、平岩米吉編『動物とともに』筑摩書房、一―二頁。

――一九八二『犬の歌――平岩米吉歌集』動物文学会。

――一九九〇『犬と狼』築地書館。　＊初版：日新書院（自然観察叢書）、一九四二年
――一九九一『私の犬』築地書館。　＊初版：『私の犬――動物文学随筆集』教材社、一九四二年
――一九九二『狼――その生態と歴史』（新装版）、築地書館。　＊初版：動物文学会、一九八一年
平澤薫 一九四〇「児童図書推薦読物調査について」、『社会教育』第一一巻第八号（一九四〇年八月）、二四―二六頁。

藤木秀朗 二〇一一「『ザ・コーヴ』と情動の文化――序に代えて」、『Juncture 超域的日本文化研究』第二号（二〇一一年三月）、名古屋大学大学院文学研究科附属日本近現代文化研究センター、一四―二三頁。

藤田博史 一九九三「鯨と人間――なぜ鯨を愛するのだろう？」、『Imago』一九九三年七月臨時増刊「クジラとイルカの心理学」、二九六―三一五頁。

藤原英司 一九八〇『海からの使者イルカ』朝日新聞社。

星野道夫 一九八六『アラスカ　光と風』六興出版。

――一九九一『Alaska　風のような物語』小学館。

――一九九三『イニュニック［生命］――アラスカの原野を旅する』新潮社。

――一九九五a『アラスカ　光と風』福音館書店（福音館日曜日文庫）。

――一九九五b『旅をする木』文藝春秋。

――一九九六『森と氷河と鯨――ワタリガラスの伝説を求めて』世界文化社。

――一九九七a『ノーザンライツ』新潮社。

――一九九七b『GOMBE　ゴンベ』メディアファクトリー。

――一九九九a『長い旅の途上』文藝春秋。
――一九九九b『アフリカ旅日記――ゴンベの森へ』メディアファクトリー。
――二〇〇三『星野道夫著作集』（全五巻）、新潮社。
星野道夫ほか 一九九八『表現者』スイッチ・パブリッシング（Switch library）。
堀口守 一九三四「新しき芸術の待望」、『科学と芸術』第二巻第一号（一九三四年一月）、五―八頁。
本多顯彰 一九三七「逆説動物文学論」、『動物文学』第二八輯（一九三七年四月）、一―三頁。
――一九三八「動物記・短評」、『動物文学』第四二輯（一九三八年六月）、七六頁。
前田隆一 一九四一「科学教育論」、『日本教育』臨時特集号（一九四一年一一月）、一八八―二〇六頁。
松井良明 二〇〇七「19世紀イギリスにおける動物闘技の違法性と制定法に関する基礎的研究――動物虐待法（1835年）と先行法との歴史的関連を中心として」、『スポーツ史研究』第二〇号、三五―五〇頁。
松田幸久 二〇〇九「実験動物の倫理――実験動物医学の立場から」、奥野卓司・秋篠宮文仁編『動物観と表象』（『ヒトと動物の関係学』第一巻）、岩波書店、二六一―二八〇頁。
松永俊男 一九九二『博物学の欲望――リンネと時代精神』講談社（講談社現代新書）。
三浦淳 二〇〇九『鯨とイルカの文化政治学』洋泉社。
溝上由紀 二〇一一「アメリカ映画『ザ・コーヴ（The Cove）』をめぐる英語の言説の批判的分析――英字新聞・雑誌の論調にみられる「イルカ・イデオロギー」、すなわち「価値観」の植民地主義」、『愛知江南短期大学紀要』第四〇号（二〇一一年三月）、二一―四三頁。
向井照彦 二〇〇〇『アメリカン・ウイルダネスの諸相』英宝社。
村山司 二〇〇九『イルカ――生態、六感、人との関わり』中央公論新社（中公新書）。
――二〇一一『イルカ・クジラ』東海大学出版会（Minimum）。

本川達雄 二〇一五『生物多様性――「私」から考える進化・遺伝・生態系』中央公論新社（中公新書）。
森田勝昭 一九九四『鯨と捕鯨の文化史』名古屋大学出版会。
森達也・綿井健陽・想田和弘・是枝裕和 二〇一〇「座談会 ドキュメント映画「ザ・コーヴ」の制作手法と上映中止騒動を考える」、『創』二〇一〇年六月号、九〇―一〇二頁。
柳田邦男 二〇〇三a「複眼の思索者」、『ユリイカ』二〇〇三年一二月号、六〇―六一頁。
―― 二〇〇三b「文明と生き方の道しるべ」、『星野道夫の宇宙』（「星野道夫の宇宙」展図録）、朝日新聞社、六―七頁。
山崎謙 一九四一「所謂「科学する心」の問題」、『帝国教育』一九四一年二月号、一四―二〇頁。
山里勝己 二〇〇六『場所を生きる――ゲーリー・スナイダーの世界』山と渓谷社。
山田吉彦 二〇一〇「人種差別映画!?「ザ・コーヴ」の正しい観方」、『新潮45』二〇一〇年八月号、七六―八二頁。
山本敏子 一九八七「明治期・大正前期の心理学と教育（学）――子どもと教育の心理学的な研究の動向を手掛かりに」、『研究室紀要』第一三号（一九八七年六月）、東京大学教育学部教育哲学・教育史研究室、九一―一〇五頁。
山本正治・山内友三郎 二〇一四「日本的動物解放――自然支配の文化と自然との共生の文化のあいだ」、『大阪教育大学紀要 第Ⅰ部門』第六二巻第二号（二〇一四年二月）、四七―六二頁。
湯川豊 二〇〇三「ひと粒の雨を見よ」、『ユリイカ』二〇〇三年一二月号、六六―七二頁。
弓削尚子 二〇一二「「コーカソイド」概念の誕生――ドイツ啓蒙期におけるブルーメンバッハの「人種」とジェンダー」、『お茶の水史学』第五五号（二〇一二年三月）、一―三二頁。
「幼少年少女読物改善問題――児童読物改善問題経過・伊太利に於ける児童読物の取締・児童読物と其の選択」、

『出版警察資料』第三三号、内務省警保局、一九三八年、九三―一〇二頁。
吉岡逸夫 二〇一〇「「ザ・コーヴ」上映後の太地町、嵐の中の静けさ」、『創』二〇一〇年一二月号、一〇二―一〇七頁。
吉岡忍・野中章弘 二〇一〇「映画「ザ・コーヴ」をめぐるドキュメンタリー論」、『創』二〇一〇年九・一〇月号、五六―六六頁。
寮美千子 二〇〇三「神話になった少年」、『ユリイカ』二〇〇三年一二月号、一一八―一三三頁。
渡部浩二 二〇〇九「江戸のブタ肉食――文明開化前の肉食事情」、中澤克昭編『歴史のなかの動物たち』（『人と動物の日本史』第二巻）、吉川弘文館、一六一―一六二頁。

「『動物記I』広告文」、『動物文学』第三一輯、一九三七年七月、巻末。

「『動物記』（Ⅲ）広告文」、E・T・シートン『動物記』（初版）、第四巻、内山賢次訳、白揚社、一九三八年、巻末。

「動物記の刊行について」、シートン『動物記』（改訂版）、第二巻、内山賢次訳、白揚社、一九三九年、巻末。

「『シートン自叙伝』広告文」、アーネスト・トンプソン・シートン『シートン自叙伝――芸術的博物学者の足跡』内山賢次訳、白揚社、一九四一年、巻末。

「許せぬイルカ捕殺　米人愛護家　250頭にがす　囲い網をプッツリ　「死活問題」怒りの漁民　長崎・壱岐」、『朝日新聞』一九八〇年三月二日（朝刊）、第二三面。

「カムチャツカの警官が明かす――熊が動物カメラマン星野道夫氏を食い殺した「惨劇現場」」、『週刊文春』一九九六年八月二九日号、三六―三八頁。

「エビのおどり食いは禁固2年　豪で法改正案提出へ　残酷な扱い禁止」、『朝日新聞』一九九七年六月二五日（朝刊）、第九面。

「エビ・カニ〝虐待〟禁固刑ですよ　豪の州で現代版「あわれみの令」」、『朝日新聞』一九九八年二月一二日（朝刊）、第七面。

「沈む島、消える足跡　温暖化で高波「30年後に消滅」　アラスカ」、『朝日新聞』二〇〇二年八月二三日（夕刊）、第一面。

「イルカ漁問題視、資格停止　世界協会　日本動物園水族館協会に」、『朝日新聞』二〇一五年五月一〇日（朝刊）、第三五面。

「追い込み漁イルカ、購入禁止　動物園と水族館、国際組織残留へ」、『朝日新聞』二〇一五年五月二一日（朝刊）、第一面。

「水族館、協会離脱の動き　3施設が検討　追い込み漁イルカ購入禁止受け」、『朝日新聞』二〇一五年五月二八日（朝刊）、第三八面。

「日本の資格停止を解除　世界水族館協会、イルカ漁の対応受け」、『朝日新聞』二〇一五年七月一〇日（朝刊）、第三七面。

「イルカ漁対象、2種追加へ　水産庁方針、太地の漁協「歓迎」」、『朝日新聞』（和歌山県版）、二〇一七年五月一三日（朝刊）、第二三面。

「（地球異変）減る氷の堤、浸食される村　アラスカから」、『朝日新聞』二〇一七年六月二五日（朝刊）、第一—二面。

邦訳文献

アリストテレス 一九六八―六九『動物誌』島崎三郎訳、『アリストテレス全集』第七―八巻、岩波書店。

キャリコット、J・ベアード 二〇〇九『地球の洞察――多文化時代の環境哲学』山内友三郎・村上弥生監訳、小林陽之助・澤田軍治郎・松本圭子・渡辺俊太郎訳、みすず書房（エコロジーの思想）。

グールド、スティーヴン・J 二〇〇八『人間の測りまちがい――差別の科学史』（全二冊）、鈴木善次・森脇靖子訳、河出書房新社（河出文庫）。

ジェイコブズ、ロバート・A 二〇一三『ドラゴン・テール――核の安全神話とアメリカの大衆文化』高橋博子監訳、新田準訳、凱風社。

シートン、アーネスト・トンプソン 一九三七―三八『動物記』（全六巻）、内山賢次訳、白揚社。

―― 一九五一―五三『シートン全集』（全一八巻＋別巻）、内山賢次訳、評論社。

―― 一九五六―五七『動物記』（新訳版）（全八巻）、内山賢次訳、新潮社。

―― 一九五六―五七『動物記』（『シートン選集』）（全六巻）、龍口直太郎訳、評論社。

―― 一九六五『シートンの動物記』（全五巻）、阿部知二訳、講談社。

―― 一九七一―七四『シートン動物記』（全八巻＋別巻）、藤原英司訳、集英社。

―― 一九七三『シートン動物記』（原画・デラックス版）（全八巻）、龍口直太郎訳、評論社。

―― 一九九七『美術のためのシートン動物解剖図』上野安子訳、マール社。

―― 一九九七―九八『シートン動物誌』（全一二巻）、今泉吉晴監訳、紀伊國屋書店。

シュライパー、E・J 一九六五『鯨』、細川宏・神谷敏郎訳、東京大学出版会。

ストーム、レイチェル 一九九三『ニューエイジの歴史と現在――地上の楽園を求めて』高橋巖・小杉英了訳、角川書店（角川選書）。

スメドリー、オードリー 二〇〇五「北米における人種イデオロギー」山下淑美訳、竹沢泰子編『人種概念の普遍性を問う――西洋的パラダイムを超えて』人文書院、一五一―一八一頁。

『聖書――新共同訳　旧約聖書続編つき』共同訳聖書実行委員会訳、日本聖書協会、二〇一二年。

ターナー、ジェイムズ　一九九四『動物への配慮――ヴィクトリア時代精神における動物・痛み・人間性』斎藤九一訳、法政大学出版局（りぶらりあ選書）。

ダンス、S・ピーター　二〇一四『博物誌――世界を写すイメージの歴史』奥本大三郎訳、東洋書林。

ドゥグラツィア、デヴィッド　二〇〇三『動物の権利』戸田清訳、岩波書店（1冊でわかる）。

トマス、キース　一九八九『人間と自然界――近代イギリスにおける自然観の変遷』山内昶監訳、中島俊郎・山内彰訳、法政大学出版局（叢書・ウニベルシタス）。

ハクスリー、オルダス　二〇一三『すばらしい新世界』黒原敏行訳、光文社（光文社古典新訳文庫）。

ヒュギーヌス　二〇〇五『ギリシャ神話集』松田治・青山照男訳、講談社（講談社学術文庫）。

フィッシャー、ハンス　一九九四『ゲスナー――生涯と著作』今泉みね子訳、博品社。

ブラムウェル、アンナ　一九九二『エコロジー――起源とその展開』金子務監訳、森脇靖子・大槻有紀子訳、河出書房新社。

プリニウス　二〇一二『プリニウスの博物誌』（縮刷版）、第二巻、中野定雄・中野里美・中野美代訳、雄山閣。

ボウラー、ピーター・J　一九八七『進化思想の歴史』（全二巻）、鈴木善次ほか訳、朝日新聞社（朝日選書）。

――一九九二『ダーウィン革命の神話』松永俊男訳、朝日新聞社。

――一九九五『進歩の発明――ヴィクトリア時代の歴史意識』岡嵜修訳、平凡社。

ムーア、ロバート　二〇〇五「一九世紀ヨーロッパにおける人種と不平等――身体と歴史」五十嵐泰正訳、竹沢泰子編『人種概念の普遍性を問う――西洋的パラダイムを超えて』人文書院、一一三―一五〇頁。

メルヴィル、ハーマン 二〇〇六『白鯨』（改版）（全二冊）、田中西二郎訳、新潮社（新潮文庫）。

リトヴォ、ハリエット 二〇〇一『階級としての動物――ヴィクトリア時代の英国人と動物たち』三好みゆき訳、国文社。

リリィ、ジョン・C＋F・ジェフリー 二〇〇三『ジョン・C・リリィ 生涯を語る』中田周作訳、筑摩書房（ちくま学芸文庫）。

ローレンツ、コンラート 一九八三『ソロモンの指環――動物行動学入門』日高敏隆訳、早川書房（ハヤカワ文庫NF）。

ロンドン、ジャック 二〇〇七『野性の呼び声』深町眞理子訳、光文社（光文社古典新訳文庫）。

―― 二〇〇九『白い牙』深町眞理子訳、光文社（光文社古典新訳文庫）。

外国語文献

Aleiss, Angela 1996, "Native Son (Italian-American Identity of Iron Eyes Cody)", *Times-Picayune* (New Orleans, Louisiana), May 26, 1996: D1.
Allen, Garland E. 1982, "Review of *Ernest Thompson Seton: Man in Nature and the Progressive Era, 1880-1915*, by John Henry Wadland", *Journal of the History of Medicine and Allied Sciences*, 37(3), July, 1982: 362-366.
Alling, Mary R. 1881, "Natural Science in Common Schools", *Education*, 1, 1880-81: 601-615.
Anderson, H. Allen 1985, "Ernest Thompson Seton and the Woodcraft Indians", *Journal of American Culture*, 8(1), Spring 1985: 43-50.
—— 1986, *The Chief: Ernest Thompson Seton and the Changing West*, College Station: Texas A&M

University Press.

Asquith, Pamela J. and Arne Kalland, eds. 1997, *Japanese Images of Nature: Cultural Perspectives*, Richmond: Curzon Press.

Bailey, Liberty Hyde 1903, *The Nature-Study Idea: Being an Interpretation of the New School-Movement to Put the Child in Sympathy with Nature*, New York: Doubleday, Page & Co.

Bederman, Gail 1995, *Manliness & Civilization: A Cultural History of Gender and Race in the United States, 1880-1917*, Chicago: University of Chicago Press.

Beers, Diane L. 2006, *For the Prevention of Cruelty: The History and Legacy of Animal Rights Activism in the United States*, Athens, Ohio: Swallow Press / Ohio University Press.

Bloom, Steve 1995, "Natural Selection", *British Journal of Photography*, 141(7021), 19 April, 1995: 16-18.

Botkin, Daniel B. 1990, *Discordant Harmonies: A New Ecology for the Twenty-First Century*, New York: Oxford University Press.

Boulding, Kenneth 1966, "The Economics of the Coming Spaceship Earth", in *Environmental Quality in a Growing Economy: Essays from the Sixth RFF Forum*, edited by Henry Jarret, Washington, D.C.: Resources for the Future, pp. 3-14.

Bradley, John E. 1900, "Nature Lessons", *Education*, 21, October, 1900: 92-99.

Bryant, William 1995, "The Re-Vision of Planet Earth: Space Flight and Environmentalism in Postmodern America", *American Studies*, 36(2), Fall 1995: 43-63.

Bryld, Mette Marie and Nina Lykke 2000, *Cosmodolphins: Feminist Cultural Studies of Technology, Animals and the Sacred*, London: Zed Books.

Buell, Lawrence 1998, “Toxic Discourse”, *Critical Inquiry*, 24(3), Spring 1998: 639-665.

Burroughs, John 1903, “Real and Sham Natural History”, *Atlantic Monthly*, 91(545), March, 1903: 298-309.

—— 1904a, “Current Misconceptions in Natural History”, *Century Magazine*, 67, February, 1904: 509-517.

—— 1904b, “On Humanizing the Animals”, *Century Magazine*, 67, March, 1904: 773-780.

—— 1904c, “The Literary Treatment of Nature”, *Atlantic Monthly*, 94, July, 1904: 38-43.

Cartmill, Matt 1993, *A View to a Death in the Morning: Hunting and Nature through History*, Cambridge, Massachusetts: Harvard University Press.（マット・カートミル『人はなぜ殺すか――狩猟仮説と動物観の文明史』内田亮子訳、新曜社、一九九五年）

Caulfield, Patricia 1967, “Photographing Wild Animals (Nature and the Camera)”, *Natural History*, 76(8), October, 1967: 60-61.

Chapman, Frank M. 1904, “The Case of William J. Long”, *Science*, 19(479), March, 1904: 387-389.

Clapp, Henry Lincoln 1895, “The Nature and Purpose of Nature Study”, *Education*, 15, June, 1895: 597-603.

Clark, Edward B. 1907a, “Roosevelt on the Nature Fakirs [sic]”, *Everybody’s Magazine*, 16, June, 1907: 770-774.

—— 1907b, “Real Naturalists on Nature Faking”, *Everybody’s Magazine*, 17, September, 1907: 423-427.

Cronon, William, ed. 1996, *Uncommon Ground: Rethinking the Human Place in Nature*, New York: W. W. Norton & Co.

Deese, R. S. 2009, “The Artifact of Nature: ‘Spaceship Earth’ and the Dawn of Global Environmentalism”, *Endeavour*, 33(2), June, 2009: 70-75.

Dobb, Edwin 1998, “Reality Check: The Debate behind the Lens”, *Audubon*, 100(1), January-February, 1998:

44-51, 98-99.

Dower, John W. 1986, *War without Mercy: Race and Power in the Pacific War*, New York: Pantheon Books.

Downing, Elliot R. 1915, "Nature-Study and High-School Science", *School Review*, 23(4), April, 1915: 272-274.

Dunaway, Finis 2000, "Hunting with the Camera: Nature Photography, Manliness, and Modern Memory, 1890-1930", *Journal of American Studies*, 34(2), August, 2000: 207-230.

—— 2005, *Natural Visions: The Power of Images in American Environmental Reform*, Chicago: University of Chicago Press.

Dunlap, Riley E. and Angela G. Mertig (eds.) 1992, *American Environmentalism: The U. S. Environmental Movement, 1970-1990*, Philadelphia: Taylor & Francis.（R・E・ダンラップ＋A・G・マーティグ編『現代アメリカの環境主義——１９７０年から１９９０年の環境運動』満田久義監訳、ミネルヴァ書房、一九九三年）

Dunlap, Thomas R. 1988, *Saving America's Wildlife: Ecology and the American Mind, 1850-1990*, Princeton, New Jersey: Princeton University Press.

—— 1992, "The Realistic Animal Story: Ernest Thompson Seton, Charles Roberts, and Darwinism", *Forest & Conservation History*, 36(2), April, 1992: 56-62.

Farrow, Arthur H. 1920, "Nature Photography", *The American Annual of Photography*, 34: 112-119.

Fleming, Patricia A. and Philip W. Bateman 2016, "The Good, the Bad, and the Ugly: Which Australian Terrestrial Mammal Species Attract Most Research?", *Mammal Review*, 46(4), October, 2016: 241-254.

Fraser, John J., Diana Reiss, Paul Boyle, Katherine Lemcke, Jessica Sickler, Elizabeth Elliott, Barbara Newman, and Sarah Gruber 2006, "Dolphins in Popular Literature and Media", *Society & Animals*, 14(4):

321-349.

Ganong, W. F. 1904, "The Writings of William J. Long", *Science*, 19(485), April, 1904: 623-625.

Gottlieb, Robert 1993, *Forcing the Spring: The Transformation of the American Environmental Movement*, Washington D. C.: Island Press.

Gregg, Justin 2013, *Are Dolphins Really Smart?: The Mammal behind the Myth*, Oxford: Oxford University Press.

Grossfield, Edie 1997, "Painting with Light: The Photography of Art Wolfe", *Wildlife Art*, 16(2), March-April, 1997: 28-34.

Grosvenor, Gilbert H. 1915, "Report of the Director and Editor of the National Geographic Society for the Year 1914", *National Geographic Magazine*, 27(3), March, 1915: 318-320.

—— 1936, "The National Geographic Society and Its Magazine", *National Geographic Magazine*, 69(1), January, 1936: 123-164.

Hall, G. Stanley 1891, "The Contents of Children's Minds on Entering School", *Pedagogical Seminary*, 1: 139-173.

—— 1904, "The Natural Activities of Children as Determining the Industries in Early Education", in *Journal of Proceedings and Addresses of the Forty-Third Annual Meeting, Held at St. Louis, Missouri in Connection with the Louisiana Purchase Exposition June 27-July 1*, Winona, Minnesota: National Educational Association, pp. 443-447.

—— 1918, *Adolescence: Its Psychology and Its Relations to Physiology, Anthropology, Sociology, Sex, Crime, Religion and Education*, 2 vols. (1904), New York: D. Appleton.

—— 1924, *Life and Confessions of a Psychologist,* New York: D. Appleton.

Haller, John S., Jr. 1971, *Outcasts from Evolution: Scientific Attitudes of Racial Inferiority, 1859-1900,* Urbana: University of Illinois Press.

Haraway, Donna 1989, *Primate Visions: Gender, Race, and Nature in the World of Modern Science,* New York: Routledge.

Hardin, Garrett 1968, "The Tragedy of the Commons: The Population Problem Has No Technical Solution; It Requires a Fundamental Extension in Morality", *Science,* 162(3859), December 13, 1968: 1243-1248.

Hawken, Paul 1993, *The Ecology of Commerce: A Declaration of Sustainability,* New York: Harper Business.

Helmreich, Stefan 2011, "From Spaceship Earth to Google Ocean: Planetary Icons, Indexes, and Infrastructures", *Social Research,* 78(4). Winter 2011: 1211-1242.

Herman, Daniel Justin 2001, *Hunting and the American Imagination,* Washington, D. C.: Smithsonian Institution Press.

Hill, Martha and Art Wolfe 1993, *The Art of Photographing Nature,* text by Martha Hill, photographs by Art Wolfe, New York: Three Rivers Press.

Hornaday, William T. 1913, *Our Vanishing Wild Life: Its Extermination and Preservation,* New York: New York Zoological Society.

Jackman, Wilbur S. 1904, *The Third Yearbook of the National Society for the Scientific Study of Education,* Part III: *Nature-Study,* edited by Manfred J. Holmes, Chicago: University of Chicago Press.

Jans, Nick 1997, "Remembering Michio", *Alaska,* 63(1), February, 1997: 50-59.

—— 1998, "A Picture for Michio", *Alaska,* 64(6), August, 1998: 18.

Johnson, William M. 1990, *The Rose-Tinted Menagerie: A History of Animals in Entertainment*, London: Heretic Books.

Kalland, Arne 2009, *Unveiling the Whale: Discourses on Whales and Whaling*, New York: Berghahn Books.

Kantner, Seth 1997, “Goodbye, Our Season”, *Alaska*, 63(1), February, 1997: 18-20.

Keating, Bern 1969, *Alaska*, photographs by George F. Mobley, Washington D. C.: National Geographic Society.

Keith, W. J. 1985, *Canadian Literature in English*, London: Longman.

Kellert, Stephen R. 1991, “Japanese Perceptions of Wildlife”, *Conservation Biology*, 5(3), September, 1991: 297-308.

Kline, Benjamin 1997, *First along the River: A Brief History of the U. S. Environmental Movement*, San Francisco: Acada Books.

Kollin, Susan 2001, *Nature’s State: Imagining Alaska as the Last Frontier*, Chapel Hill: University of North Carolina Press.

Krech, Shepard, III 1999, *The Ecological Indian: Myth and History*, New York: W. W. Norton & Co.

Lassen, Christian Riese 1993, *The Art of Lassen: A Collection of Works from Christian Riese Lassen*, Lahaina, Maui, Hawaii: Lassen.

Lawlor, Mary 2000, *Recalling the Wild: Naturalism and the Closing of the American West*, New Brunswick, New Jersey: Rutgers University Press.

Lilly, John C. 1961, *Man and Dolphin: Adventures on a New Scientific Frontier*, Garden City, New York: Doubleday.（J・C・リリー『人間とイルカ——異種間コミュニケーションのとびらをひらく』川口正吉訳、学習

研究社（ガッケン・ブックス　サイエンス・シリーズ）、一九六五年）
—— 1967, *The Mind of the Dolphin: A Nonhuman Intelligence*, Garden City, New York: Doubleday.
—— 1975, *Lilly on Dolphins: Humans of the Sea*, Garden City, New York: Anchor Press / Doubleday.
—— 1978, *Communication between Man and Dolphin: The Possibilities of Talking with Other Species*, New York: Julian Press.（ジョン・C・リリー『イルカと話す日』神谷敏郎・尾澤和幸訳、NTT出版、一九九四年）
London, Jack 1908, "The Other Animals", *Collier's*, 41, September 5, 1908:10-11, 25-26.
—— 1993, *The Call of the Wild, White Fang, and Other Stories*, edited by Andrew Sinclair, New York: Penguin.
Long, William. J. 1903a, "The Modern School of Nature-Study and Its Critics", *North American Review*, 176(558), May, 1903: 688-698.
—— 1903b, "Animal Surgery", *Outlook*, 75, September 12, 1903: 122-127.
—— 1904, "Science, Nature and Criticism", *Science*, 19(489), May 13, 1904: 760-767.
—— 1907, "'I Propose to Smoke Roosevelt Out': Dr. Long", *New York Times*, June 2, 1907: 2.
Loomis, H. N. 1908, "The Study of Animals in the Schools", *Educational Review*, 35, February, 1908: 139-147.
Lopez, Barry 1997, "Michio Hoshino: A Tribute", *Orion*, 16(1), Winter 1997: 38-41.
Lovejoy, Arthur O. 1964, *The Great Chain of Being: A Study of the History of an Idea*, Cambridge: Harvard University Press.（アーサー・O・ラヴジョイ『存在の大いなる連鎖』内藤健二訳、晶文社、一九七五年）
Lutts, Ralph. H. 1990, *The Nature Fakers: Wildlife, Science & Sentiment*, Golden, Colorado: Fulcrum Publishing.

Lutz, Catherine A. and Jane L. Collins 1993, *Reading National Geographic*, Chicago: University of Chicago Press.

Marsh, George Perkins 1965, *Man and Nature* (1864), edited by David Lowenthal, Cambridge: Belknap Press of Harvard University Press.

McKibben, Bill 1997, "The Problem with Wildlife Photography", *DoubleTake*, 3(4), Fall 1997: 50-56.

Meyers, Ira Benton 1906, "A History of the Teaching of Nature in the Elementary and Secondary Schools of the United States, I", *The Elementary School Teacher*, 6(5), January, 1906: 258-264.

—— 1910, "The Evolution of Aim and Method in the Teaching of Nature-Study in the Common Schools of the United States", *The Elementary School Teacher*, 11(4), December, 1910: 205-213.

Minton, Tyree G. 1980, "The History of the Nature-Study Movement and Its Role in Development of Environmental Education" (Doctoral Dissertations, University of Massachusetts Amherst).

Mitchell, Lee Clark 1981, *Witnesses to a Vanishing America: The Nineteenth-Century Response*, Princeton, New Jersey: Princeton University Press.

Mitchell, Paul Wolff 2018, "The Fault in His Seeds: Lost Notes to the Case of Bias in Samuel George Morton's Cranial Race Science", *PLoS Biol*, 16(10), October, 2018, https://doi.org/10.1371/journal.pbio.2007008

Mitman, Gregg 1999, *Reel Nature: America's Romance with Wildlife on Film*, Cambridge, Massachusetts: Harvard University Press.

—— 2000, "Life in the Field: The Nature of Popular Culture in 1950s America", in *Primate Encounters: Models of Science, Gender, and Society*, edited by Shirley C. Strum and Linda M. Fedigan, Chicago:

University of Chicago Press, pp. 421-435.

Naess, Arne 1973, “The Shallow and the Deep, Long-Range Ecology Movement: A Summary”, *Inquiry*, 16(1-4): 95-100.

Nash, Roderick Frazier 1981, “Tourism, Parks and the Wilderness Idea in the History of Alaska”, *Alaska in Perspective*, 4(1): 1-27.

—— 1989, *The Rights of Nature: A History of Environmental Ethics*, Madison, Wisconsin: University of Wisconsin Press.（ロデリック・F・ナッシュ『自然の権利——環境倫理の文明史』松野弘訳、筑摩書房（ちくま学芸文庫）、一九九九年）

—— 2001, *Wilderness and the American Mind*, 4th ed., New Haven: Yale University Press.

Newman, Hugo 1905, “Science Teaching in Elementary Schools”, *The Elementary School Teacher*, 6(4), December, 1905: 192-202.

Noble, Brian E. 2000, “Politics, Gender, and Worldly Primatology: The Goodall-Fossy Nexus”, in *Primate Encounters: Models of Science, Gender, and Society*, edited by Shirley C. Strum and Linda M. Fedigan, Chicago: University of Chicago Press, pp. 436-462.

Odem, Mary E. 1995, *Delinquent Daughters: Protecting and Policing Adolescent Female Sexuality in the United States, 1885-1920*, Chapel Hill: University of North Carolina Press.

Olmsted, Richard R. 1967, “The Nature-Study Movement in American Education” (Doctoral Dissertations, Indiana University).

Poole, Robart 2008, *Earthrise: How Man First Saw the Earth*, New Heaven: Yale University Press.

Ranger, Walter E. 1904, “The Nature-Study Movement”, *Education*, 24(8), April, 1904: 501-503.

Reiger, John F. 1975, *American Sportsmen and the Origins of Conservation*, New York: Winchester Press.

"Relation of Nature-study to Science Teaching", *The Elementary School Teacher*, 8(6), February, 1908: 344-346.

Ridgway, Sam H., Donald Carder, Michelle Jeffries, and Mark Todd 2012, "Spontaneous Human Speech Mimicry by a Cetacean", *Current Biology*, 22(20), October, 2012: R860-861.

Roberts, Charles G. D. 1902, *The Kindred of the Wild: A Book of Animal Life*, Boston: L. C. Page & Company.

Roberts, David 1997, "Unnatural Acts: A Feud over Digitized Nature Photos (State of the Art)", *American Photo*, 8(2), March / April, 1997: 28-30.

Roosevelt, Theodore 1893, *The Wilderness Hunter: An Account of the Big Game of the United States and Its Chase with Horse, Hound, and Rifle*, New York: G. P. Putnam's Sons.

—— 1907, "'Nature Fakers'", *Everybody's Magazine*, 17, September, 1907: 427-430.

—— 1970, *Outdoor Pastimes of an American Hunter* (1905), New York: Arno / The New York Times.

—— 1997, *American Bears: Selections from the Writings of Theodore Roosevelt*, edited and introduced by Paul Schullery, Boulder, Colorado: Roberts Rinehart.

Ross, Dorothy 1972, *G. Stanley Hall: The Psychologist as Prophet*, Chicago: University of Chicago Press.

Rothman, Hal K. 2000, *Saving the Planet: The American Response to the Environment in the Twentieth Century*, Chicago: Ivan R. Dee.

Rowell, Galen 1996, "Art Wolfe: Role and Intentions Greatly Mischaracterized", *Seattle Post-Intelligencer*, May 4, 1996: A5.

Schimmel, Schim 1994, *Dear Children of the Earth: A Letter from Home*, Minnetonka, Minnesota: Northword Press.

Schmitt, Peter J. 1990, *Back to Nature: The Arcadian Myth in Urban America* (1969), Baltimore: Johns Hopkins University Press.

Schulten, Susan 2000, "The Making of the National Geographic: Science, Culture, and Expansionism", *American Studies*, 41(1), Spring 2000: 5-29.

Scott, Charles B. 1900, *Nature Study and the Child*, Boston: D. C. Heath.

Scott, David Meerman and Richard Jurek 2014, *Marketing the Moon: The Selling of the Apollo Lunar Program*, Cambridge, Massachusetts: MIT Press.

Seton, Ernest Thompson 1894, "The King of Currumpaw: A Wolf Story", *Scribner's Magazine*, 16(5), November, 1894: 618-628.（アーネスト・トムソン・セトン「ロボー物語」（全三回）、内山賢次訳、『動物文学』第七―九輯、一九三五年七―九月）

—— 1898, *Wild Animals I Have Known*, New York: Charles Scribner's Sons.

—— 1900, *The Biography of a Grizzly*, New York: Century.

—— 1901, *Lives of the Hunted*, New York: Charles Scribner's Sons.

—— 1904, *Monarch, the Big Bear of Tallac*, New York: Charles Scribner's Sons.

—— 1909, *Life-Histories of Northern Animals: An Account of the Mammals of Manitoba*, New York: Charles Scribner's Sons.

—— 1916, *Wild Animal Ways*, Garden City, N.Y.: Doubleday, Page & Company.

—— 1940, *Trail of an Artist-Naturalist: The Autobiography of Ernest Thompson Seton*, New York: Charles

Scribner's Sons.（アーネスト・トムソン・シートン『シートン自叙伝――芸術的博物学者の足跡』内山賢次訳、白揚社、一九四一年）

—— 1953, *Lives of Game Animals*, 8 vols. (1925-28), Boston: C. T. Branford.（E・T・シートン『シートン動物誌』（全一二巻）、今泉吉晴監訳、紀伊國屋書店、一九九七―九八年）

—— 1963, *The Gospel of the Redman: A Way of Life* (1935), Santa Fe, New Mexico: Seton Village.

—— 1977, *Studies in the Art Anatomy of Animals* (1896), Philadelphia: Running Press.（アーネスト・トンプソン・シートン『美術のためのシートン動物解剖図』上野安子訳、マール社、一九九七年）

Shiras, George, 3rd 1906, "Photographing Wild Game with Flashlight and Camera", *National Geographic Magazine*, 17(7), July, 1906: 367-423.

—— 1913, "Wild Animals That Took Their Own Pictures by Day and by Night", *National Geographic Magazine*, 24(7), July, 1913: 763-834.

—— 1935, *Hunting Wild Life with Camera and Flashlight: A Record of Sixty-Five Years' Visits to the Woods and Waters of North America*, 2 vols., Washington, D. C.: National Geographic Society.

Small, Ernest 2012, "The New Noah's Ark: Beautiful and Useful Species Only. Part 2: The Chosen Species", *Biodiversity*, 13(1), March 2012: 37-53.

Taft, W. H. 1908, "Ten Years in the Philippines", *National Geographic Magazine*, 19(2), February, 1908: 141-148.

Tavernier-Courbin, Jacqueline 1994, *The Call of the Wild: A Naturalistic Romance*, New York: Twayne Publishers.

Thompson, George G. 1952, *Child Psychology: Growth Trends in Psychological Adjustment*, Boston: Houghton

Mifflin Co.

Tolley, Kim 2003, *The Science Education of American Girls: A Historical Perspective,* New York: Routledge Falmer.

Tuason, Julie A. 1999, "The Ideology of Empire in National Geographic Magazine's Coverage of the Philippines, 1898-1908", *Geographical Review,* 89(1), January, 1999: 34-53.

Wadland, John Henry 1978, *Ernest Thompson Seton: Man in Nature and the Progressive Era, 1880-1915,* New York: Arno Press.

Waggoner, Dianna 1980 "American Dexter Cate Went to Jail in Japan for Trying to Stop the Slaughter of Dolphins", *People,* June 30, 1980: 26-27.

Wallace, Alfred Russel 1890, "Human Selection", *Popular Science Monthly,* 38, November 1890: 93-106.

Warren, Louis S. 1997, *The Hunter's Game: Poachers and Conservationists in Twentieth-Century America,* New Haven: Yale University Press.

Watanabe, Masao 1974, "The Conception of Nature in Japanese Culture", *Science,* 183(4122), January 25, 1974: 279-282.

Watson, Captain Paul 1993, *Earthforce!: An Earth Warrior's Guide to Strategy,* Los Angeles: Chaco Press.

—— 1994, *Ocean Warrior: My Battle to End the Illegal Slaughter on the High Seas,* Toronto: Key Porter Books.

—— 2003, *Seal Wars: Twenty-Five Years on the Front Lines with the Harp Seals,* Richmond Hill, Buffalo, New York: Firefly Books.

Wheeler, William Morton 1904, "Woodcock Surgery", *Science,* 19(478), February 26, 1904: 347-350.

White, Lynn, Jr. 1967, "The Historical Roots of Our Ecologic Crisis", *Science*, 155(3767), March 10, 1967: 1203-1207.

Wilson, Alexander 1991, *The Culture of Nature: North American Landscape from Disney to the Exxon Valdez*, Toronto: Between the Lines.

Wolfe, Art 1994, *Migrations: Wildlife in Motion*, text by Barbara Sleeper, Hillsboro, Oregon: Beyond Words Publishing.

初出一覧

第Ⅰ章

「〈良書〉としての意味——E・T・シートンと戦中日本」、『比較文学』第四四巻、日本比較文学会、二〇〇二年三月、七—二〇頁。

「〈野生〉に憧れた異端者——E・T・シートンとその時代」、『比較文学研究』第八一号、東大比較文学会、二〇〇三年六月、四—二六頁。

第Ⅱ章

「越境する旅人——星野道夫の見たアラスカ」、『超域文化科学紀要』第八号、東京大学大学院総合文化研究科超域文化科学専攻、二〇〇三年一一月、九七—一一七頁。

"Beyond the Myth of the Nature Lover: Re-evaluating 'Japanese' Nature Photography", *Windows of Comparative Literature* (University of Tokyo), 3, April, 2007: 1-12.

第Ⅲ章

「「イルカ殺し」はなぜ悪い——ドキュメンタリー映画『ザ・コーヴ』の思想史的背景をめぐる試論」、『文学論藻』第八八号、東洋大学文学部日本文学文化学科、二〇一四年二月、一九四—一六九頁。

信岡朝子（のぶおか・あさこ）

一九七四年、東京生まれ。東京大学大学院総合文化研究科博士課程修了。博士（学術）。現在、東洋大学文学部准教授。専門は、比較文学・比較文化。

主な著書に『核と災害の表象』（共編著、英宝社）、主な論文に「公害を語るナラティヴ」（『文学論藻』第九四号）、「3・11のリフレーミング」（『東洋通信』第五四巻第四号）、「写真の限界、テクストの意義」（『比較文學研究』第一〇一号）、「メアリー・ノートン『床下の小人たち』シリーズに見る自然への憧憬」（『人間科学総合研究所紀要』第一五号）など。

快楽《かいらく》としての動物保護《どうぶつほご》

『シートン動物記《どうぶつき》』から『ザ・コーヴ』へ

二〇二〇年一〇月　七日　第一刷発行

著者　信岡朝子《のぶおかあさこ》

発行者　渡瀬昌彦

発行所　株式会社講談社
東京都文京区音羽二丁目一二―二一　〒一一二―八〇〇一
電話（編集）〇三―三九四五―四九六三
（販売）〇三―五三九五―四四一五
（業務）〇三―五三九五―三六一五

装幀者　奥定泰之

本文印刷　株式会社新藤慶昌堂

カバー・表紙印刷　半七写真印刷工業株式会社

製本所　大口製本印刷株式会社

ISBN978-4-06-521259-2　Printed in Japan
N.D.C.360　400p　19cm

講談社選書メチエの再出発に際して

講談社選書メチエの創刊は冷戦終結後まもない一九九四年のことである。長く続いた東西対立の終わりはついに世界に平和をもたらすかに思われたが、その期待はすぐに裏切られた。超大国による新たな戦争、吹き荒れる民族主義の嵐……世界は向かうべき道を見失った。そのような時代の中で、書物のもたらす知識が一人一人の指針となることを願って、本選書は刊行された。

それから二五年、世界はさらに大きく変わった。特に知識をめぐる環境は世界史的な変化をこうむったとすら言える。インターネットによる情報化革命は、知識の徹底的な民主化を推し進めた。誰もがどこでも自由に知識を入手でき、自由に知識を発信できる。それは、冷戦終結後に抱いた期待を裏切られた私たちのもとに差した一条の光明でもあった。

その光明は今も消え去ってはいない。しかし、私たちは同時に、知識の民主化が知識の失墜をも生み出すという逆説を生きている。堅く揺るぎない知識も消費されるだけの不確かな情報に埋もれることを余儀なくされ、不確かな情報が人々の憎悪をかき立てる時代が今、訪れている。

この不確かな時代、不確かさが憎悪を生み出す時代にあって必要なのは、一人一人が堅く揺るぎない知識を得、生きていくための道標を得ることである。

フランス語の「メチエ」という言葉は、人が生きていくために必要とする職、経験によって身につけられる技術を意味する。選書メチエは、読者が磨き上げられた経験のもとに紡ぎ出される思索に触れ、生きるための技術と知識を手に入れる機会を提供することを目指している。万人にそのような機会が提供されたとき初めて、知識は真に民主化され、憎悪を乗り越える平和への道が拓けると私たちは固く信ずる。

この宣言をもって、講談社選書メチエ再出発の辞とするものである。

二〇一九年二月　　野間省伸

MÉTIER

ヘーゲル『精神現象学』入門　長谷川 宏
カント『純粋理性批判』入門　黒崎政男
知の教科書 ウォーラーステイン　川北 稔編
知の教科書 スピノザ　C・ジャレット 石垣憲一訳
知の教科書 ライプニッツ　F・パーキンズ 梅原宏司・川口典成訳
知の教科書 プラトン　M・エルラー 三嶋輝夫ほか訳
フッサール 起源への哲学　斎藤慶典
トクヴィル 平等と不平等の理論家　宇野重規
完全解読 ヘーゲル『精神現象学』　竹田青嗣 西 研
完全解読 カント『純粋理性批判』　竹田青嗣
本居宣長『古事記伝』を読むI〜IV　神野志隆光
分析哲学入門　八木沢 敬
ドイツ観念論　村岡晋一
ベルクソン＝時間と空間の哲学　中村 昇
精読 アレント『全体主義の起源』　牧野雅彦
九鬼周造　藤田正勝
夢の現象学・入門　渡辺恒夫

ヨハネス・コメニウス　相馬伸一
アダム・スミス　高 哲男
ラカンの哲学　荒谷大輔
記憶術全史　桑木野幸司
オカルティズム　大野英士
新しい哲学の教科書　岩内章太郎

講談社選書メチエ　世界史

MÉTIER

英国ユダヤ人　佐藤唯行
オスマンvs.ヨーロッパ　新井政美
ポル・ポト〈革命〉史　山田　寛
世界のなかの日清韓関係史　岡本隆司
アーリア人　青木　健
ハプスブルクとオスマン帝国　河野　淳
「三国志」の政治と思想　渡邉義浩
海洋帝国興隆史　玉木俊明
軍人皇帝のローマ　井上文則
世界史の図式　岩崎育夫
ロシアあるいは対立の亡霊　乗松亨平
都市の起源　小泉龍人
英語の帝国　平田雅博
異端カタリ派の歴史　ミシェル・ロクベール　武藤剛史訳
ジャズ・アンバサダーズ　齋藤嘉臣
モンゴル帝国誕生　白石典之
〈海賊〉の大英帝国　薩摩真介

フランス史　ギヨーム・ド・ベルティエ・ド・ソヴィニー　鹿島　茂監訳／楠瀬正浩訳
地中海の十字路＝シチリアの歴史　藤澤房俊
月下の犯罪　サーシャ・バッチャーニ　伊東信宏訳